通天

中国传统天学史

江晓原——著

中华书局

图书在版编目(CIP)数据

通天:中国传统天学史/江晓原著. —北京:中华书局,2024.8(2025.1重印). —ISBN 978-7-101-16659-0

Ⅰ. P1-092

中国国家版本馆 CIP 数据核字第 2024B28K54 号

书　　名	通天:中国传统天学史
著　　者	江晓原
书名题签	王家葵
选题策划	贾雪飞
责任编辑	董洪波
装帧设计	刘　丽
责任印制	管　斌
出版发行	中华书局 (北京市丰台区太平桥西里 38 号　100073) http://www.zhbc.com.cn E-mail:zhbc@zhbc.com.cn
印　　刷	北京盛通印刷股份有限公司
版　　次	2024 年 8 月第 1 版 2025 年 1 月第 2 次印刷
规　　格	开本/920×1250 毫米　1/32 印张 17⅛　插页 8　字数 370 千字
印　　数	6001-10000 册
国际书号	ISBN 978-7-101-16659-0
定　　价	88.00 元

江晓原　上海交通大学讲席教授，科学史与科学文化研究院首任院长。1982年毕业于南京大学天体物理专业，1988年毕业于中国科学院，是中国第一个天文学史专业博士。1994年在中国科学院破格晋升为教授。1999年在上海交通大学创建中国第一个科学史系。已在国内外出版著作百余种，发表学术论文两百多篇，并长期在京沪报刊开设个人专栏，发表了大量书评、影评及文化评论。著作多次获中国好书、中华优秀出版物等大奖，学术思想在国内外受到高度评价并引起广泛反响，新华社曾三次为他播发全球通稿。

目　录

自 序

我从事学术研究40余年来，先后出版过关于古代中外天学之书不下10种，其中《天学真原》最受学术界推许，《天学外史》是获奖和国家外译资助立项最多的，而最畅销的可能是《世界历史上的星占学》。这些书都是应出版社约稿而写，但写时都是根据自己当时的研究兴趣和成果随兴而作，所以内容各有侧重。

近承中华书局雅意，希望我能够为中国传统天学提供一本内容全面，结构紧凑，文本又适应较多读者阅读需要的雅俗共赏之作。这个想法非常好，我很乐意地答应了。出版社的编辑帮助我做了很多准备工作，但我却因红尘俗务屡作屡辍，久未完工。每次接到编辑问候，或收到赐寄新书，我都汗颜无地——因为我知道这是委婉的提醒和催稿。中华书局上海公司的领导和编辑，以极大的耐心，等待我慢慢工作。

经常写作的人都知道，写书编书一般是大活，相对而言大部分文章是小活，而人性的隐藏弱点之一，就是总想先将手头的小活发付掉，然后静下心来干那大活。这种心理造成的客观后果，就是小活经常有机会“插队”，抢到大活前面，而大活则许久得不到完成。我也未能免俗，经常听任这种不合理的现象一再上演。

直到2023年暑假，我感觉实在不应该再拖延了，主动向编辑保证，会在国庆长假之前将齐、清、定稿完整交付。然后我天天乖乖坐在电脑前干活，连晚上例行的观影也不保证了。今天我终于完成了全稿。

这里我要特别感谢中华书局上海公司的领导和编辑，又一次帮我克服了惰性。许多人看到我已经出版了百余种书籍，仅专栏文章就已经发表了上百万字，以为我勤奋得不得了，其实这不是事实。我清楚地知道自己有着和平常人一样的惰性，整天盼着能游手好闲，只是我经常有朋友、编辑、记者等，在数十年的漫长岁月中，持续不断地来帮我克服惰性，结果从长时段来看，我还真干了不少活呢。

江晓原

2023年9月24日

于上海交通大学科学史与科学文化研究院

导言：古代中国的天学和天文学

一、如何谈论中国传统天学

要谈论中国传统天学，以什么形式来谈论最为合适呢？一部《古代中国天学史》？一部《古代中国星占学史》？或者如一些著作已经使用的书名——《中国天文学史》？

综观当代世界学术发展趋势，有两点是显而易见的：

其一为向深度发展。比如在某部早期的综述性著作中只用一章或一节作过初步处理的某个课题，后来被更深入地加以研究，以至成为一部专著的主题；而且这部专著的篇幅很可能比早期著作大得多，以容纳大量论证和细节。

其二为越出早期研究所设定的范畴，而进行跨学科的交叉渗透研究。科学史当然也不例外。由于科学史这一学科的特殊性，极而言之，如果返本寻源，科学史这一学科的诞生，可以说就是跨学科研究的产物。

就科学史的发展而言，上述第二点趋势主要表现为从纯粹的“内史”研究，进而拓展到历史上科学与社会文化的内在关系。

研究深度的增加与研究范围的拓展两方面是相互促进的：比如后者可以使某些仅靠“内史”研究无法解决的疑难问题得到别开蹊径的解答；而前者往往会引发许多新问题，促使人们寻找新的解决途径。

在几部名为《中国天文学史》或类似名称的著作先后问世

期间，向深度发展的著作也有出现，较重要者有《中国天文学源流》（郑文光，1979）和《中国恒星观测史》（潘鼐，1989）。前者致力于探讨起源、形成等早期问题；后者深入研讨中国古代恒星观测的各个方面，是向深度发展趋势的典型表现。但是关于中国古代天学与社会文化的关系方面，则长期是未开垦的处女地。学者们在论述中国天学史时，一般只是将关于社会文化的片言只语作为时代的背景略加点缀，如论及两汉之际时多云“谶纬盛行”，论及盛唐时代则曰“国力富强”之类。

有鉴于此，笔者从20世纪90年代初，开始对古代中国天学与社会文化的关系进行深入探讨。由于这种关系远较今天一般公众和相当部分学者所想象的要密切得多，更显出这一尝试的必要性和价值。笔者探讨古代中国天学的性质与功能，性质侧重于社会角度，功能侧重于文化角度。

如将本书归入科学社会学（Sociology of Science）范畴，虽未必完全妥当，但大体上似乎也无不可。科学社会学的确立，如果从默顿（R. K. Merton）1938年发表他的成名作算起，迄今已有半个多世纪的历史。但恰如默顿在该书1970年再版前言中所说，“就其最一般的方面而言，本论文所提出的主要问题今天仍然与我们同在”，他列举的问题中头两个是：“社会、文化与科学之间相互影响的模式是什么？在不同的历史范围内这些模式的性质和程度发生变化吗？”[1]此外，默顿在其著作中还注重文化背景、意识形态和价值观念等方面对科学的影响。

---

1 ［美］罗伯特·金·默顿著，范岱年等译：《十七世纪英国的科学、技术与社会》，四川人民出版社，1986年，第4页。

但是科学社会学理论所处理的，基本上限于西方文化中现代意义上的科学，而这与古代中国天学毕竟相去甚远。举例来说，古代中国天学与古代政治之间关系之密切程度，是默顿无论如何都想象不到的。这样，对后面的讨论来说，科学社会学理论虽然颇有启发，却并不是一辆现成的指南车。我们将不得不时常在蚩尤之雾中奋力摸索，以求尽可能得到合理的结论。

本书不打算对中国传统天学作沿时间轴的单向论述，如果那样的话，在很大程度上就不得不又写成一本与前贤之作雷同的书。本书是对一系列相关问题，从各种角度进行的考察和阐释。这种形式，较接近于西人所谓的treatise——中文通常也译作“论文”，实际上应译作“专论”更妥。[1]

二、古今天文学功能迥异

什么人需要天学？这是一个古今答案大异其趣的问题。今人从现代观念出发，以“想当然耳”推论古时情境与古人用意，误解与偏见由此产生。我们必须先弄清中国古代的天学究竟是何种事物，然后再设法解答在中国古代什么人需要天学。

天文学有什么用途？这个问题很多人并不知道确切答案。天文学在今天的实际用途，当然也可以说出一些，比如授时、导航、为航天事业和国防事业服务等，但是天文学最大的用途毕竟

1 例如《牛津现代高级英语词典》第三版释treatise之义云：book, etc that deals systematically with one subject. 又Longman Dictionary of Contemporary English第一版释为：a book of article that examines the facts and principles of a particular subject and gives the writer’s opinions on it.

是很“虚”的——那就是探索自然，从地球开始向外探索，太阳系、银河系、整个宇宙……探索它们的发生、现状和演变。这种用途当然没有直接的经济效益。因此在现代社会中，需要天文学的，主要只能说是社会，而不会是某个个人或某种社会群体。相对来说，天文学因为产生不了巨大的商业利益，因而也就是特别“纯洁”的——当今科学界层出不穷的造假、剽窃等丑闻，几乎从来没有在天文学界爆出过。

天文学在现代社会中的作用与地位既然如此，那它在古代的作用与地位想必也大致相同了？但是我们千万不能忘记，现代人既然未置身于古代社会中生活过，则“以今人之心，度古人之腹”的弊病，在论述古代事物时，颇难避免。即使大有学问之人，有时也未能免俗。关于古今天文学功能之大异，就有这样的情形。

长久以来，国内许多论著都将“首先是天文学——游牧民族和农业民族为了定季节，就已经绝对需要它”这句话奉为论述古代天文学起源及作用的金科玉律。细究起来，这句话本身并无错误，问题在于对“农业民族为了定季节”的理解。许多人认为，在以农耕立国的中国古代，“定季节”自然就是为农业服务了，于是“天文学为农业服务”“历法为农业服务”之类的固定说法，长期成为论述中国古代天学时的出发点（关于此问题的讨论详见本书第五章第二节）。而天文历法为别的对象服务的可能性，就被遮蔽了，甚至完全被排除在思考范围之外。

更大的问题在于，从上面的出发点去思考，就会很自然地将古代中国的天学看成一种既能为生产服务、同时又以探索自然为己任的科学技术活动，这一点在表面上看起来如此顺理成章，而实际上却离历史事实非常之远。

简明扼要地说，天文学在古代中国确实是存在的，但它的实际功能，是作为另一种活动的工具。作为工具的古代天文学，确实也会需要天文仪器、天球坐标、天体测量、数学计算等现代科学技术手段。工具自身也会得到发展，各种技术手段也会得到进步，但是工具的变化并不能改变它为之服务的那种活动的性质。

三、“三代以上，人人皆知天文”？

农民种地要掌握节令，这被认为是“天文学为农业服务”之说的有力依据。然而持此说者却完全忽视了这样一个明显的事实——无论是文字记载还是考古证据，都表明农业的历史比天文学的历史要久远得多。也就是说，早在还没有天文学的时代，农业已在发生、发展着；而天文学产生之后，也并未使得农业因此而有什么突飞猛进。

事实上，即使根据现代的知识来看，农业对天文学的需求也是极其微小的。农业上对于节令的掌握无须非常精确，出入一两天并无妨碍；而中国古代三千年历法（这被公认为是中国古代天学中最“科学”的部分）沿革史中，无数的观测、计算、公式和技巧，争精度于几分几秒之间，当然不可能是为了指导农民种地。

在古代，农民和一般的老百姓不需要懂得天文学——这在科学广为普及的今天也仍然如此。耕种需要依照季节，掌握节令，而这只要通过物候观察即可相当精确地做到。古人根据对动物、植物和气候的长期观察，很早就已经能够大致确定节令；我们现今所见的二十四节气名称中，有二十个与季节、气候及物候有关，正强烈地暗示了这一点。当然，到后来有了历谱、历书，上面载明了节气，一查可知，自然更加省事。

尽管从天文学的角度来说，节气是根据太阳周年视运动——归根结底是地球绕太阳作周年运动——来决定的，于是物候、节气之类似乎就顺理成章地与天文学发生关系了；然而关系固然是有，两者却根本不能等同。无论如何，太阳周年视运动是一个相当复杂、抽象的概念，即使到了今天，也还只有少数与天文学有关的学者能够完全弄明白。我们显然不能因为古代农夫知道根据物候播种就断言他懂得天文学，这与不能因为现代市民查看日历能说出节气就断言他懂得天文学是一样的。

在古代，农民和一般的老百姓其实并不能在今天的意义上“懂天文学”——这在科学广为普及的今天也仍然如此。在此事上，顾炎武《日知录》中有一段经常被引用的名言，误导今人不浅：

> 三代以上，人人皆知天文。“七月流火”，农夫之辞也；“三星在户”，妇人之语也；“月离于毕”，戍卒之作也；“龙尾伏辰”，儿童之谣也。

顾炎武引用的前三句依次出于《诗经》的《豳风·七月》《唐风·绸缪》《小雅·渐渐之石》，第四句见于《国语·晋语》。这三首诗确实分别是以农夫、妻子、戍卒的口吻写的，但这显然不等于三诗的作者就一定是农夫、妻子和戍卒。以第一人称创作文学作品，在古今中外都很常见，其中“我”的身份和职业并不一定就是作者自己的实际情况。

更重要的是，即使再退一步，承认三诗的作者就是农夫、妻子和戍卒（这样做要冒着被古典文学专家嘲笑的危险），我们也决不能推出“那时天文学知识已经普及到农夫、妇女和戍卒群体中”这样的结论。诗歌者，性情之所流露、想象力之所驰骋也；咏及天象，并不等于作者就懂得这些天象运行的规律，更不等于作者就懂得天文学——那是一门非常抽象、精密的学问，岂是农夫、妇女和戍卒轻易所能掌握？如果仿此推论，难道诗人咏及风云他就懂得气象学、咏及河流他就懂得水利学、咏及铜镜他就懂得冶金学和光学？……这些道理，其实只要从常识出发就不难想明白，舍近求远、穿凿附会只会使我们误入歧途，而无助于我们弄清历史。

四、“天文”在中国古代的含义

但是话又要说回来，顾炎武之说误导今人，顾炎武本人却毫无责任。责任全在今人自己，在今人用现代概念去误读古人。顾炎武“三代以上，人人皆知天文”一语中的“天文”一词，是古代中国人的习惯用语，而与现代中国人的理解习惯大相径庭。

“天文”一词，在中国古籍中较早出处为《易·彖·贲》：

观乎天文，以察时变；观乎人文，以化成天下。

又《易·系辞上》有云：

仰以观于天文，俯以察于地理。

“天文”与“地理”对举；“天文”指各种天体交错运行而在

天空所呈现之景象，这种景象可称为“文”（如《说文》:“文，错画也”），“地理”之“理”，意亦类似（至今仍有“纹理”一词，保存了此一用法）。故可知古人“天文”一词，实为“天象”之谓，非今人习用之“天文学”之谓也。顾炎武的名言，只是说古时人人知道一些天象（的名称）而已。

为了更进一步理解古人“天文”一词的用法，可以再举稍后史籍中的典型用例以佐证之。如《汉书·王莽传》下云：

> 十一月，有星孛于张，东南行，五日不见。莽数召问太史令宗宣，诸术数家皆缪对，言天文安善，群贼且灭。莽差以自安。

张宿出现彗星，按照中国古代星占学理论是凶危不祥的天象（详见后文），但太史令和术数家们不向王莽如实报告，而是诡称天象“安善”以安其心。又如《晋书·天文志》下引《蜀记》云：

> （魏）明帝问黄权曰：“天下鼎立，何地为正？”对曰：“当验天文。往者荧惑守心而文帝崩，吴、蜀无事，此其征也。”

“荧惑守心”也是极为不祥的天象，结果魏文帝死去，这说明魏国“上应天象”，因而是正统所在；吴、蜀之君安然无事，则被认为是他们并非正统的证明。

“天文”既用以指天象，遂引申出第二义，用以指称中国古代仰观天象以占知人事吉凶之学问。《易·系辞上》屡言“在天成象，在地成形，变化见矣”“仰以观于天文，俯以察于地理，是故知幽明之故”，皆已蕴含此意。而其中另一段论述，以往的科学史论著照例不加注意，阐述此义尤为明确：

> 是故天生神物，圣人则之；天地变化，圣人效之。天垂象，见吉凶，圣人象之；河出图，洛出书，圣人则之。

河图、洛书是天生神物，“天垂象，见吉凶”是天地变化，圣人（即统治者）则之效之，乃能明乎治世之理。勉强说得浅近一些，也可以理解为：从自然界的变化规律中模拟出处理人事、统治社会的法则。这些在现代人听起来玄虚杳渺、难以置信的话头，却是古人坚信不疑的政治观念。关于“天文”，还可以再引班固的论述以进一步说明之，《汉书·艺文志》“数术略”天文二十一家后班固的跋语云：

> 天文者，序二十八宿，步五星日月，以纪吉凶之象，圣王所以参政也。

班固在《汉书·艺文志》中所论各门学术之性质，在古代中国文化传统中有着极大的代表性。他所论“天文”之性质，正代表了此后两千年间的传统看法。

至此已经不难明白，中国古代“天文”一词之第二义，实际上相当于现代所用的“星占学”（astrology）一词，而绝非现代意义上的“天文学”（astronomy）之谓也。

细心的读者或许已经注意到了，本书书名中用的是“天学”而不是“天文学”。自从1990年撰写《天学真原》一书开始，我在书籍和论文中谈到中国古代这方面情形时，就大量使用“天学”一词。这当然不是因为喜欢标新立异，而是为了避免概念的混淆。此后这一措辞也逐渐被一些同行学者所使用。

今天人们习用的“天文学”一词，是一个现代科学的概念，用来指称一个现代的学科。至于古代中国有没有这样的学科，这需要深入研究之后方能下结论，并不是“想当然耳”就能得出正确答案的。就像现代化学的根源可以追溯到古代的炼丹术，但并不能因此就说古代已经有了现代意义上的化学。

古代中国有没有现代意义上的天文学，现代的国内学者似乎并无正面论述——因为大家通常都认为“当然是有的”，何须再论呢？不少外国人倒是正面论述过这个问题，不过那些话听起来大都非常不悦耳。例如16世纪末来华的耶稣会士利玛窦（Mathew Ricci）说：

> 他们把注意力全部集中于我们的科学家称之为占星学的那种天文学方面；他们相信我们地球上所发生的一切事情都取决于星象。[1]

再如塞迪洛（A. Sedillot）的说法更为刺耳：

> 他们是迷信或占星术实践的奴隶，一直没有从其中解放

1 ［意］利玛窦、［比］金尼阁著，何高济等译，何兆武校：《利玛窦中国札记》，中华书局，1983年，第32页。

出来；……中国人并不用对自然现象兴致勃勃的好奇心去考察那星辰密布的天穹，以便彻底了解它的规律和原因，而是把他们那令人敬佩的特殊毅力全部用在对天文学毫无价值的胡言乱语方面，这是一种野蛮习俗的悲惨后果。[1]

这种带有浓厚文化优越感、盛气凌人的评论，当然会引起中国学者的反感；再说也确实并非持平之论。星占学固然有迷信的成分，但它同时却又是一种在古代社会中起过积极作用的知识体系。它是古代极少几种精密科学之一。更何况它虽然不能等同于天文学，但却绝对离不开天文学知识。这只要注意到如下事实就足以证明：星占学需要在给定的任意时刻和地点计算出太阳、月亮和五大行星在天空的准确位置——这是古代世界各主要文明中共同的"天文学基本问题"。星占学必须利用天文学知识，并且曾经极大地促进了天文学知识的积累和发展。

这就是我主张采用"中国古代天学"这种提法的原因所在了：既能避免概念的混淆，又能提示中国古代星占学与天文学之间的联系。

五、中国古代天学的服务对象

古代中国天学与农业的关系既微乎其微，那么它有没有可能像现代天文学那样，不求功利而是以探索自然为己任？遗憾之至——答案也只能是否定的。要弄明白这一点，实在大非易事。

1 转引自郑文光：《中国天文学源流》，科学出版社，1979年，第6—7页。

前面说过，生活在现代社会中的人们很容易犯“以今人之心，度古人之腹”的错误：因为现代天文学毫无疑问是以探索自然为己任的，就想当然地认为古代也必如此；况且在现今的思维习惯中，“科学”总比“迷信”好，往往在感情上就先不知不觉地倾向于为祖先“升华”——尽量往“科学”方面靠拢。

在大部分古代文明中，比如古埃及、巴比伦、印度、玛雅等，天文学知识都是作为工具在星占学活动中产生和发展的；而星占学是为政治生活、社会生活和精神生活服务的，虽然通常并不被用来谋求“经济效益”，但其宗旨显然与现代科学经常自我宣示的“探索自然”相去万里之遥。

唯一的例外似乎出现在古希腊。学者们相信，在发端于古代巴比伦的星占学传入希腊之前，一种以探索自然为宗旨的、独立的天文学已经在希腊产生并且相当发达了。而星占学是一个名叫贝罗索斯（Berossus）的人于公元前280年左右传进希腊的。[1]

这一例外意味深长，因为今天全球通行的现代天文学体系，可以毫不夸张地说，其源头正在古希腊。关于这一点，重温恩格斯在《自然辩证法》中的论述是有益的：“如果理论自然科学想要追溯自己今天的一般原理发生和发展的历史，它也不得不回到希腊人那里去。”

那么古代中国天学，有没有希望成为第二个例外？遗憾的是，到目前为止还没有发现这样的证据。《周髀算经》中的希腊式的公理化尝试和几何宇宙模型方法只是昙花一现，此后再无继

1　参见江晓原：《世界历史上的星占学》，上海交通大学出版社，2014年，第55页。

响。[1]除了这一奇特的例外，古代中国天学是高度致用的——许多别的知识也是如此，但是天学特别与众不同，它在古代中国社会中负担着极为神圣的使命。

那么天学在古代中国社会中的神圣使命究竟是什么呢？要解决这个问题，可以先问另一个问题：在古代中国有哪些人需要天学？

其实在前面的讨论中已经可以看出一些端倪。先看需要仰观天文、俯察地理的是谁？《易·系辞下》说得很清楚，是这样的人：

> 古者包牺（伏羲）氏之王天下也，仰则观象于天，俯则观法于地。

在《易·系辞下》所描绘的儒家关于远古文明发展史的简单化、理想化图景中，伏羲位于文明创始者的帝王系列之首。这系列是：

> 伏羲→神农→黄帝→帝尧→帝舜

这些帝王被视为文明社会中许多事物和观念的创造者。

再看需要从"天垂象"中"见吉凶"的又是谁？《易·系辞上》说得也很清楚，是"圣人"，即统治者。司马迁在《史记·天官书》中，对于天人感应和"圣人"之需要天学，说得更为明白：

1　参见江晓原：《〈周髀算经〉：中国古代唯一的公理化尝试》，《自然辩证法通讯》1996年第3期。

太史公曰：自初生民以来，世主曷尝不历日月星辰？及至五家、三代，绍而明之，内冠带，外夷狄；分中国为十有二州，仰则观象于天，俯则法类于地。天则有日月，地则有阴阳。天有五星，地有五行。天则有列宿，地则有州域。三光者，阴阳之精，气本在地，而圣人统理之。

在中国古代文明的早期，天学在政治上的作用极其巨大——大到成为上古帝王之头等大事、甚至是唯一要事的地步。这一点可以在中国早期史籍记载中得到证实。

六、天学与王权

上古帝王们需要天学，当然不是因为“热爱科学”，也不是为了帮助农民种地。那么这般受重视的天学，究竟有什么作用呢？这是一个非常重要、然而却长期被天文学史专家和历史学家所忽略的问题。这也正是我在1990年代初力图解决的重要问题之一。详细的论证可见下文，此处仅略述其大要如下——尽管有些论断乍听起来可能不容易马上接受：

上古时代的中国，一个王权的确立，除了需要足够的军事经济力量之外，还有一个极其重要、必不可少的条件：拥有在天（神）与人之间进行沟通的手段——通天。古人没有现代的“唯物主义”观念，他们坚决相信人与有意志、有感情的天之间是可以、而且必须进行沟通的。而“通天者王”的观念是中国上古时代最重要的政治观念。汉代董仲舒、班固等都明确陈述过这一观念。

前贤通过对夏、商、周三代考古发现和青铜礼器及其纹饰的研究，曾揭示这些礼器皆为“通天”之物，帝王必须拥有通天手段，其王权才能获得普遍承认。然而，在古代的各种通天手段之中，最重要、最直接的一种正是天学——即包括灵台、仪象、占星、望气、颁历等在内的一整套天学事务。拥有了自己的天学事务（灵台、仪象和为自己服务的天学家），方才能够昭示四方，自己已经能与上天沟通；而能与上天沟通的人方才能够宣称“天命”已经归于自己，因而已有为王的资格。帝尧、帝舜为何要将安排乃至亲自从事天学事务作为头等大事，原因正在于此。

正因为天学与王权在上古时代有如此密不可分的关系，所以天学在中国古代有着极为特殊的地位——必须由王家垄断。道理很简单：在同一个区域内，王权当然是排他的，即所谓“一国不容二主”。因此在争夺王权的过程中，将不惜犯禁以建立自己的通天事务，《诗经·大雅·灵台》所记姬昌赶建灵台事，就是后世诸侯欲谋求帝位时私自染指天学事务的范例。而当在王权争夺战中的胜利者已获得王权之后，必然回过头来严禁别人涉足天学事务，历代王朝往往在开国之初严申对于民间“私习天文”的厉禁——连收藏天学图书或有关的仪器都可能被判徒刑乃至死罪，并且鼓励告密，“募告者赏钱十万”。简而言之，在古代中国，天学对于谋求王权者为急务，对于已获王权者为禁脔。

上面所说的这种情况在早期更甚，而直到明朝建立时仍没有本质的改变。随着文明的发展，确立王权时对于物质层面的诉求增大，天学渐渐从确立王权时的先决条件之一演变为王权的象征，再演变为王权的装饰，其重要性呈逐渐下降的趋势。然而中国人是重传统的，既然祖先曾赋予天学以重要而神圣的地位，那就数千年守之而不失。尽管从明末开始，对于民间“私习天文”的厉禁已经放松乃至消失，但是王家天学的神圣地位一直维持到清朝灭亡。

第一章 中国天学的哲学基础：天人合一与天人感应

在中国传统文化中，“天人合一”是一个含蕴极广的概念。就广义而言，“天”被用来指整个自然界。这个自然界，或者说“天”，在古代中国人心目中，并非像近代科学的“客观性假定”中那样是无意志、无情感、可认识、可改造的客体，而是一个有意志、有情感、无法彻底认识、只能顺应其“道”与之和睦共处的庞大神秘活物。这或许就是一些现代中外学者所盛称的古代中国人的“有机自然观”。所有天人合一与天人感应的大道理，最终都可归结为一点：人如何与天共处，即如何知天之意、得天之命，如何循天之道、邀天之福。

这里先插入一段技术性的说明。在古人心目中，所谓“天”，是自地面以上算起。古人没有大气层的概念，所以一切气象学方面的内容也全都归入“天文”之内。这种传统概念直到现代仍然极其广泛地存在于中国人心目中，实在是颇为有趣而又令人惊异的现象。

比如，许多中国城市居民（包括许多教授和工程师）都认为天气预报是由天文台管的事，尽管所有的报纸、电台和电视台在播送天气预报时，都明确无误地指出其来源是“中央气象台”或各地的气象台，但几乎丝毫没有动摇那种认为天文台管天气预报的错误观念。这也难怪，中国最早的现代天文台——上海天文台，在它建立之初（1872年）确实包括了天气预报的业务。

事实上，我们今天将气象预报习惯称为“天气预报”，以及诸如“天晴了”“天下雨了”“要变天了”之类的说法，仍是和古代的观念一脉相承的。而现代天文学与气象学的研究领域大体可以说是以大气层为界，天文学研究大气层之外的一切，而气象学的研究对象则限于大气层之内。

一、神话：天地相通

《国语》卷十八《楚语下》云：

> 昭王问于观射父曰：“《周书》所谓重、黎实使天地不通者何也？若无然，民将能登天乎？”对曰：“非此之谓也。古者民神不杂，民之精爽不携贰者，而又能齐肃衷正，其智能上下比义，其圣能光远宣朗，其明能光照之，其聪能听彻之，如是则明神降之，在男曰觋，在女曰巫。”

楚昭王所问之事见《尚书·吕刑》：

> 皇帝哀矜庶戮之不辜，报虐以威，遏绝苗民，无世在下，乃命重、黎绝地天通，罔有降格。

观射父的解释认为：天地间并不存在物质性的通道，所谓交通天地，是巫觋们与上天的精神沟通。这些巫觋在观射父笔下，颇类今日所说的有特异功能者。

观射父虽否认了天地间通道的存在，但楚王之问却也不是完全无稽。在古代中国神话中，天地间的通道确实存在。这种通道主要是山，兹举若干条记载如次，《山海经·海外西经》云：

巫咸国在女丑北，右手操青蛇，左手操赤蛇。在登葆山，群巫所从上下也。

又《山海经·大荒西经》云：

大荒之中，有山名曰丰沮玉门，日月所入。有灵山，巫咸……巫罗十巫，从此升降，百药爰在。

最典型、描述最完备的通天途径见《淮南子·地形训》，即中国神话中著名的昆仑山：

昆仑之丘，或上倍之，是谓凉风之山，登之而不死；或上倍之，是谓悬圃，登之乃灵，能使风雨；或上倍之，乃维上天，登之乃神，是谓太帝之居。

这是一个整齐的等比级数，公比为2，欲“乃维上天”，须升昆仑山高度的$2^3=8$倍。而昆仑山的高度，《淮南子·地形训》中有“其高万一千里百一十四步二尺六寸”之说，则“天”之高约九万里。又“悬圃”亦作“县圃”或“玄圃”，《楚辞·天问》云：

昆仑县圃，其尻安在？增城九重，其高几里？王逸注：昆仑，山名也，在西北，元气所出。其巅曰县圃，乃上通于天也。

通天之所除名山外，又有神木，亦见于《淮南子·地形训》：

建木在都广，众帝所自上下，日中无景，呼而无响，盖天地之中也。

注意此“天地之中”，正与埃利亚德（M. Eliade）所论述的“宇宙轴心”（axis mundi，拉丁文）完全吻合，埃氏谓此种象征屡见于亚洲诸民族。联系到前述楚昭王的问题上来。天地之间的神秘通道，在远古时代曾经存在而后来失去了，这并不是楚昭王一人偶然的奇情异想。克雷默（S. N. Kramer）指出：

至于认为天地曾相通，人与神的相联系曾成为可能，后来天地始隔离——这种观念在种种不同的文化中已是屡见不鲜。[1]

关于“乃命重、黎绝地天通”，则是理解古代中国天学与政治之间内在联系的大关键，将于本书第二章详论之。

天地相通，人类能沿着某种神秘通道而登天的意象，长期存在于中国人的心目中。当然，能够登天的，比如从昆仑山上升九万里，必非寻常之人。许多常见的古代诗文和说法都可以与天地相通的意象联系起来，由此获得更深一层的理解和领会。

比如李白《蜀道难》有“蜀道之难，难于上青天”之句，又

---

1 ［美］D. 博德：《中国古代神话》，克雷默著、魏庆征译：《世界古代神话》，华夏出版社，1989年，365页。

如白居易《长恨歌》“排空驭气奔如电，升天入地求之遍。上穷碧落下黄泉，两处茫茫皆不见”，做这番功夫的人是“临邛道士鸿都客”，唐明皇自己就不行。

又比如《升天行》《升天引》之类的诗题，历代文人百作不厌，陈子昂更有“结交嬴台女，吟弄《升天行》。携手登白日，远游戏赤城”（《与东方左史虬修竹篇》）之句。又明代歌谣有云：“神仙与他把棋下，又问哪是上天梯。若非此人大限到，上到天上还嫌低。”又形容某人神通广大，则曰“有通天彻地之能”，形容走投无路，则曰“上天无路，入地无门”，等等。

附：古代中国人的宇宙

宇宙即时空，但“时空”出于现代人对西文time-space之对译，古代中国人从不这样说。《尸子》（通常认为成书于汉代）上说：

> 四方上下曰宇，往古来今曰宙。

这是迄今在中国典籍中找到的与现代“时空”概念最好的对应。不过我们也不要因此就认为这位作者（相传是周代的尸佼）是什么“唯物主义哲学家”——因为他接下去就说了“日五色，至阳之精，象君德也，五色照耀，君乘土而王”之类的“唯心主义”话语。

以往的不少论著在谈到中国古代宇宙学说时，常有“论天六家”之说，即盖天、浑天、宣夜、昕天、穹天、安天。其实此六家归结起来，也就是《晋书·天文志》中所说的“古言天者有三家，一曰盖天，二曰宣夜，三曰浑天”三家而已。

既然宇是空间，宙是时间，那么空间有没有边界？时间有没有始末？无论从常识还是从逻辑角度来说，这都是一个很自然的问题。

现代人在宇宙问题上其实颇多困惑，例如有人认为，凡主张宇宙为有限者，即为“唯心主义”；而主张宇宙为无限者，必以“唯物主义”誉之。

古人没有现代宇宙学的观测证据，当然只能出之以思辨。东汉张衡作《灵宪》，其中陈述天地为直径“二亿三万二千三百里”的球体，接下去的看法是：

> 过此而往者，未之或知也。未之或知者，宇宙之谓也。宇之表无极，宙之端无穷。

张衡将天地之外称为“宇宙”，他明确认为“宇宙”是无穷的——当然这也只是他思辨的结果，他不可能提供科学的证明。

古人也有明确主张宇宙为有限的，比如西汉扬雄在《太玄·玄摛》中给宇宙的定义是：

> 闔天谓之宇，辟宇谓之宙。

天和包容在其中的地合在一起称为“宇”，从天地诞生之日起才有了“宙”。这是明确将宇宙限定在物理性质的天地之内。这种观点因为最接近常识和日常感觉，即使在今天，对于没有受过足够科学思维训练的人来说也是最容易接纳的。

虽然在古籍中寻章摘句，还可以找到一些能将其解释成主张宇宙无限的话头（比如唐代柳宗元《天对》中的几句文学性的咏叹），但从常识和日常感觉出发，终以主张宇宙有限者为多。[1]

总的来说，对于古代中国人的天学、星占学或哲学而言，宇宙有限还是无限并不是一个非常重要的问题。而“四方上下曰宇，往古来今曰宙”的定义，则可以被主张宇宙有限、主张宇宙无限、主张宇宙有限无限为不可知的各方所接受。

李约瑟在《中国科学技术史》中为“宣夜说”专设一节，他热情赞颂这种宇宙模式说：

> 这种宇宙观的开明进步，同希腊的任何说法相比，的确都毫不逊色。亚里士多德和托勒密僵硬的同心水晶球概念，曾束缚欧洲天文学思想一千多年。中国这种在无限的空间中飘浮着稀疏的天体的看法，要比欧洲的水晶球概念先进得多。虽然汉学家们倾向于认为宣夜说不曾起作用，然而它对中国天文学思想所起的作用实在比表面上看起来要大一些。[2]

这段话使得“宣夜说”名声大振。从此它一直沐浴在“唯物主义”“比布鲁诺（Giordano Bruno）早多少多少年”之类的赞美声中。虽然笔者早在三十多年前已指出这段话中至少有两处技术性错误，[3]但那还只是枝节问题。这里要讨论的是李约瑟对“宣夜说”

1　可参看郑文光、席泽宗：《中国历史上的宇宙理论》，人民出版社，1975年，第145—146页。

2　［英］李约瑟：《中国科学技术史》第四卷，科学出版社，1975年，第115—116页。

3　李约瑟的两处技术性错误是：一、托勒密的宇宙模式只是天体在空间运行轨迹的几何表示，并无水晶球之类的坚硬实体；二、亚里士多德学说直到14世纪才获得教会的钦定地位，因此水晶球体系至多只能束缚欧洲天文学思想四百年。详见江晓原：《天文学史上的水晶球体系》，《天文学报》1987年第4期。

的评价是否允当。

“宣夜说”的历史资料，人们找来找去也只有李约瑟所引用的那一段，见于《晋书·天文志》：

> 宣夜之书亡，惟汉秘书郎郗萌记先师相传云：“天了无质，仰而瞻之，高远无极，眼瞀精绝，故苍苍然也。譬之旁望远道之黄山而皆青，俯察千仞之深谷而窈黑，夫青非真色，而黑非有体也。日月众星，自然浮生虚空之中，其行其止皆须气焉。是以七曜或逝或住，或顺或逆，伏见无常，进退不同，由乎无所根系，故各异也。故辰极常居其所，而北斗不与众星西没也。摄提、填星皆东行。日行一度，月行十三度，迟疾任情，其无所系著可知矣。若缀附天体，不得尔也。”

其实只消稍微仔细一点来考察这段话，就可知李约瑟的高度赞美是建立在他一厢情愿的想象之上的。

首先，这段话中并无宇宙无限的含义。“高远无极”明显是指人目之极限而言。其次，断言七曜“伏见无常，进退不同”，却未能对七曜的运行进行哪怕是最简单的描述，造成这种致命缺陷的原因被认为是“由乎无所根系”，这就表明这种宇宙模式无法导出任何稍有积极意义的结论。

相比之下，西方在哥白尼之前的宇宙模式——哪怕就是亚里士多德学说中的水晶球体系，也能导出经得起观测检验的七政运行轨道。前者虽然在某一方面比较接近今天我们所认识的宇宙，终究只是哲人思辨的产物；后者虽然与今天我们所认识的宇宙颇有不合，却是实证的、科学的产物。两者孰优孰劣，应该不难得出结论。

“宣夜说”虽因李约瑟的称赞而获享盛名，但它根本未能引导出哪怕只是非常初步的数理天文学系统——即对日常天象的解释和数学描述，以及对未来天象的推算。从这个意义上来看，“宣夜说”（更不用说昕天、穹天、安天等说）完全没有资格与“盖天说”和“浑天说”相提并论。真正在古代中国产生过重大影响和作用的宇宙模式，是“盖天”与“浑天”两家。盖天宇宙因事涉中外交流，将在本书第六章中详论，此处先论浑天。

与“盖天说”相比，“浑天说”的地位要高得多——事实上它是在中国古代占统治地位的主流学说，但是它却没有一部像《周髀算经》那样系统陈述其学说的著作。通常将《开元占经》卷一中所引的《张衡浑仪注》视为“浑天说”的纲领性文献，这段引文很短，全文如下：

> 浑天如鸡子。天体（这里意为“天的形体”）圆如弹丸，地如鸡子中黄，孤居于内。天大而地小。天表里有水，天之包地，犹壳之裹黄。天地各乘气而立，载水而浮。周天三百六十五度四分度之一，又中分之，则一百八十二度八分之五覆地上，一百八十二度八分之五绕地下。故二十八宿半见半隐。其两端谓之南北极。北极乃天之中也，在正北，出地上三十六度。然则北极上规径七十二度，常见不隐；南极天之中也，在正南，入地三十六度，南极下规径七十二度，常伏不见。两极相去一百八十二度半强。天转如车毂之运也，周旋无端，其形浑浑，故曰浑天也。

这就是“浑天说”的基本理论。内容远没有《周髀算经》中盖天理论那样丰富，但还是有几个值得稍加分析的要点。

“浑天说”的起源时间，一直是个未能确定的问题。可能的时间大抵在西汉初至东汉之间，最晚也就到张衡的时代。

认为西汉初年已有“浑天说”的主张，主要依据两汉之际扬雄《法言·重黎》中的一段话：

> 或问浑天，曰：落下闳营之，鲜于妄人度之，耿中丞象之。

有的学者认为这表明落下闳（活动于汉武帝时）的时代已经有了浑仪和“浑天说”，因为浑仪就是依据“浑天说”而设计的。有的学者强烈否认那时已有浑仪，但仍然相信是落下闳创始了“浑天说”。[1]迄今未见有得到公认的结论问世。

在上面的引文中有一点值得注意，即北极“出地上三十六度”。这里的“度”应该是中国古度。中国古度与西方将圆周等分为360°之间有如下的换算关系：

$$1\text{中国古度} = 360/365.25 = 0.985\,6°$$

因此北极“出地上三十六度”转换成现代的说法就是：北极

1　例如李志超教授在《仪象创始研究》一文中说：“一切昌言在西汉之前有浑仪的说法都不可信。‘浑仪’之名应始于张衡，一切涉及张衡以前的‘浑仪’记述都要审慎审核，大概或为伪托，或为后代传述人造成的混乱。”见《自然科学史研究》1990年第4期。

的地平高度为35.48°。

北极的地平高度并不是一个常数，它是随着观测者所在的地理纬度而变化的。但是在上面那段引文中，作者显然还未懂得这一点，所以他一本正经地将北极的地平高度当作一个重要的基本数据来陈述。由于北极的地平高度在数值上恰好等于当地的地理纬度，这就提示我们，“浑天说”的理论极可能是创立于北纬35.48°地区的。然而这是一个会招致很大麻烦的提示，它使得“浑天说”的起源问题变得更加复杂。

如果打开地图来寻求印证，上面的提示就会给我们带来很大的困惑——几个可能与“浑天说”创立有关系的地区，比如巴蜀（落下闳的故乡）、长安（落下闳等天学家被召来此地进行改历活动）、洛阳（张衡在此处两次任太史令）等，都在北纬35.48°之南很远。以笔者之孤陋寡闻，好像未见前贤注意过这一点。如果我们由此判断“浑天说”不是在上述任一地点创立的，那么它是在何处创立的呢？地点一旦没有着落，时间上会不会也跟着出问题呢？

多年以后，笔者指导的博士研究生毛丹，利用古希腊史料，证实了这一猜测。[1]

在“浑天说”中，大地和天的形状都已是球形，这一点与“盖天说”相比大大接近了今天的知识。但要注意它的天是有“体”的，应该意味着某种实体（就像鸡蛋的壳），而这就与亚里士多德的水晶球体系半斤八两了。然而先前对亚里士多德水晶球体系激烈抨击的论著，对“浑天说”中同样的局限却总是温情脉脉

1　这项研究成果一个简要的叙述见江晓原：《科学外史》Ⅲ，上海人民出版社，2019年，第233—239页。

地避而不谈。

但是球形大地“载水而浮”的设想造成了很大的问题。因为在这个模式中，日月星辰都是附着在“天体”内面的，而此“天体”的下半部分盛着水，这就意味着日月星辰在落入地平线之后都将从水中经过，这实在与日常的感觉难以相容。于是后来又有改进的说法，认为大地是悬浮在“气”中的，比如宋代张载《正蒙·参两篇》说“地在气中”，这当然比让大地浮在水上要合理一些。

用今天的眼光来看，“浑天说”显得初级、简陋，与约略同一时代西方托勒密精致的地心体系（注意“浑天说”也完全是地心的）无法同日而语，就是与《周髀算经》中的盖天学说相比也大为逊色。然而这样一个初级、简陋的学说，为何竟能在此后约两千年间成为主流学说？

原因其实也很简单：就因为“浑天说”将天和地的形状认识为球形。这样一来，至少可以在此基础上发展出一种最低限度的球面天文学体系。而只有球面天文学，才能使得对日月星辰运行规律的测量、推算成为可能。“盖天学说”虽有它自己的数理，但它对天象的数学说明和描述是不完备的（例如《周髀算经》中完全没有涉及交蚀和行星运动的描述和推算）。

笔者之所以加上“最低限度的”这一限定语，是因为“浑天说”中有一个致命的缺陷，使得天文学家和数学家都无法从中发展出任何行之有效的几何宇宙模型，以及建立在此几何模型基础之上的球面天文学。这个致命的缺陷，简单地说只是四个字：地球太大。

中国古代是否有“地圆说”，这个问题是在明末传入了西方

“地圆说”并且此学说被一部分中国天文学家当作正确结论接受之后才产生的。而答案几乎是众口一词的“有”。然而，这一问题并非一个简单的“有”或“无”所能解决。

被作为中国古代地圆学说的文献证据，主要有如下几条：

南方无穷而有穷。……我知天下之中央，燕之北、越之南是也。（《庄子·天下》引惠施语）

浑天如鸡子。天体圆如弹丸，地如鸡子中黄，孤居于内。天大而地小。天表里有水，天之包地，犹壳之裹黄。（东汉张衡《浑天仪图注》）

天地之体，状如鸟卵，天包地外，犹壳之裹黄也；周旋无端，其形浑浑然，故曰浑天也。（三国王蕃《浑天象说》）

惠施的话，如果假定地球是圆的，可以讲得通，所以被视为“地圆说”的证据之一。后面两条，则已明确断言大地为球形。

但是能否确认地圆，并不是一件孤立的事情。换句话说，并不是承认地球是球形就了事。在古希腊天文学中，“地圆说”是与整个球面天文学体系紧密联系在一起的。这样的“地圆说”实际上有两大要点：

一、地为球形；

二、地与“天”相比非常之小。

第一点容易理解，但第二点的重要性就不那么直观了。然而这里只要指出下面一点或许就已足够：球面天文学中，只在极少数情况比如考虑地平视差、月蚀等问题时，才需计入地球自身的尺度，而在其他绝大部分情况下都将地球视为一个点，即忽略地球自身的尺度。这样的忽略不仅是非常必要的，而且是完全合理的，这只需看一看下面的数据就不难明白：

地球半径	6 371公里
地球与太阳的距离	149 597 870公里
上述两值之比约为	1:23 481

进而言之，地球与太阳的距离，在太阳系八大行星中仅位列第三，太阳系的广阔已经可想而知。如果再进而考虑银河系、河外星系……那更是广阔无垠了。地球的尺度与此相比，确实可以忽略不计。古希腊人的宇宙虽然是以地球为中心的，但他们发展出来的球面天文学却完全可以照搬到日心宇宙和现代宇宙体系中使用——球面天文学主要就是测量和计算天体位置的学问，而我们人类毕竟是在地球上进行测量的。

现在再回过头来看中国古代的"地圆说"。中国人将天地比作鸡蛋的蛋壳和蛋黄，那么显然，在他们心目中天与地的尺度是相去不远的。事实正是如此，下面是中国古代关于天地尺度的一些数据：

> 天球直径为三十八万七千里；地离天球内壳十九万三千五百里。(《尔雅·释天》)
>
> 天地相距六十七万八千五百里。(《河洛纬甄耀度》)
>
> 其周天也，三百六十五度；其去地也，九万一千余里。(杨炯《浑天赋》)

以第一说为例，地球半径与太阳距离之比是1:1。在这样的比例中，地球自身尺度就无论如何也不能忽略。然而自明末起，学者们常常忽视上述重大区别，而力言西方“地圆说”在中国“古已有之”；许多当代论著也经常重复与古人相似的错误。

非常不幸的是，不能忽略地球自身的尺度，也就无法发展出古希腊人那样的球面天文学。学者们曾为中国古代的天文学何以未能进展为现代天文学找过许多原因，诸如几何学不发达、不使用黄道体系等，其实将地球看得太大，或许是根本的原因之一。

评价不同宇宙学说的优劣，当然需要有一个合理的判据。我们在前面已经看到，这个判据不应该是主张宇宙有限还是无限，也不能是抽象的“唯心”或“唯物”。

另一个深入人心的判据，是看它与今天的知识有多接近。许多科学史研究者将这一判据视为天经地义，却不知其实大谬不然。人类对宇宙的探索和了解是一个无穷无尽的过程，我们今天对宇宙的知识，也不可能永为真理。当年哥白尼的宇宙、开普勒的宇宙……今天看来都不能叫真理，都只是人类认识宇宙的过程中的不同阶梯，而托勒密的宇宙、第谷的宇宙……也同样是阶梯。

对于古代的天学家来说，宇宙模式实际上是一种“工作假说”。因此如果我们以发展的眼光来看，评价不同宇宙学说的优劣，比较合理的判据应该是：

看这种宇宙学说中能不能容纳对未知天象的描述和预测；如果这些描述和预测最终导致对该宇宙学说的修正或否定，那就更好。

在这里笔者的立场接近科学哲学家波普尔（K. R. Popper）的“证伪主义”，即认为只有那些通过实践（观测、实验等）能够对其构成检验的学说才是有助于科学进步的，这样的学说具有“可证伪性”（falsifiability）。而那些永不会错的真理（比如“明天可能下雨也可能不下”），以及不给出任何具体信息和可操作检验的学说，不管它们看上去多么正确，对于科学的发展来说都是没有意义的。[1]

按照这一判据，几种前哥白尼时代的宇宙学说可排名次如下：

1. 托勒密宇宙体系；

2.《周髀算经》中的盖天宇宙体系；

3. 中国的“浑天说”。

至于“宣夜说”之类就根本排不上号了。“宣夜说”之所以在历史上没有影响，不是因为它被观测证据所否定，而是因为它根本就是“不可证伪的”，没有任何观测结果能构成对它的检验，因而对于解决任何具体的天文学课题来说都是没有意义的。

托勒密的宇宙体系之所以被排在第一位，是因为它是一个高度可证伪的、公理化的几何体系。从它问世之后，直到哥白尼学说胜利之前，西方世界（包括阿拉伯世界）几乎所有的天文学成就都是在这一体系中做出的。更何况正是在这一体系的滋养之下，才产生了第谷体系、哥白尼体系和开普勒体系。

笔者已经证明，《周髀算经》中的盖天学说也是一个公理化的几何体系，尽管比较粗糙、幼稚。[2]其中的宇宙模型有明确的几何结构，由这一结构进行推理演绎时又有具体的、绝大部分能够自洽的数理。“日景千里差一寸”正是在一个不证自明的前提、

---

1 波普尔的学说在他的《猜想与反驳：科学知识的增长》（1968）和《客观知识：一个进化论的研究》（1972）两书中有详尽的论述。此两书都有中译本（上海译文出版社，1986年，1987年）。

2 关于这一点的详细论证请见江晓原：《〈周髀算经〉——中国古代唯一的公理化尝试》，《自然辩证法通讯》1996年第3期。

亦即公理“天地为平行平面”之下推论出来的定理。

而且，这个体系是可证伪的。唐开元十二年（公元724年），一行、南宫说主持全国范围的大地测量，以实测数据证明了“日景千里差一寸”是错的，[1]遂宣告了“盖天说”的最后失败。这里之所以让“盖天说”排名在“浑天说”之前，是因为它作为中国古代唯一的公理化尝试，实有难能可贵之处。

“浑天说”没能成为像样的几何体系，但它毕竟能够容纳对未知天象的描述和预测，使中国传统天文学在此后的一两千年间得以持续运作和发展。它的论断也是可证伪的（比如大地为球形，就可以通过实际观测来检验），不过因为符合事实，自然不会被证伪。而“盖天说”的平行平面天地就要被证伪。

中国古代在宇宙体系方面相对落后，但在数理天文学方面却能有很高成就，这对西方人来说是难以想象的。其实这背后另有一个原因。

中国人是讲究实用的，对于纯理论的问题、眼下还未直接与实际运作相关的问题，都可以先束之高阁，或是绕道避之。宇宙模式在古代中国人眼中就是一个这样的问题。古代中国天学家采用数值计算方法，以经过观测获得的会合周期数值叠加来描述日、月、五大行星的运行，效果也很好（古代巴比伦天文学也有类似方法）。宇宙到底是怎样的结构，可以不去管它。宇宙模式与数理天文学之间的关系，在古代中国远不像在西方那样密切——西方的数理天文学是直接在宇宙的几何模式中演绎、推导而出的。

1　同样南北距离之间的日影之差是随地理纬度而变的，其数值也与“千里差一寸”相去甚远——大致为二百多里差一寸。参见中国天文学史整理研究小组编著：《中国天文学史》，科学出版社，1981年，第164页。

二、儒家：转变之中的天命与天意

1. 人格化的天——极为普遍的观念

“天”究竟是什么？这个问题，就是去问今天的天文学家，也不容易回答。说到底这涉及一个定义问题。我们似乎只能探讨各种具体用法中的“天”。比如说，“天下雨了”，这只是指大气层中的一个现象。而说“天上出现大彗星”，则是指地球大气层之外的空间了。但当说到“天哪，你爱上她了”时的“天”指什么呢？这不是插科打诨——正是这最后一个用法可以把我们引入正题。

如果“天”只是一个无生命、无感情的客观之物，如同山水木石那样，那人们为什么在悲恸时要“呼天抢地”？《诗经·柏舟》中那位女子为什么要呼喊“母也天只，不谅人只”？形容一项悲壮举动时又为什么要说“天地为之变色”呢？

在古代中国人心目中，天是人格化的。这与有机自然观正相吻合。既有天命与天意，则天为人格化自不待言。但天命天意都是统治阶级中人讲求之事，而人格化的天则探入古代中国各阶层人士心中，连普通老百姓也不例外。这只需稍举古代诗文以见一斑：

> 然今卒困于此，此天之亡我，非战之罪也。（《史记》卷七《项羽本纪》）
>
> 以鹑首而赐秦，天何为而此醉？（庾信《哀江南赋》）
>
> 天意高难问，人情老易悲。（杜甫《暮春江陵送马大卿公恩命追

赴阙下》)

衰兰送客咸阳道，天若有情天亦老。(李贺《金铜仙人辞汉歌》)

贯日长虹，绕身铜柱，天意留秦劫。(曹贞吉《百字令·咏史》)

……

此类例子古籍中随处可见，无烦多举。又成语中也可看到大量例证，其中所反映人格化之天的观念，自然更为普及化而深入广大群众心中：称赞忠孝节义等事，常谓“上格天心”“孝可格天”；指斥罪恶，则曰“天理难容”；幸灾乐祸，则曰对方“上干天谴”“致遭天罚”；称颂正义军事行动，曰“躬行天讨”；绿林好汉杀富济贫，曰“替天行道”；痛恨正义不得伸张，曰“苍天无眼”；祝福男女佳偶，曰“天作之合”；庆幸好事终于成功，曰“天从人愿”；等等。关汉卿笔下更有《感天动地窦娥冤》。凡此种种，皆可视为“大人”“君子”所言天命、天意之普及版，它们共同构成了古代中国天学所处文化背景的组成部分。

2. 天命及其变化

天命的观念，为儒家政治理论中的重要内容，其与古代天学之间的关系，又较前述诸观念更为密切。古人对于天命观念的阐述和使用，最生动的例子之一，是王孙满对楚王问鼎事，见《左传·宣公三年》：

楚子伐陆浑之戎，遂至于洛，观兵于周疆。定王使王孙满劳楚子。楚子问鼎之大小轻重焉。对曰：“在德不在鼎。昔夏之方有德也，远方图物，贡金九牧，铸鼎象物，百物而为之备……用能协于上下以承天休。桀有昏德，鼎迁于商，载祀六百。商纣暴虐，鼎迁于周……天祚明德，有所厎止。成王定鼎于郏鄏，卜世三十，卜年七百，天所命也。周德虽衰，天命未改，鼎之轻重，未可问也！”

从王孙满的话（“对曰”以下皆为王孙满所言）中，可知关于天命的三点性质：

一、天命可知。周的天命由成王定鼎时占卜而知。

二、天命会改变，即所谓“天祚明德，有所厎止”。

三、天命归于“有德”者。夏、商、周三代递膺天命，其间转移之机，即在于“有德”与“暴虐”。

王孙满的天命观，与其他儒家经典中所述完全吻合。下面仅稍引述《诗经》《尚书》中论及天命者若干则为例，以见天命观念之重要。见于《诗经》中者如：

穆穆文王，于缉熙敬止。假哉天命！……侯服于周，天命靡常。（《文王》）

有命自天，命此文王。于周于京。（《大明》）

维天之命，於穆不已。（《维天之命》）

昊天有成命，二后受之。（《昊天有成命》）

绥万邦，娄丰年，天命匪解。（《桓》）

天命降监，下民有严。不僭不滥，不敢怠遑。命于下国，封建厥福。（《殷武》）

《诗经》中明言“天命”者凡10处，此外还有不明出此二字而实指此意者。又《尚书》中亦屡言天命，如：

> 惟时怙冒闻于上帝，帝休。天乃大命文王殪戎殷，诞受厥命越厥邦厥民。(《康诰》)
>
> 弗吊旻天，大降丧于殷。我有周佑命，将天明威，致王罚，敕殷命终于帝。肆尔多士！非我小国敢弋殷命，惟天不畀允罔固乱，弼我。(《多士》)
>
> 呜呼！皇天上帝，改厥元子兹大国殷之命，惟王受命，无疆惟休，亦无疆惟恤。(《召诰》)
>
> 尔曷不夹介乂我周王，享天之命。(《多方》)

《尚书》中言天命处极多，《周书》诸篇尤甚，有些几乎通篇阐述天命问题，如《召诰》《君奭》等。很可能，殷周之际的改朝换代给周人的印象实在太深刻了。小国之周竟革掉了大国殷之命。他们目睹了一次天命的转移，多年之后，仍不免惊心动魄。

上述意义的天命，是作用于社会治乱、王朝盛衰这类大事的，并不管个人的穷通祸福。但对于一身系天下兴亡的重要人物而言，天命仍有作用。孔子就屡次谈到这一观念，姑举《论语》中数则为例：

> 天之将丧斯文也，后死者不得与于斯文也。天之未丧斯文也，匡人其如予何！(《子罕》)
>
> 天生德于予，桓魋其如予何！(《述而》)
>
> 死生有命，富贵在天。(《颜渊》)
>
> 君子有三畏：畏天命，畏大人，畏圣人之言。小人不知

天命而不畏也，狎大人，侮圣人之言。(《季氏》)

由前两则可知孔子自视甚高，有以天下为己任的襟怀。而置天命于君子“三畏”之首，足见天命之重要。下层社会的芸芸众生，则“未闻君子之大道也”，不知天命为何物，也就不加敬畏了。天命也确实管不到他们。

无论王朝的统治者如文、武、周公，还是“君子”如孔子、孟子，最关心的是天命的变化转移。创建新王朝时，关心怎样使天命转而眷顾自己；新朝定鼎之后，关心怎样防止天命转而眷顾别人。

仍以前述王孙满对楚王问鼎事为例，楚王问鼎正是前一种心态的表现，王孙满则是后一种心态的发言人；双方都知道九鼎为天命的象征物。楚王观兵于周疆，是炫耀武力；问鼎之大小轻重，近于挑衅。但他毕竟还未兴灭周之心，因为当时周天子仍得到中原各大诸侯拥戴。此事发生于公元前606年，上距成王定鼎只有四百余年，离“卜世三十，卜年七百”尚远，故王孙满警告楚王不要产生非分之想。

王孙满这样说，当然是富有技巧的外交辞令，若是楚王在公元前306年去问鼎，周王也断不肯将九鼎拱手献出。但在当时人们心中，天命确实也并非虚语，而是一件真实、严肃、重大之事，我们看《尚书》中各种周代文诰，反复谈论如何长保天命，就不难理解此点。诸侯拥戴，正可说明天命未改。

3. 民之所欲，天必从之

周代殷而膺天命，建立统治权。但是天命究竟为什么会弃殷而转眷于周呢？周人欲长保天命于周而不使其再次转向别处，就必须从理论上解答这个问题。

一个路径是关注“有德”与否。在周人那些皇皇文告中，确实有不少谈到周如何有德、纣如何暴虐，但这似乎说服力并不很大。毕竟，殷和周的统治在本质上是一样的，殷的那些“暴虐”之事，在周或别的诸侯那里未必没有；周的那些有德之迹，在殷也未必没有。更何况周人是胜利者，胜利者写下历史，对自己总不免隐恶扬善，对敌手则反是。

要寻找第二条路径，那就得设法从“得人心者得天下”来立论。周与殷之间，有一个区别是明显的，即殷纣较孤立而周有较广泛的盟友，所谓八百诸侯会于孟津，说明诸侯中有许多人站在周的一方。这未必是周“有德”的必然结果，也许是姬昌、姬发纵横捭阖的外交手段高明之故，周阵营的诸侯们在伐纣一事上有共同利益。这只要看战国时代的合纵连横，与谁“有德”毫不相干，就可明白。

但是不管怎么说，周阵营总是胜利了，这使周人能以普天之下万民的请命者和代言人自居，他们把天命解释为人心所向的结果，仍举《尚书》为例：

> 天矜于民，民之所欲，天必从之。尔尚弼予一人，永清四海。时哉弗可失。(《泰誓上》)
>
> 天视自我民视，天听自我民听。(《泰誓中》)
>
> 天惟时求民主。(《多方》)

对于这种将天意等同于民意的理论，后来孟子“祖述尧舜”，作过很生动的说明，《孟子·万章上》云：

> 昔者尧荐舜于天而天受之，暴之于民而民受之。……曰："使之主祭而百神享之，是天受之；使之主事而事治，百姓安之，是民受之也。天与之，人与之，故曰：天子不能以天下与人。舜相尧二十有八载，非人之所能为也，天也。尧崩，三年之丧毕，舜避尧之子于南河之南。天下诸侯朝觐者，不之尧之子而之舜；讼狱者，不之尧之子而之舜；讴歌者，不讴歌尧之子而讴歌舜，故曰天也。夫然后之中国，践天子位焉。而居尧之宫，逼尧之子，是篡也，非天与也。《泰誓》曰：'天视自我民视，天听自我民听。'此之谓也。"

大意是说：昔日尧将舜推荐于上天，上天接受了；将他亮相于人民之前，人民也接受了。让他主持祭礼，结果神灵们都来享用祭品，这说明上天接受了他；让他主持公众事务，结果事情办得很好，百姓都满意，这说明人民也接受他了。他的天子之位，是上天给的，是人民给的。所以说，天子个人并不能够将天子之位根据他本人的意愿而私相授受。

舜辅佐尧二十八年，他后来得到天子之位，不是人力所能为，而是天意。尧去世后，舜为之治三年之丧，然后避居到南河之南（意在不与尧之子争天子之位）。但是天下诸侯不去朝觐尧之子而朝觐舜，诉讼的人不去找尧之子而是找舜寻求裁决，讴歌的人也不歌颂尧之子而是歌颂舜。这种万民拥戴的现象正是天意的表现。舜这才来到都城，登了天子之位。《泰誓》说"天视自我民视，天听自我民听"，正是指这种情形。

这种将天命与民心等同、天意与民意等同的理论，给后世留下了一柄双刃剑：它既给独夫民贼们强奸民意开了方便之门（宣称自己为天命所归，因而也就是人心所向），也为后世某些为民请命者提供了一种理论支持，使他们得以用天命、天意的正大名义来立论。

古人的天命观念及对天命的重视，略如上述。但是天命是否归于本朝，并不是徒托空言，自我宣称，或仅靠穷兵黩武，打得血流漂杵所能解决。举例来说，失败了的殷纣也是天命所眷，而且直到灭亡前夕似乎还是如此，《尚书·西伯戡黎》载纣自言云：

> 呜呼！我生不有命在天？

此即殷纣自认为有天命，但周武王也曾承认这一点，《史记·周本纪》云：

> 九年，武王上祭于毕。东观兵，至于盟津。……是时，诸侯不期而会盟津者八百诸侯。诸侯皆曰："纣可伐矣。"武王曰："女未知天命，未可也。"乃还师归。

这就引出一个问题：一个王朝究竟怎样才能昭告万方，正式确认天命在兹呢？或者说，要怎样才能够让天下人认可自己拥有天命呢？

答案是：除了武力和文宣之外，统治者首先必须依靠本书所论的对象——天学。此中未发之覆，将于下章中详论。

三、天象对人事的警告和嘉许

天文星占之学，虽未见早期儒家大师亲自讲求（稍后亦有讲求者，如董仲舒），但其理论基础，却完全建立在上一节所述“人格化的天”“天命及其变化”“民之所欲，天必从之”三要点之上。

儒家之论天命与天意，基本上只在其存在性、重要性及政治意义这样的层面上。而再具体一点，天命与天意究竟通过怎样的机制为世人所知？理解、解释天命和天意又遵循怎样的原则？对这一层面问题的论述，主要见于星占学文献的理论部分。兹选择几种主要星占学文献中较有代表性者数例，略加分析如次：

在古代中国星占学家心目中，天人合一、天人感应这样一幅宇宙图景，其完备、具体和生动，是现代人难以想象的。迄今所发现的古代中国星占学文献中，年代最早的一种——长沙子弹库出土楚帛书甲篇云：

> 帝曰：繇敬之哉！毋弗或敬。惟天作福，神则格之；惟天作妖，神则惠之。钦敬惟备，天像是则，咸惟天□，下民之戒，敬之毋忒！[1]

这样的敬天之论，从中还隐约可以看到《尚书》中有关篇章的影子。而在历代正史的星占学文献中，可以看到更为具体的论

1　释文据李零：《长沙子弹库战国楚帛书研究》，中华书局，1985年，第57页。

述，《史记·天官书》云：

> 日变修德，月变省刑，星变结和。……太上修德，其次修政，其次修救，其次修禳，正下无之。夫常星之变希见，而三光之占亟用。日月晕适，云风，此天之客气，其发见亦有大运。然其与政事俯仰，最近天人之符。此五者，天之感动。为天数者，必通三五。终始古今，深观时变，察其精粗，则天官备矣。

所谓“三五”，司马贞《索引》称：“三谓三辰，五谓五星。”三辰指日、月、星，五星指五大行星。与这些天体有关的种种天象，被认为是“天之感动”。而上天的这些反应，是“与政事俯仰”的。所谓“修德”，固是古人修身、为政的理想境界，而以下“省刑”“结和”“修政”“修救”“修禳”等，也都是政事中不可或缺的重要内容。这些事情不修治，则上天始而示警，即呈现种种不吉天象；终而降罚，即天命转移，改朝换代。又《晋书·天文志上》云：

> 昔在庖牺，观象察法，以通神明之德，以类天地之情，可以藏往知来，开物成务。故《易》曰：“天垂象，见吉凶，圣人象之。”此则观乎天文以示变者也。《尚书》曰：“天聪明自我人聪明。”此则观乎人文以成化者也。是故政教兆于人理，祥变应乎天文，得失虽微，罔不昭著。

政治上的微小得失，在天人感应的迹象中“罔不昭著”。这样的天人景观，在星占学专著中也同样得到强调。李淳风《乙巳占》是传世最重要的星占学专著之一，其自序云：

> 昔在唐尧，则历象日月，敬授人时；爰及虞舜，在璇玑玉衡，以齐七政。暨乎三王五霸，克念在兹，先后从顺，则鼎祚永隆；悖逆庸违，乃社稷颠覆。是非利害，岂不然矣。斯道实天地之宏纲，帝王之壮事也。

所谓“敬授人时”，绝非现代流行论著中所解释的“安排农业生产”云云，而是指政治活动的安排（详见本书第五章）。这里李淳风之论，很像“祖述尧舜，宪章文武”的儒家话头，陆心源《重刻〈乙巳占〉序》说他“不失为儒者之言，非后世术士所能及也”，未免所见不深。其实星占家言的理论基础，就是建立在儒家天命观念之上的，其中论述与儒家之旨相合，乃至动辄称引《易》《尚书》等经典，实因两者之间确有深刻联系，并非仅为点缀而已，在这点上后世术士与李淳风并无本质不同。

上一节中曾指出，天命是归于“有德”者的。与此相对应，在星占学家看来，上天对人间事务的反应，也是道德至上、赏善罚恶的。上引诸条，显然都已蕴含此义，兹再举更为明确的说法一例，题为“唐司天监李淳风”撰的《乾坤变异录·天部占》云：

> 天道真纯，与善为邻。夫行事善，上契天情，则降吉利，赏人之善故也。舜有孝行，恩义仁信惠爱行于天下，感应上天，尧让其国，风雨及时，人皆歌太平，无祸乱，此天之赏善也。行其不善之举，则天变灾弥，日月薄蚀，云气不

祥，风雨不时，致之水旱，显其凶德，以示于人。若乃知过而改之，则灾害灭矣。……纣不知过，不能改恶修善，致武王伐之，契合天心。[1]

这与上引《晋书·天文志》及《乙巳占》之论一样，都深合儒家经典中天命之旨。

天命与天意之道德至上、赏善罚恶，与“民之所欲，天必从之”“天视自我民视，天听自我民听”有内在相通之处。所谓有德，所谓善恶，归根结底都是价值判断，而不是逻辑判断，因此究竟是否成立，最终总不免诉诸多数原则，即以多数人的判断为准。儒家经典中所说的“民”，固未必能理解为全体民众（有时也可这样理解），但至少总是包括了在政治上有发言权的阶层。当统治者被这些阶层或集团中的大部分所敌视时，其统治权就难以维持，所谓得民心者得天下，失民心者失天下，正是此意。因此失民心、失天下的失败者，依据多数原则，必然会被判定为暴虐无道、无德。这在绝大部分情况下都是如此。偶有少数独夫民贼强奸民意，虽有可能得逞于一时，却终不免于千载骂名。

至于现代人为古人做翻案文章，比如论证殷纣亦非无德之类，与上述规律并无冲突，因为这只是今人与古人所持价值判断不同之故。所谓不以成败论英雄，都是改换了价值判断重新去“论”的。这在古代星占学中完全没有问题——成败本身就是当时人所作价值判断的直接后果，秦始皇也好，项羽也好，他们的

1　李淳风：《乾坤变异录》，台北广文书局影印本，1987年。

失败毕竟是大多数人抛弃他们的结果，这与天命、天意不再眷顾他们，是一个等价陈述。

上述天道“与政事俯仰”、天道赏善罚恶、天道合于民心等，要而言之，即古人心目中的“天理”。在星占学家看来，此“天理”较后世宋儒所言者，当然有着更为明确的表现形式，《汉书·天文志》云：

> 其伏见蚤晚，邪正存亡，虚实阔狭，及五星所行，合散犯守，陵历斗食，彗孛飞流，日月薄食，晕适背穴，抱珥虹蜺，迅雷风袄，怪云变气：此皆阴阳之精，其本在地，而上发于天者也。政失于此，则变见于彼，犹景之象形，响之应声。是以明君睹之而寤，饬身正事，思其咎谢，则祸除而福至，自然之符也。

所有被古人归入“天”范畴之内的现象——包括现代气象学所研究的大气层内现象，都被认为是上天对人间政事的警告或嘉许。从“伏见蚤晚”至“怪云变气”，大致囊括了古代中国描述天象的绝大部分常用术语。

但这还只是就古代狭义的“天”所呈诸象而言。在古人看来，上天的警告或嘉许还有更为广泛的表现形式，李淳风《乙巳占》自序云：

> 至于天道神教，福善祸淫，谴告多方，鉴戒非一。故列三光以垂照，布六气以效祥，候鸟兽以通灵，因谣歌而表异。

三光者日、月、星，即上引《汉书·天文志》中所言种种天象。“六气以效祥”云云，大体与“怪云变气”之类对应。至鸟兽通灵，则已扩大至整个自然界，即古人广义之“天”。历代官史《五行志》中，充斥着大量瑞鸟出现、兽作人言、灵芝仙草、马生子、女化男、兽奸、山崩、雨血、河水逆流等怪异记载，而且都被与社会的安危治乱联系起来。今天看来固然荒诞不经，其实皆与李淳风所述观念完全一致。最后的“因谣歌而表异”一说，为古代中国文化中颇具特色的现象，在古代，歌谣，特别是童谣，往往是乱世先兆，而童谣又经常与天象联系在一起。

以上所述，只是古代中国星占学理论中天人合一的宇宙图像。这种图像与儒家经典中天命天意之说相比，已是更为具体的一个层面。至于再下一个层面，即古代天学家如何依据具体天象而预言吉凶，所言又有哪些内容，则将在本书第四章中论之。

四、天道与人道：为政之道

本节所述，虽未必与狭义的“天学”直接有关，但也构成深入理解古代中国天学必不可少的背景之一。

在中国传统文化中，“阴阳”观念几乎无所不在。它是哲学理论中的基本概念，更是各种门类知识的表述系统中的基本结构。天地、男女、日月、阴阳等一系列概念都是相互对应的。进而言之，天地变而生万物、男女交而产后代，也可同样对应。这里先举早期材料数则以见一斑：

> 归妹，天地之大义也。天地不交而万物不兴。归妹，人

之终始也。(《易·归妹》)

天地絪缊，万物化醇；男女构精，万物化生。(《易·系辞下》)

谷神不死，是谓玄牝。玄牝之门，是谓天地根。绵绵若存，用之不勤。(《老子》第六章)

夫天地合气，人偶自生也；犹夫妇合气，子则自生也。(《论衡·物势》)

“玄牝”，指天地万物所由化生之神秘生殖器官；“合气”，指性交。这种对应模式，在古代中国，几乎可以被借用来表达所有领域内的知识（当然有许多是牵强附会的）。此处仅略述与本书主题有关的一个方面，即天道与为政之道的关系。古人在此事上的思路大体如下：

天象之吉凶是对人间政治修明与否的反应，而风雨寒暑等气象气候变化，也是包括在天象范畴之内的。要风调雨顺，天地间的阴阳之气必须和谐，而天人是相互感应的，所以如果人间男女之间未能达到阴阳和谐，就会感应于“天”而破坏“祥和”，于是导致水、旱等自然灾害，故为政之道，必须特别注意阴阳和谐。试举若干史料以说明之。

《后汉书·荀爽传》载荀爽“对策陈便宜”内容，其中有云：

臣窃闻后宫采女五六千人，……百姓穷困于外，阴阳隔塞于内。故感动和气，灾异屡臻。臣愚以为诸非礼聘未曾幸御者，一皆遣出，使成妃合。一曰通怨旷，和阴阳。二曰省财用，实府藏。三曰修礼制，绥眉寿。四曰配阳施，祈螽斯。五曰宽役赋，安黎民。此诚国家之弘利，天人之大福也。

荀爽认为汉桓帝后宫美女太多，致使内有怨女，外有旷夫，这就破坏了天地间的祥和之气，所以灾异屡现。类似论点又可见《三国志·陆凯传》载陆凯上吴帝孙皓之疏，陆凯认为孙皓政治黑暗导致上天示警，他在疏中指责孙皓政治过失凡二十款，其第五为：

臣窃见陛下执政以来，阴阳不调，五星失晷，……逆犯天地，天地以灾，童歌其谣。……今中宫万数，不备嫔嫱，外多鳏夫，女吟于中。风雨逆度，正由此起。

陆凯认为帝王后宫太多，造成怨旷，会导致自然灾害，于是后来逢到水旱等灾，帝王又有遣放宫女，听其适人之举，以为禳救。如《白居易集》卷五八《请拣放后宫内人》云：

臣伏见自太宗、玄宗已来，每遇灾旱，多有拣放。书在国史，天下称之。伏望圣慈，再加处分。则盛明之德，可动天心；感悦之情，必致和气。

白居易是因大旱而请拣放宫人，但对于水灾也可同样处理，如《旧唐书·宪宗本纪下》云：

辛丑，出宫人二百车，任从所适，以水灾故也。

人间怨旷之有干天和，在古人看来确实事关重大，故在儒家政治理论中，老百姓的男女匹偶问题常被强调。比如班固整理的《白虎通》一书，是当时儒学中具有“钦定教义问答”性质的著作。《白虎通·爵》云：

> 庶人称匹夫者，匹，偶也。与其妻为偶，阴阳相成之义也。一夫一妇成一室，明君人者，不当使男女有过时无匹偶也。

对于这种观点，不能仅从增殖人口、发展生产力的现代视角去解释。

为政之道中的和谐阴阳，含义甚广，令百姓不致怨旷太多，只是一个方面。在儒学理论中还可看到更为抽象玄虚的观念，试举一例如次：董仲舒之言儒学，实已采入大量阴阳家之说，不能算纯儒了，但毕竟还是在历史上诸“大儒”之列，他对于当时人们禳救水灾旱灾，有一段颇为精致而有趣的阐释，见《春秋繁露·精华》：

> 难者曰：“大旱雩祭而请雨，大水鸣鼓而攻社，天地之所为，阴阳之所起也，或请焉，或怒焉者何？”曰：“大旱者，阳灭阴也，阳灭阴者，尊厌卑也，固其义也，虽大甚，拜请之而已，敢有加也？大水者，阴灭阳也，阴灭阳者，卑胜尊也，日食亦然，皆下犯上，以贱伤贵者，逆节也，故鸣鼓而攻之，朱丝而胁之，为其不义也。”

其说之荒唐附会，在今日固不待言，不过以此见古人之重视阴阳和谐而已。

为政之道，法乎天道，而其中阴阳和谐竟被置于首位，这在今人确实不易想象和理解，《史记·陈丞相世家》载陈平对汉文帝阐述宰相职责云：

> 宰相者，上佐天子理阴阳，顺四时，下育万物之宜，外镇抚四夷诸侯，内亲附百姓，使卿大夫各得任其职焉。

陈平强调宰相总率百僚，不应躬亲细事，故其所言，皆为宰相职责中之最重要者。而其中“理阴阳”置于首位，值得注意。此处所言“理阴阳”，当然不限于使百姓及时得到婚姻匹偶，还包括前引《史记》所云“修德”“省刑”“结和”，乃至“修救”“修禳”，董仲舒谈到的请雨止雨、雩祭攻社等也在其内。陈平所述宰相职责，是中国古代有代表性的看法。

紧接着“理阴阳”之后的是“顺四时”，这也是古人为政必须法乎天道，以及天人合一观念中的大关节。《春秋繁露·阴阳义》云：

> 天亦有喜怒之气，哀乐之心，与人相副。以类合之，天人一也。春，喜气也，故生；秋，怒气也，故杀；夏，乐气也，故养；冬，哀气也，故藏。……与天同者大治，与天异者大乱。故为人主之道，莫明于在身之与天同者而用之，使喜怒必当义而出。

注意这里所言之“义”，并非正义或仁义之谓，而是指“合于时宜”，见于《春秋繁露·天容》：

> 人主有喜怒，不可以不时。可亦为时，时亦为义。喜怒以类合，其理一也。故义不义者，时之合类也，而喜怒乃寒暑之别气也。

对此解释甚明。这种“顺四时”的观念在古代中国广泛流传，并与历法、占卜、禁忌等许多数术理论有密切联系，后文还会论及。

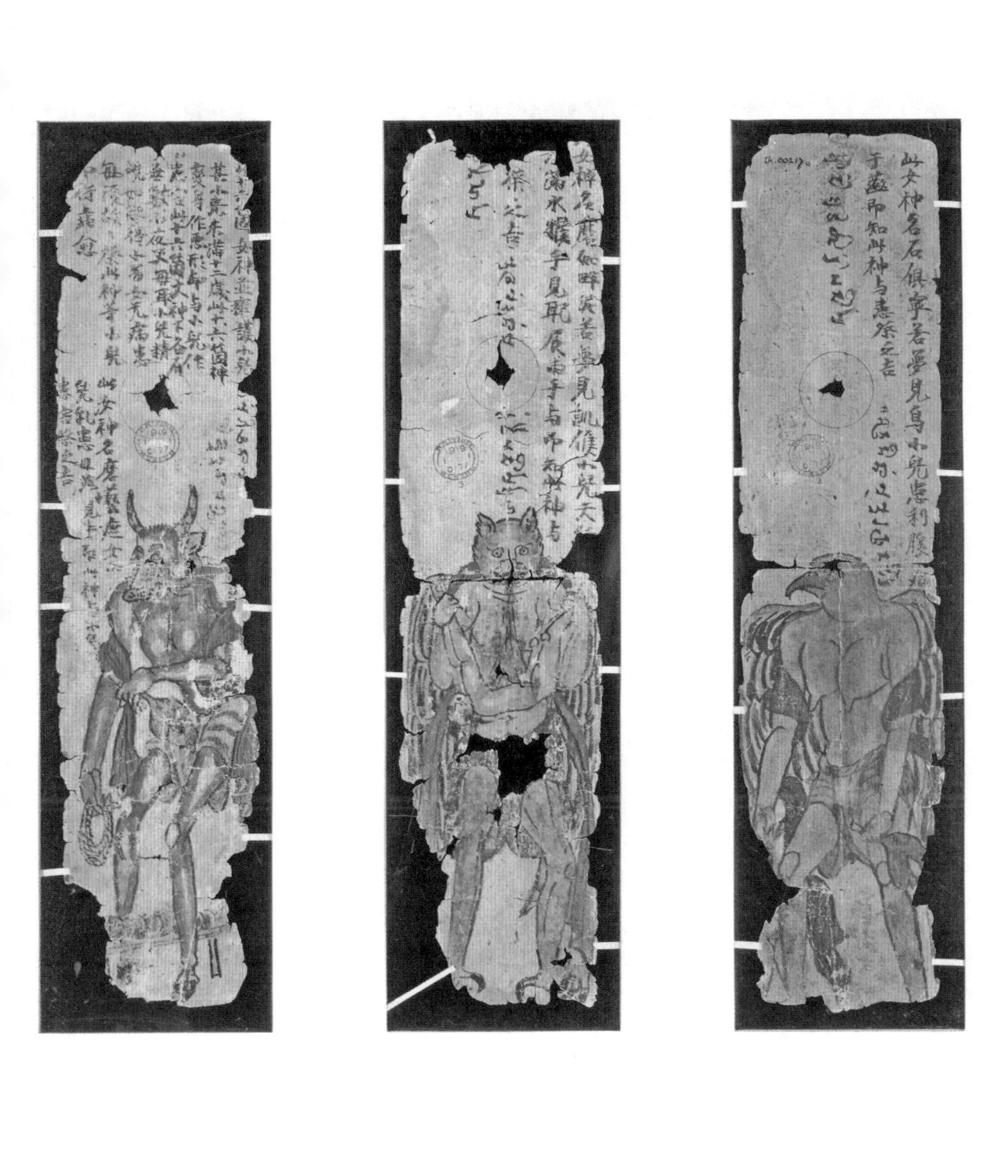
此女神名石俱拏若夢見烏小兒患痢腹痛
手𢱢即知此神与患祭之吉

《敦煌解梦图》

大英博物馆藏

第二章　中国传统天学的地位及其运作者

一、天学在古代中国特殊地位的观察

1. 天学在历代官史中的特殊地位

《汉书·司马迁传》载司马迁《报任少卿书》，其中谈到自己作《史记》之目的说：

> 凡百三十篇，亦欲以究天人之际，通古今之变，成一家之言。

对“究天人之际”一语，有的学者解释为：“从宇宙到人生，从自然到社会、政治，皆有所阐述。”果真如此的话，《史记》将是一部百科全书式的著作了，但事实上并非如此。《史记》130卷，以今天的概念而论，真正称得上是阐述“宇宙”或“自然”范畴内事物的，只有如下5卷：

> 《律书》《历书》《天官书》《河渠书》《扁鹊仓公列传》

《律书》讲乐律、天象、节令、物候及其相互间的对应。《历书》专讲历法。《天官书》专讲星占学。《河渠书》讲水利。《扁鹊仓公列传》为名医传记。五者之中，言天学者竟居其三。如将标准再放宽一些，照顾到古人的观念，则还可以考虑另外3卷：

《封禅书》《日者列传》《龟策列传》

以上3卷或可算作与“宇宙”有关，然而以现代观点视之，则皆属“迷信”范畴，无法与天文学或水利学同日而语。可见在《史记》中，宇宙与人生，或自然与社会政治之间的记述，简直不成比例。那么司马迁的“究天人之际”，到底是什么意义呢？

再换一个角度来思考：如果将《历书》《天官书》中的有关内容视为现代意义上的天文学，就不可避免要面临这样一个问题：

在司马迁的时代，乃至此前很久，数学、冶金、纺织、建筑、农艺、物理等，许多知识都已高度发达，有的还与国计民生大有直接关系，如冶金、建筑等，司马迁为何独独厚爱于天文学？在《史记》的“八书”中，上面这么多学问都完全没有位置，天文学为何却独占了两书以上的篇幅，一花独放？

如果这仅是司马迁一人的做法，那或许还可以解释为，司马迁因父子相传的职业（太史令）关系而性有偏嗜。但令人大为费解的是，司马迁的做法竟成为此后两千年间历代官史的传统模式。以《汉书》为例，与《史记》“八书”相当的部分是“十志”，兹将两者列出比较如下，先后各按两书原有顺序：

《史记》	《汉书》
礼书	律历志
乐书	礼乐志

律书	刑法志
历书	食货志
天官书	郊祀志
封禅书	天文志
河渠书	五行志
平准书	地理志
	沟洫志
	艺文志

其中《律历志》为《律书》与《历书》的合并，《礼乐志》为《礼书》与《乐书》的合并，《食货志》约略相当于《平准书》，《郊祀志》相当于《封禅书》，《天文志》即《天官书》，《沟洫志》即《河渠书》。此外《刑法志》《五行志》《地理志》《艺文志》四志为《汉书》新增。《刑法志》与《艺文志》内容甚明，此处可勿论。《地理志》基本上相当于今日人文地理学内容。值得注意者为《五行志》，这是专讲灾异、祥瑞的文献，其基本理论则仍是赏善罚恶的天人感应——政治昏暗则见灾异，政治修明则呈祥瑞。其中还包括大量与星占学有关的内容，大体也属于古人天学范畴之内。

此后各代官史中，天文、律历、五行三志往往置于相邻各卷，唯三者先后顺序稍有不同而已。二十五史中十八史有志，兹将此十八史中天文、律历（如律与历分开则只列历）、五行三志的情况罗列一览如下，三志先后仍按各史原顺序：

《史记》：　历书　天官书

《汉书》:	律历志	天文志	五行志	
《后汉书》:	律历志	天文志	五行志	
《晋书》:	天文志	律历志	五行志	
《宋书》:	律历志	天文志	符瑞志	五行志
《南齐书》:	天文志	祥瑞志	五行志	
《魏书》:	天象志	律历志	灵征志	
《隋书》:	律历志	天文志	五行志	
《旧唐书》:	历志	天文志	五行志	
《新唐书》:	历志	天文志	五行志	
《旧五代史》:	天文志	历志	五行志	
《新五代史》:	司天考			
《宋史》:	天文志	五行志	律历志	
《辽史》:	历象志			
《金史》:	天文志	历志	五行志	
《元史》:	天文志	五行志	历志	
《明史》:	天文志	五行志	历志	
《清史稿》:	天文志	灾异志	时宪志	

此十八史之各志，虽与《汉书》十志不尽相同，但前面所提到的诸如数学、物理、冶金、纺织、建筑、农艺，以及医学、炼丹术等，在各志中都完全没有位置，唯有“天学三志”独领风骚，且常居于各志之首。

司马迁之作《史记》，是要“成一家之言”的，说他对天学性有偏嗜，似乎勉强可通。但自《汉书》开始，此后各正史都是官方修撰的，班固的做法代表了最正统的史学和文化观点，所以被后代长期遵行。为什么后世史官竟全都遵循《史记》的模式呢？这表明司马迁独重天学绝非他个人性有偏嗜，而是另有深刻原因。那么这原因是什么？

研究中国古代科技史，门类繁多，数学、物理、化学、医学、农学、冶金、纺织、建筑……所有这些分支学科的史料，除了少数私家专著外，都要到浩如烟海的古籍中去零星搜觅。一部《梦溪笔谈》因其中材料稍多，就被学者们视若拱璧。唯有被视为天学的这一分支与众不同，其史料可毫不费力地得之于煌煌官史之中，且其系统、丰富的程度，没有任何别的学科可以望其项背。这样一个惊人的事实，难道还不足以发人深省吗？

它至少表明：在古代中国文化中，这门本书一再强调称之为“天学”的学问，有着极为特殊的性质和地位。

2. 古籍中所见上古政务中天学的特殊地位

《尚书》是儒家基本经典之一，今天大体可视之为上古政治文件或其转述、改编本的汇编。《尚书》第一部分为《虞书》，《虞书》第一篇为《尧典》。《尧典》篇的背景和作意，据《书序》说是这样的：

> 昔在帝尧，聪明文思，光宅天下。将逊于位，让于虞舜，作《尧典》。

《尧典》正文记录了帝尧时期的为政之要，以及尧指示安排关于考察、培养接班人舜的一些事务。全文不过443字，其中谈尧之政绩约占一半篇幅，先将此228字分段录出如下：

帝尧曰放勋。钦明文思安安，允恭克让，光被四表，格于上下。克明俊德，以亲九族。九族既睦，平章百姓。百姓昭明，协和万邦。黎民于变时雍。

乃命羲和，钦若昊天。历象日月星辰，敬授民时。分命羲仲，宅嵎夷，曰旸谷。寅宾出日，平秩东作。日中，星鸟，以殷仲春。厥民析，鸟兽孳尾。申命羲叔，宅南交，曰明都，平秩南讹，敬致。日永，星火，以正仲夏。厥民因，鸟兽希革。分命和仲，宅西，曰昧谷，寅饯纳日，平秩西成。宵中，星虚，以殷仲秋。厥民夷，鸟兽毛毨。申命和叔，宅朔方，曰幽都。平在朔易。日短，星昴，以正仲冬。厥民隩，鸟兽氄毛。帝曰：咨！汝羲暨和。期三百有六旬有六日，以闰月定四时，成岁。允厘百工，庶绩咸熙。

关于羲和，有颇多未发之覆，今人又多误解，将于下文详论。关于羲和叔仲分宅四方的真伪及含义，与此处讨论的主题关涉不大，先不具论。关于四仲中星，多年来一直是中外学者热衷研究的课题，但也不在此处讨论的范围。

这里要讨论的是，谈帝尧为政的228字中，关于天学事务的内容竟占了175字，即77%。而第一段所述，又都是抽象的赞颂；第二段关于天学事务，却如此详细具体。一篇《尧典》，给人的印象似乎是：帝尧的政绩，最主要、最突出的就是他安排了天学事务。以现代人的知识来看，一个帝王这样不是很奇怪吗？

再进一步考虑，如果《尧典》是因帝尧将禅位于舜而作，那么在这样重要的一份文件里，“正经事”为何反而不提？最高统治者要实行交接班了，国家大事，千头万绪，内政外交、军事经济等，《尧典》几乎都绝口不提，却大谈如何安排天学事务，这在现代人看来，不是太荒唐了吗？

是否可以猜测：现今所见的《尧典》只是残篇，还有许多谈论军政事务的部分佚失了呢？看来不可能。因为在《史记·五帝本纪》中，司马迁所记述的帝尧事迹，也只有两项具体内容：任命羲和等从事天学事务和禅位于舜，几乎就是《尧典》一文的改写。这说明，司马迁那时所知道的帝尧事迹，主要也就只有这两项。

退一步来说，如果帝尧百千政绩都湮灭无闻，唯独安排天学事务一项被人们世代传颂，这至少说明：在古人心目中，帝尧的这项政绩比任何其他政绩都重要得多。

此外还可找到一些旁证。比如《史记·五帝本纪》载帝舜之摄政云：

> 于是帝尧老，命舜摄行天子之政，以观天命。舜乃在璇玑玉衡，以齐七政。

此处“在璇玑玉衡，以齐七政”九字究竟何指，几千年来又引起无穷公案，但其具体内容与此处讨论的主题无关，只需明确其为天学事务即可。事实上这里司马迁又是据《尚书·舜典》改写的。此九字后倒是接着谈了舜一些别的政绩，但无论如何，第一项还是天学事务。注意舜行此事的目的是“以观天命”——直接与天命有关！

又如，在《易·系辞下》有一段关于远古文明发展史的简单化、理想化假说，其帝王系列是：

伏羲—神农—黄帝—帝尧—帝舜

他们依次创立了文明社会中的许多事物和观念。其中第一位帝王包牺氏的第一项贡献，竟然又是天学：

古者包牺氏之王天下也，仰则观象于天，俯则观法于地。

这里“仰则观象于天”，与“钦若昊天，历象日月星辰”及“在璇玑玉衡，以齐七政”，显然全是同一种性质的活动。

如果这种活动真是现代意义上的天文学的话，那就太令人惊奇了：古代中国人心目中第一号的圣明帝王在位期间，除了关心天文学，竟然再没任何政绩值得一提了；第二号圣明帝王摄政之初，竟然别的什么事都不管，首先亲自去从事天文学活动；文明创始人伏羲的第一件功劳，不是去解决人民的衣食住行问题，却是去搞天文学！天文学对于古代中国人来说竟如此重要吗？

长期以来，流行着这样一种说法，认为古代中国是农业国，而农业需要天文学，所以古代中国人特别重视天文学。这种说法听起来似乎很有道理，其实只要稍加思索，就发现它漏洞百出，这里姑且先举几个问题如下：

如果农业需要天文学，那么全世界几乎所有民族都有农业，在他们那里是不是天文学都具有像古代中国文化中天学所具有的那样不可思议的特殊地位？

农业需要天文学，航海更需要天文学，古希腊人既有农业，又依赖航海，天文学在古希腊文化中有没有取得像古代中国文化中天学所具有的特殊地位？比如在《荷马史诗》或希罗多德《历史》中能找到多少天文学相关的论述？

农业需要天文学，但“需要”到什么程度？绝大部分农民显然不懂天文学，他们靠什么种出庄稼？

历代官史中的“天学三志”，《天文志》专讲星占学，《五行志》专讲灾异、祥瑞，显然都与农业完全无关，为什么还在正史中有如此的特殊地位？

《历志》或《律历志》中确有一部分内容与农业有关，但实际上只是极小的一部分，与农业有极为有限的一点关系，这一点将于本书第五章中详细论述。

农业与天文学有关，但农业显然还与诸如农具制造、育种、改良土壤、田间管理、水利等有着更为直接、更为密切的关系，为何这些方面的知识反而不受重视？

所有这些问题，归根结底都引导到同一个问题：古代中国的天学究竟是不是与现代意义上的天文学相同性质的学问？如果不是，那么它的性质是什么？

3. 天学在古代知识系统中的特殊地位

古人对知识系统的观念正确、合理与否，不在本书讨论范围之内。古人未必具有构造某种完备知识系统的自觉意识，这在一定程度上对今天的研究反而有利，因为这样有可能更真实地看到古人心目中重视的是哪些知识。可以选择几部在中国传统文化中影响较大、较为著名的著作来考察，看天学在其中居于什么地位。

《吕氏春秋》可以看作是一部“准百科全书”式的著作。关于此书的背景与编撰意图，《史记·吕不韦列传》中说：

> 吕不韦乃使其客人人著所闻，集论以为八览、六论、十二纪，二十余万言。以为备天地万物古今之事，号曰《吕氏春秋》。布咸阳市门，悬千金其上，延诸侯游士宾客有能增损一字者予千金。

所谓“备天地万物古今之事”，与司马迁的“究天人之际，通古今之变”含义相似。至于悬千金而征“能增损一字者”，自然别有用意，此处不必深论，但吕不韦对此书的自负还是可以推想的。

在这部“备天地万物古今之事”的著作中，天学的地位十分奇特。全书的前12卷，即所谓十二纪，依次为：

> 孟春纪、仲春纪、季春纪、孟夏纪、仲夏纪、季夏纪、孟秋纪、仲秋纪、季秋纪、孟冬纪、仲冬纪、季冬纪。

十二纪中所论，大体不出政治、伦理和哲学范畴，但是每纪之首章，却都是关于天象、时令之说，姑举卷一《孟春纪》为例：

> 孟春之月，日在营室，昏参中，旦尾中。其日甲乙，其帝太皞，其神句芒。其虫鳞，其音角，律中太蔟，其数八……是月也，以立春。先立春三日，太史谒之天子，曰：

某日立春，盛德在木……乃命太史，守典奉法，司天日月星辰之行，宿离不忒，无失经纪。以初为常。

这一套说法在战国至秦汉之际极为盛行，《吕氏春秋》十二纪之首章，与《礼记·月令》《淮南子·时则训》大同小异，此外《大戴礼记·夏小正》《管子·幼官》，以及长沙子弹库楚帛书丙篇，乃至云梦睡虎地秦简《日书》中的有关部分，也都是同类性质的文献。这套说法本身，对于深入理解古代中国天学自然极为重要，将于本书第五章中详加探讨。

此处需要注意者，则在《吕氏春秋》以之来统摄十二纪，足见其受重视的程度；同时这些文献又是天学在古代政务中居特殊地位的另一个表现方面，这当然又与古人关于为政"顺四时"的观念有内在联系。

《淮南子》大体可视为《吕氏春秋》的同类著作，不过年代略晚数十年而已。全书正文分为二十"训"，显然也是备论"天地万物古今之事"的，先列出如次：

原道训、俶真训、天文训、地形训、时则训、览冥训、精神训、本经训、主术训、缪称训、齐俗训、道应训、氾论训、诠言训、兵略训、说山训、说林训、人间训、修务训、泰族训。

这种知识系统的格局，与《史记》八书、《汉书》十志颇有相似之处。其中《天文训》约略相当于《天文志》，《时则训》基本上是《吕氏春秋》十二纪的汇合，各章的某些内容后来也成为正史《律历志》中的组成部分。

此处需要注意的是，在《淮南子》的知识系统中，完全没有今天意义上的“科学技术”各科的地位。这绝非《淮南子》有什么特殊，而是古代中国人心目中知识系统的普遍情况。但是，唯独天学一门，常居于非常显赫的地位。如果将古代中国天学看成与现代意义上的物理学、化学等同样性质的天文学，则古代中国人如此偏爱这门对日常物质生活几乎毫无功利可言的学问，不是太奇怪了吗？而且这样一来，这门学问在古代中国知识系统中就会成为一个极明显的例外，完全无法与整个系统相协调了。

在古代中国巨大的文化遗产中，各种门类的著作浩如烟海，其中谈论现代意义上的科学技术的专著，可谓少之又少；有之，也几乎全为民间私家之作，在上层精英文化的知识系统中排不上号。对此不妨举一个小而有趣之例以见之，辛弃疾《鹧鸪天·有客慨然谈功名，因追念少年时事，戏作》有句云：

> 却将万字平戎策，换得东家种树书。

作者自伤老废，不得一展雄才。“平戎策”与“种树书”对举，是古人常用的修辞手法，想造成的效果是渲染自己不再关心军国大事，自降于田夫野老之列。“平戎策”当然是上层精英文化中的重要部分，“国之大事，在祀与戎”，所以《淮南子》有《兵略训》，谈兵也是传统士大夫的喜好之一；“种树书”之类的技术工艺则反是。《周礼·考工记》有幸厕身于经典之中，算是一个例外，但实际上也只是表面如此，它在上层精英文化的知识系统中并无地位。而天学却辉煌显赫，在其中领袖群伦，这现象背后究竟有着什么深层原因？

《吕氏春秋》或《淮南子》还只能算“准百科全书”式著作，而后世的类书，则今人已普遍称之为“中国古代的百科全书”了。把类书作为古代中国知识系统的标本加以考察，当具有很大的代表性。姑举较有代表性的三部类书之部类名目为例。

唐初编撰的《艺文类聚》，全书100卷，分为48部，部目如下：

天、岁时、地、州、郡、山、水、符命、帝王、后妃、储宫、人、礼、乐、职官、封爵、治政、刑法、杂文、武、军器、居处、产业、衣冠、仪饰、服饰、舟车、食物、杂器物、巧艺、方术、内典、灵异、火、药香草、草、宝玉、百谷、布帛、果、木、鸟、兽、鳞介、虫豸、祥瑞、灾异。

其分类在今天看来有点不伦不类，在古人心目中也未为尽善，《四库全书总目》说它“丛脞少绪”。不过这里日常物质生活和百工技艺总算有了一席之地——当然与天学的地位仍不可同日而语。

宋王应麟辑《玉海》，分为21门：

天文、律历、地理、帝学、圣文、艺文、诏令、礼仪、车服、器用、郊祀、音乐、学校、选举、官制、兵制、朝贡、宫室、食货、兵捷、祥瑞。

这里上层精英文化的味道更重些，更多地注意政治文化，而

《艺文类聚》中的那种“博物”趣味减少了。

再看清代的《古今图书集成》，分为6编32典，其目如下：

历象汇编，四典：乾象、岁功、历法、庶征。

方舆汇编，四典：坤舆、职方、山川、边裔。

明伦汇编，八典：皇极、宫闱、官常、家范、交谊、氏族、人事、闺媛。

博物汇编，四典：艺术、神异、禽虫、草木。

理学汇编，四典：经籍、学行、文学、字学。

经济汇编，八典：选举、铨衡、食货、礼仪、乐律、戎政、祥刑、考工。

与《艺文类聚》相比，部目并无多大不同。事实上，两千年间，中国人对知识系统的看法没有发生过本质性的变化。

在上述三部类书中，天学都位于各部目之首。这并非巧合，现今所见的古代综合性类书，全都把“天部”列于首位。古人固然喜欢因循旧例，似乎其间并无深意，但当初开创此例，总应有其原因。这与《天文志》常居于正史各志之首，显然是同一原因。这一原因，在上古时本是大人君子们夙所深知的；后来知之者渐少，但仍代不乏其人，到了现代，在重重历史性误解之下，终于变得罕为人知了。

类书部目的设立，还与古代天学中某些神秘主义观念（仅是在现代人看来如此）有联系，比如宋代类书《太平御览》分为55部，系仿自北齐《修文殿御览》，而后者之所以分为55部，据《太平御览》卷六〇一引丘悦《三国典略》云：

> 尚书右仆射祖珽等上言……前者修文殿令臣等讨寻旧典，撰录斯书，谨罄庸短，登即编次。放天地之数，为五十五部；象乾坤之策，成三百六十卷。[1]

所谓“天地之数”，见《易·系辞上》：

> 天数二十有五，地数三十，凡天地之数五十有五，此所以成变化而行鬼神也。乾之策，二百一十有六；坤之策，百四十有四，凡三百有六十。

此类数字神秘主义在古代很盛行，此不过偶举一例而已。这种“数有神理”的观念，也与天学在古代中国的特殊地位有绝大关系。

4. 天学在古代数术中的特殊地位

古代中国天学主要由两部分组成，其一为星占，其二为历法。《吕氏春秋》十二纪之首章、《礼记·月令》及《淮南子·时则训》中所论的那套学说，就属于古代历法之学的范畴。而这套学说又是古代数术之学的理论基础。

现今所能见到的古代数术之学、在先秦时主要由被称为“阴阳家”者所讲论。这在当时是非常显赫重要的一派，司马谈“论六家之要指”，即置阴阳家于首位，以下依次为儒、墨、名、法、

1 原《三国典略》中引文“为五十五部”脱去后一“五”字，但据“天地之数”可补出。

道家。据《史记·太史公自序》所载，司马谈之论阴阳家有云：

> 尝窃观阴阳之术，大祥而众忌讳，使人拘而多所畏；然其序四时之大顺，不可失也。
>
> 夫阴阳四时、八位、十二度、二十四节各有教令，顺之者昌，逆之者不死则亡。未必然也，故曰“使人拘而多畏”。夫春生夏长，秋收冬藏，此天道之大经也，弗顺则无以为天下纲纪，故曰“四时之大顺，不可失也”。

司马谈的观点居然颇有点现代色彩——他对数术中的各种避忌之说，倾向于否认其真实性。不过他仍强调“四时之大顺，不可失也”。要注意这里所言之顺四时，并不像某些现代人想当然的那样，是所谓的政令不妨碍农时，如春天不要用兵以免妨碍春耕之类，而是另有其深刻哲学观念的，详见本书第五章。

先秦时的阴阳家，又可分为两途，其一即司马谈所论，仍离不开星占历法之天学；其二，李零论之云：

> 另一种是以齐鲁稷下学子邹衍、邹奭等人代表的“五德终始”说，它实际上是按往旧造说，仍然是脱胎于数术之学，只不过是把原始存在的数术之学哲学化了，提高为类似儒、道等家的体系，《汉书·艺文志》把它列为《诸子略》“阴阳家类”。[1]

1　李零：《长沙子弹库战国楚帛书研究》，第35页。

其说甚为有理。

西汉末，刘向、刘歆父子校皇家藏书，最后刘歆“总群书而奏其《七略》”，实即将当时的学术分为六大类。班固在《汉书·艺文志》中沿用此种分法，六大类依次为：

> 六艺略、诸子略、诗赋略、兵书略、数术略、方技略。

“六略”之下又再分为37类。其中“数术略”下分为6类：

> 天文，22家419卷。
>
> 历谱，18家566卷。
>
> 五行，31家653卷。
>
> 蓍龟，15家485卷。
>
> 杂占，18家312卷。
>
> 形法，6家122卷。

用“数术”指称上述这些学问的做法，从此为后世沿用。此后四部分类之法兴起，至《隋书·经籍志》正式标出经、史、子、集四部，其中经部即《汉书·艺文志》之“六艺略”，集部大致即“诗赋略”，子部则囊括了诸子、兵书、数术、方技四略，别出史部，为《汉书·艺文志》所无。“数术”之名虽由此而降为子部下面一个子集的概念，且不再出现在各史《艺文志》或《经籍志》中，但在其他场合，仍广泛被使用。

下面以《汉书·艺文志》“数术略”下六类书籍作为个案标本，分析考察天学在古代数术中之地位。开首天文、历谱两类，作为古代中国天学主体，已屡见于前论，其内容将分别于本书第四、五章详论。故此处仅需逐一分析五行、蓍龟、杂占、形法四类，考察它们与天学之间的相互关系。

（1）五行

五行类下著录31家，其中由名称即可看出与天学有关者有如下数家：

《四时五行经》

《阴阳五行时令》

《钟律丛辰日苑》

《转位十二神》

《文解二十八宿》

由于书多亡佚，其余各家的内容似乎不易直接判断，但借助于其他古籍中的有关记载，仍可推断其大概，比如下面几家，就大体不出星占之学范围：

《天一》

《泰一》

《刑德》

“天一”为星名，《史记·天官书》载之，张守节《正义》云：

天一一星，疆阊阖外，天帝之神，主战斗，知人吉凶。明而有光，则阴阳和，万物成，人主吉；不然，反是。

又《淮南子·天文训》云：

天神之贵者，莫贵于青龙，或曰天一，或曰太阴。太阴所居，不可背而可乡。

又云：

天一元始，正月建寅，日、月俱入营室五度。天一以始建，七十六岁，日、月复以正月入营室五度，无余分，名曰一纪。凡二十纪，一千五百二十岁大终，日、月星辰复始甲寅元。

无论哪一说，皆为星占或历术无疑。

"泰一"又作太一，《史记·天官书》云：

中宫天极星，其一明者，太一常居也。

张守节《正义》谓："泰一，天帝之别名也。刘伯庄云：'泰一，天神之最尊贵者也。'"司马贞《索隐》则引《春秋合诚图》云："紫微，大帝室，太一之精也。"此皆星占之言。又《易纬·乾凿度》卷下有云：

太一取其数以行九宫，四正四维，皆合于十五。

则又为历术之学。

关于"刑德"，亦可见于《淮南子·天文训》："日为德，月为刑。月归而万物死，日至而万物生。”又《史记·天官书》云：“日变修德，月变省刑。”足见也是星占之言。

除上述可由名称推断其内容者外，五行类下所著录的名家著作，其大体内容及性质，还可由另一途径间接推知，即班固在每类书目之后所写的总结性跋语。关于五行，班固跋语全文如下：

> 五行者，五常之形气也。《书》云“初一曰五行，次二曰羞用五事”，言进用五事以顺五行也。貌、言、视、听、思心失，而五行之序乱，五星之变作，皆出于律历之数而分为一者也。其法亦起五德终始，推其极则无不至。而小数家因此以为吉凶，而行于世，浸以相乱。

五行类与天文类（星占）、历谱类密不可分，于此判然可见。这使人联想到《隋书·经籍志》中的做法，它的“子部”下列有14类，其中原《汉书·艺文志》“数术略”下的类删减为3类：天文、历数、五行。值得注意，历代正史中诸志之首正是此三者（见本章第1节所述）。

（2）蓍龟

蓍龟类下著录15家，由各家书名，以及班固跋文，都不易看到这些著作与天学的联系。唯《周易明堂》一家或可稍见端倪——明堂是与天学有极密切关系的，详见本书第三章。

（3）杂占

杂占类著录18家，其中由书名可推断与天学有关者如下：

> 《黄帝长柳占梦》

《甘德长柳占梦》

《禳祀天文》

《请雨止雨》

《泰壹杂子候岁》

《子赣杂子候岁》

“候岁”即占岁。后四种与古代中国天学有关，已很明显，无烦多论。前两种看起来似乎与天学无关，其实不然。关键在“占梦”二字。在古代中国，占梦是与星占之学有密切联系的——释梦需要用星占之法。此可引《周礼·春官宗伯》所载“占梦”之官的职掌为证：

掌其岁时，观天地之会，辨阴阳之气，以日月星辰占六梦之吉凶。一曰正梦，二曰噩梦，三曰思梦，四曰寤梦，五曰喜梦，六曰惧梦。

显而易见，该占梦之官必须既通历法，又能观天，且具备星占学之理论素养。古人究竟如何以星占之学释梦，可引一则记载为个例以观察之，《史记·龟策列传》云：

（宋元王）乃召博士卫平而问之曰：“今寡人梦见一丈夫，延颈而长头，衣玄绣之衣而乘辎车，来见梦于寡人曰：‘我为江使于河，而幕网当吾路。泉阳豫且得我，我不能去。身在患中，莫可告语。王有德义，故来告诉。’是何物也?”

卫平乃援式而起，仰天而视月之光，观斗所指，定日处乡。规矩为辅，副以权衡。四维已定，八卦相望。视其吉凶，介虫先见。

乃对元王曰："今昔壬子，宿在牵牛。河水大会，鬼神相谋。汉正南北，江河固期，南风新至，江使先来。白云壅汉，万物尽留。斗柄指日，使者当囚。玄服而乘辎车，其名为龟。王急使人问而求之。"

王曰："善。"

此为褚少孙闻之于"大卜官"而补记于《龟策列传》正文之后者，辞繁意陋，却还追求押韵，远逊于史迁文笔。且从星占学理论言之，其文学性记述中也有欠通之处，但作为古人以星占之学释梦的例证与个案，则已足够生动而有力。

此外还可注意《甘德长柳占梦》中"甘德"之名，甘德为秦汉之际著名星占学家（详见本章下文），也从另一侧面证明"占梦"确与星占之学有关。

附带指出，敦煌卷子中题为《解梦书》者颇多，计有伯2829号、伯3105号、伯3908号、斯2222号，又伯3105《又别解梦书》一卷。其中以伯3908号最为完整。上述诸卷子之"天文章""天部"或"日月部"，去其重复，共有关于梦见天象之占辞41款。款数之多，远远超出其他各章。兹略举几则占辞如次：

梦见日，所求皆吉。（伯3105）

梦见北斗，有忧。（伯3105）

梦见流星者，宅不安。（伯3908）

梦见星者，主官事。（伯2829）

梦见日月照身，大贵。（斯2222）

此种占辞，与前述《周礼》《史记》中所载以星占之学释梦是不同的概念。以星占释梦，是指释梦之法，与梦中是否见天象无关。宋元王之梦，梦境中就没有任何天象，而卫平以星占之学释之。但卷子中《解梦书》以“天文章”等列于首位，且占辞又如此之多，则仍可视为“占梦”与天学大有渊源之证据。

此外，卷子伯3908号《解梦书》中又有“十二支日得梦章”，占辞12款；“十二时得梦章”，占辞12款；“建除满日得梦章”，亦占辞12款，则又显然属于《周礼》中占梦之学的范畴了。三章各举占辞一则为例：

丑日梦者，主财入宅，及喜悦。

酉时得梦，有客来。

开日得梦，主生贵子。

此即“掌其岁时，观天地之会，辨阴阳之气”也。

（4）形法

形法类仅著录6家，多为相宅、相人、相刀剑及相畜之书，除第一种《山海经》外，余皆亡佚，无法判断其与天学有无关系。

综上所述，《汉书·艺文志》“数术略”六类之中，两类为天学，另两类与天学有极密切的联系，只有最小的两类未能直接看出是否与天学相关。因此李零认为此六类之中“天文历数之学是最主要的”，确实大有见地。进而言之，天学是数术的主干和灵魂，欲言数术，非通晓天学不可，至少在早期是如此。这可以由班固之言得到证实。班固在“数术略”六类之后有总跋语，全文如下：

> 数术者，皆明堂羲和史卜之职也。史官之废久矣，其书既不能具，虽有其书而无其人。《易》曰："苟非其人，道不虚行。"春秋时鲁有梓慎，郑有裨灶，晋有卜偃，宋有子韦。六国时楚有甘公，魏有石申夫。汉有唐都，庶得粗觕。盖有因而成易，无因而成难，故因旧书以序数术为六种。

明堂与天学之关系详见本书第三章，此处仅需先注意到，班固上文中所提及的羲和、梓慎、裨灶、卜偃、子韦、甘公、石申夫、唐都等人，无一不是古代著名的天学家（详细考证见本章下文）。可知天文、历谱、五行、蓍龟、杂占、形法六类数术之学，皆系由天学家专司其事，则古代数术之学以天学为主干与灵魂，已判然可见矣。

关于此点，还可找到更多的旁证。比如，刘向虽然博学，但毕竟未能精通一切，故他的校书工作，需要得到三位专家的协助，据《汉书·艺文志》记载：

> 步兵校尉任宏校兵书，太史令尹咸校数术，侍医李柱国校方技。

数术之书由太史令负责校理，正表明由天学家司掌数术的古代传统，至少两汉之际仍然保持——事实上竟保持到清代。

尽管这一情况后来逐渐有所改变（有些数术分支如占卜、相术等逐渐“庶民化”了），但天学在数术之学中的特殊地位依然如故。天学何以会在此中具有如此特殊的地位，则必须与本节所提出的一系列天学特殊地位问题联系起来，方可得到解答。

5. 天学家及天学机构的特殊地位

19世纪末，屈纳特（F. Kühnert）在他那篇谈论中国古代历法性质的文章中用夸张的语调写道：

> 许多欧洲人把中国人看作是野蛮人的另一个原因，大概是在于中国人竟敢把他们的天文学家——这在我们有高度教养的西方人眼中是最没有用的小人——放在部长和国务卿一级的职位。这该是多么可怕的野蛮人啊！[1]

与西方文化背景相比，天学官员与天学机构在古代中国社会中的特殊地位，确实很容易令西方学者感到惊奇。类似上引屈氏之论还可发现很多，例如：

> （在中国）天文学家起了法典的作用，天文学家是天意的解释者。[2]

1 F. Kühnert: Das Kalenderwesen bei d. Chineaen, *österreichische Monatschrift f. d. orient*, vol.14 (1888), p.111.译文转引自［英］李约瑟：《中国科学技术史》第四卷，第2页。

2 W. Eberhard: “The Political Function of Astronomy and Astronomers in Han China,” 收入［美］费正清（J. K. Fairbank）编：*Chinese Thought and Institutions,* Chicago, 1957, pp.37–70。

希腊的天文学家是隐士、哲人和热爱真理的人，他们和本地的祭司一般没有固定的关系；中国的天文学家则不然，他们和至尊的天子有着密切的关系，他们是政府官员之一，是依照礼仪供养在宫廷之内的。[1]

这些论述，对于大部分的现代中国人来说，或许又将引起惊奇和疑惑；但是却大体上与历史事实相符合，因而不失为准确。

天学家与天学机构在古代中国社会中的特殊地位，首先表现在：天学机构是政府的一个部门，供职于其中的天学家是政府官员。上引屈纳特之论已明确提到这一点，德莎素也已明白这一点，所谓“依照礼仪”供养天学家（上引三氏称为“天文学家”）于宫廷中，正是指天学家具有政府官员身份，由他们组成政府的一部分。

这与帝王令其他方术之士供奉内廷，如汉武帝时之李少君、齐人少翁、栾大（《史记·封禅书》），曹操时之甘始、左慈、东郭延年（《后汉书·甘始传》），乃至清圣祖、世宗时之内廷烧炼方士（《世宗宪皇帝上谕内阁》卷七六、《世宗实录》卷九八）之类，性质完全不同。后者有时虽然也被加以官爵，如少翁为“文成将军”、栾大为“五利将军”，但他们不能厕身于正式官员之列——或者说，他们不是“依照礼仪”而为官的（至于以方术得宠幸而致高官，则性质已经改变，另当别论）。

天学家之为朝廷命官，在古代中国渊源甚早。《尚书·尧典》

1　德莎素（L. de Saussure）：Le Système Cosmologique des Chinois文所引，*Revuegégérale des Sciences pures et appliquées*, vol.32 (1921), p.729。译文转引自［英］李约瑟：《中国科学技术史》第四卷，第2页。

中即有帝尧任命天学官员之记载，这是否确为帝尧时事、帝尧时代究竟距今多远，虽然都尚有争论，但《尚书·尧典》反映了天学家在上古时为朝廷重要命官，这一点终属可信。

进一步的证据可见于《周礼》一书。《周礼》的成书年代，历来众说纷纭，疑古过甚之风盛行之时，又常斥《周礼》为伪书。这方面的研究，有陈汉平据西周金文中所见官制而与《周礼》所言相参证，其结论谓：

> 《周官》(按即《周礼》) 内容有相当成分为西周官制之实录，保存有相当成分之西周史料。[1]

其说较为公允妥当。

《周礼·春官宗伯》所载之各种职官中，至少有如下六种明显与天学事务有关：

> 大宗伯之职，掌建邦之天神、人鬼、地示之礼，以佐王建保邦国。以吉礼事邦国之鬼神示。以禋祀祀昊天上帝，以实柴祀日、月、星、辰……
>
> 占梦，掌其岁时，观天地之会，辨阴阳之气，以日月星辰占六梦之吉凶……
>
> 视祲，掌十辉之法，以观妖祥，辨吉凶：一曰祲，二曰象，三曰鐫，四曰监，五曰暗，六曰瞢，七曰弥，八曰叙，九曰隮，十曰想。掌安宅叙降。正岁则行事，岁终则弊

1　陈汉平：《西周册命制度研究》，学林出版社，1986年，第214页。

其事。

大史，掌建邦之六典，以逆邦国之治。……正岁年以序事，颁之于官府及都鄙。颁告朔于邦国。闰月，诏王居门终月。大祭祀，与执事卜日。戒及宿之日，与群执事读礼书而协事。

冯相氏，掌十有二岁，十有二月，十有二辰，十日，二十有八星之位，辨其叙事，以会天位。冬夏致日，春秋致月，以辨四时之叙。

保章氏，掌天星以志星、辰、日、月之变动，以观天下之迁，辨其吉凶。以星土辨九州之地，所封封域皆有分星，以观妖祥。以十有二岁之相，观天下之妖祥。以五云之物辨吉凶、水旱降丰荒之祲象。以十有二风，察天地之和、命乖别之妖祥。凡此五物者，以诏救政，访序事。

以上各官之级别、僚属等，也规定甚明：

大宗伯，卿一人。

占梦，中士二人，史二人，徒四人。

视祲，中士二人，史二人，徒四人。

大史，下大夫二人，上士四人。

冯相氏，中士二人，下士四人，府二人，史四人，徒八人。

保章氏，中士二人，下士四人，府二人，史四人，徒八人。

由上可见，大宗伯职掌甚多，天学事务不过其中一个方面而已。在他之下，大史的级别较高，职掌也颇多；而占梦、视祲、冯相氏、保章氏则为具体事务之负责人。

上述职官，是否真为西周时之真实情况，在此并不重要，此处不过视之为古时确有天学官员、天学机构之反映而已。而《周礼》所述官制，曾对后世政府机关之构成，产生过重大影响，则为无可怀疑之事。

《周礼》六官之制，已基本包括了古代中国社会中央政府的结构，其中春官宗伯所辖各官，即为后世之礼部。两千年间，天学机构也一直在礼部领导之下。太史（大史）的职掌，本来包括王室文书的起草、策命卿大夫、记载军国大事、编史，管理星占、历法、祭祀等多项，后来这些职掌渐渐分出，归于别官。至魏晋以降，太史成为天学机构的专职负责人，而相当于《周礼》中视祲、冯相氏、保章氏的职官，则成为太史的下属官员。太史所领导的天学机构，其名称屡有变动，如太史监、太史局、司天台、司天监、天文院、太史院等，至明清时，乃定名钦天监。

关于古代中国政府中天学机构的组成和规模，不妨选择一个有典型意义之个案以见一斑。唐肃宗乾元元年（公元758年）时司天台的情况如下：

大监1人，从三品；

少监2人，正四品；

上丞3人，正六品；

主簿3人，正七品上；

主事2人，正八品下；

五官正5人，正五品上；[1]

五官副正5人，正六品上；

五官灵台郎，正七品下；

五官保章正5人，从七品上；

五官挈壶正5人，正八品上；

五官监候5人，正八品下；

五官司历5人，从八品上；

五官司辰15人，正九品下；

五官礼生15人；

五官楷书手5人；

令史5人；

漏刻博士20人；

典钟、典鼓350人；

天文观生90人；

天文生50人；

历生55人；

漏刻生40人；

视品10人。[2]

有一点需要特别指出：认识天学家在古代中国社会中所处之特殊地位，如果仅依据天学机构及其负责人的品级来作推断，那将不免谬以千里。这里有两种情况必须加以考虑：

1　指春官正、夏官正、秋官正、冬官正、中官正各一人，以下五官俱仿此。

2　参见王宝娟：《唐代的天文机构》，《中国天文学史文集》第五集，科学出版社，1989年，第277—287页。

一、太史令的品级只在三、五品之间，但因为他是天意的解释者与传达者，天人之际的大奥秘只有他能够洞晓，俨如帝师，故在某些政治上的重要关头，五品的太史令之言，可能比一品大员更有分量。

二、许多著名天学家深得帝王宠信，他们另任高官，并不担任天学机构中的官职；但是他们在天学事务中的发言权，远远超过太史令之类的天学官员。

第一种情况可举《宋书·武帝纪》中所载之事为例：刘裕功高震主，篡晋已成不可阻挡之势，群臣乃向已封宋王之刘裕劝进，而刘裕假意推让：

> 于是陈留王虔嗣等二百七十人，及宋台群臣，并上表劝进。上犹不许。太史令骆达陈天文符瑞数十条，群臣又固请，王乃从之。

这当然都是在演戏，中国历史上所有的禅让都要演这样一场，但在这出戏中，太史令骆达的作用，确实在数百名王公大臣之上。“陈天文符瑞”者，昭示天命转归于宋，刘裕篡晋为深合天意也。

第二种情况，远者可举周大夫苌弘为例，他并不任太史之职，但多次进行重大星占活动，因而在当时的政治活动中卷入甚深（详见本章下文）；稍后者可举北魏重臣崔浩为例，他是当时名震朝野的星占大家，那时太史令另有其人，但遇有重大天象出现时，如何解释，唯崔浩众望所归，能出来发言，《魏书·崔浩传》云：

（泰常）三年，彗星出天津，入大微，经北斗，络紫微，犯天棓，八十余日，至汉而灭。太宗复召诸儒术士问之曰："今天下未一，四方岳峙，灾咎之应，将在何国？朕甚畏之，尽情以言，勿有所隐！"咸共推浩令对。浩曰：……

《崔浩传》中这样的事例还有几次。关于崔浩之深受太宗（明元帝拓跋嗣）信任，以及他以天学参与军国大事，同传又云：

太宗好阴阳术数，闻浩说《易》及洪范五行，善之，因命浩筮吉凶，参观天文，考定疑惑。浩综核天人之际，举其纲纪，诸所处决，多有应验。恒与军国大谋，甚为宠密。

类似苌弘、崔浩之例，历史中还可找出许多。天学家何以能在政治中占有重要地位，表面看起来似乎只是因为他们懂得星占之学，而帝王又相信此学，但实际上还有更为深层的原因。至于天学家如何以星占推卜之学参与乃至左右军政大计，这方面的各种表现及具体情形，将在后文详论之。

6. 历代对私藏、私习天学的厉禁

古代中国的天学，既然在历朝官史中、综合的知识系统中、政务中、数术中、朝廷职官机构及政治运作中，都有如此重要的特殊地位，那它成为一门广泛受到提倡、鼓励的学问，似乎应该是很自然的事了——然而恰恰相反，对广大公众而言，天学是一门被严厉禁锢的学问。对于民间私藏、私习天学书籍，历朝颁布过许多严厉的禁令。关于这些禁令，有些学者也曾偶有述及，但往往仅限于《万历野获编》之片言只语。其实史籍中关于此类禁令之记载甚多，下面姑列其较重要者若干条：

> （泰始三年）禁星气谶纬之学。（《晋书·武帝纪》）
>
> 诸玄象器物，天文，图书，谶书，兵书，七曜历，太一、雷公式，私家不得有，违者徒二年。私习天文者亦同。（《唐律疏议》卷九）
>
> 诸道所送知天文、相术等人，凡三百五十有一。（太平兴国二年）十二月丁巳朔，诏以六十有八隶司天台，余悉黥面流海岛。（《续资治通鉴长编》卷十八）
>
> （景德元年春）诏：图纬、推步之书，旧章所禁，私习尚多，其申严之。自今民间应有天象器物、谶候禁书，并令首纳，所在焚毁。匿而不言者论以死，募告者赏钱十万。星算伎术人并送阙下。（《续资治通鉴长编》卷五六）
>
> （至元二十一年）括天下私藏天文图谶太乙雷公式、七曜历、推背图、苗太监历，有私习及收匿者罪之。（《元史·世祖本纪之十》）
>
> （洪武六年诏：钦天监）人员永不许迁动，子孙只习学天文历算，不许习他业；其不习学者发南海充军。（《大明会典》卷二二三）
>
> 国初学天文有厉禁，习历者遣戍，造历者殊死。至孝宗弛其禁，且命征山林隐逸能通历学者以备其选，而卒无应者。（《万历野获编·历法》）

观以上各条，其禁令之严酷程度，以现代人的常识来看，完全是不可思议、难以理解的。宋太宗将全国三百余名私习者拘送京师，除录用于司天台者外，其余竟全都“黥面流海岛”。对于如此骇人听闻的暴政，宋代士大夫中却不乏“谅解”者，如岳珂《桯史》卷一谈及此事时就认为“盖亦障其流，不得不然也”。至宋真宗，禁令更严，藏匿天学书籍而不“坦白”者竟有死罪；而且还鼓励告密之举，赏钱达十万之巨。明太祖的严酷更加不可思议：竟强迫天学家的子孙世袭其业。非官方天学家而私习天学，既有宋太宗“黥面流海岛”于前；官方天学家的后代而不习天学者，又有明太祖“发南海充军”于后。所有这些奇怪现象，应该如何解释？

再进一步分析上列七条记载，还可发现一个隐伏的规律。先看各条的年代，依次如下：

泰始三年，公元267年，距西晋开国3年。

永徽二年，公元651年，距唐开国33年。

太平兴国二年，公元977年，距北宋开国17年。

景德元年，公元1004年，距北宋开国44年。

至元二十一年，公元1284年，距元灭宋5年。

洪武六年，公元1373年，距明开国6年。

国初，明朝初年。

不难发现，七条禁令都是在新王朝开国后不久颁发的。这就引出一个问题：为何历朝都在其开国之初特别重视对于私藏、私习天学的禁令？

有的著作仅根据《万历野获编》中上引记载就作出推断

说："这个禁令对天文学发展所起的阻碍、破坏作用超过了以往任何一个时代。明以前的统治者也禁止民间私习天文，却从未禁止过私习历法。"但根据上引各条记载，这个说法显然是错误的。景德元年的诏令中明确说"图纬、推步之书，旧章所禁"，所谓"推步"，即指历法，此为古代通行的用法。又《唐律》所禁，就包括"七曜历"在内，后世因之。"七曜历"虽与星占关系密切且带有域外色彩，但历法（即推步）同样是重要成分。

最后，由后文所论历法之性质，不难得知：历法与星占（天文）本为同一性质之物（历法即推步，是星占的数理工具），既禁私习天文，必然也会禁私习历法。但是要注意"历法"与"历书"是两个不同概念（详见本书第五章）。

关于私习天学禁令在理论上之适用对象，也可顺便在此稍作初步探讨。以明代的情况为例，万历年间，王公百官谈论历法居然成为时髦，且公然著书立说。郑世子朱载堉进献《圣寿万年历》《律历融通》两书，河南佥事邢云路作《古今律历考》《戊申立春考证》两书，身为礼部尚书的范谦则"利用职权"，屡次为这类私习历法的犯禁行为张目，他建议朱载堉之书"应发钦天监参订测验。世子留心历学，博通今古，宜赐敕奖谕"，得到皇帝批准（《明史·历志一》）。范谦又上奏称：

> 历为国家大事，士夫所当讲求，非历士之所得私。律例所禁，乃妄言妖祥者耳。……乞以云路提督钦天监事，督率官属，精心测候，以成钜典。

竟主张让私习历法者来领导钦天监。这次建议皇帝未置可否，没有实现（《明史·历志一》）。

在朱载堉、邢云路之书问世之前，万历十二年（1584），兵部职方郎范守己私自造了一架浑仪，这是公然干犯不准私习天文的禁令，比私习历法更为严重，但是观者如堵，范守己遂作《天官举正》一书，在序中为自己犯禁之举作辩护云：

> 或谓国家有私习明禁，在位诸君子不得而轻扞文网也，守己曰：是为负贩幺么子云然尔。昭皇帝亲洒宸翰，颁《天元玉历》于群臣，岂与三尺法故自凿枘邪！且子长、晋、元诸史列在学官，言星野者章章在人耳目间也，博士于是焉教，弟子员于是焉学，二百年于兹矣，法吏恶得而禁之？

这里范守己提出：关于私习天学的禁令，仅适用于下层群众，士大夫不在此列。这种说法渊源有自，至少可追溯到明仁宗（仅在位一年，1424—1425）时，即“昭皇帝亲洒宸翰”之事。明沈节甫辑《纪录汇编》，卷一二五摘抄王鏊《震泽长语》云：

> 仁庙一日语杨士奇等云：“见夜来星象否？”士奇等对不知。上曰：“通天地人之谓儒。卿等何以不知天象？”对曰：“国朝私习天文律有禁，故臣等不敢习。”上曰：“此自为民间设耳。卿等国家大臣，与国同休戚，安得有禁？”乃以《天官玉历祥异赋》赐群臣。

此处《天官玉历祥异赋》，当即范守己所言之《天元玉历》。此外，范守己《天官举正》序提出的另一个问题看起来也很棘手：历代官史中的“天学三志”，本来就是星占历法的典型文献，朝廷禁止私习天学，却不能禁止士人读《史记》《汉书》。这确实是一个微妙的问题，仍以明朝事为例，程封《升庵遗事》载杨慎一事：

> 武庙（明武宗）阅《文献通考·天文》，星名有“注张”……顾问钦天监，亦不知为何星。内使下问翰林院，同馆相视愕然。慎曰：注张，柳星也。……因取《史记》《汉书》二条示内使以复。同馆戏曰：子言诚辩且博矣，不涉于私习天文之禁乎？

但杨慎只引正史为证，似乎不算犯禁。从表面上看，似乎“私习天学的禁令仅适用于下层群众而不适用于士大夫”的说法颇有根据。但如果就此下结论，仍然十分危险。仅就明代的情况而言，“国初学天文有厉禁”绝非虚语，兹举一个颇有说服力的例证如次，《明史·刘基传》云：

> （刘基）抵家，疾笃，以《天文书》授子琏曰：“亟上之，毋令后人习也！”

刘基是佐命元勋，开国时又是太史令（《明史·历志一》作“太史院史”），他的后人，总该“与国同休戚”了吧。但刘基当明太祖一得天下，就跼高天，蹐厚地，临深履薄，唯恐不能免祸。他切诫子孙不要学习《天文书》，正为免祸计。足见“国初学天文有厉禁”之可怕了。杨士奇等对仁宗称“臣等不敢习”，也是同样原因。至孝宗时“弛其禁”而征山林隐逸之能通历学者，却“卒无应者”，也说明当初禁令之严酷。“无应者”未必是无通晓者，而是“无敢应者”也。

因此，大体上可以说，在中国古代，一直到明代前半叶，对私习天学基本上都是严禁的。至于这种禁令的实际效果如何，则属另一问题（详见本书第三章）。但从明中期开始，这方面的禁令逐渐放松。仁宗、范守己的“士大夫官员特殊论”，正是这种放松的表现，是为朝廷政策法令前后不一致所作的辩解托词。

最后还应指出，从明代万历年间开始，耶稣会传教士接踵来华，将西方天文学引入中国天学事务，又得清初顺治、康熙诸帝信任，长期领导钦天监。然而即便如此，仍未使天学在中国社会中的性质和地位发生根本改变。尽管有一个变化是颇为明显的，即天学不再是皇家的禁脔，这可视为晚明潮流的继续，但在钦天监那里，天学的神圣性质与功能仍和前代无异。

至此，我们已对天学在古代中国的特殊地位作了六方面的观察，由此提出了一系列有待解答的问题。这些问题相互之间又有着内在联系。因此，对于古代中国天学的性质和功能，一个自洽的、较为全面的理论或阐释系统，应该能够同时解答这一系列问题，并阐明其相互之间的内在联系。本书最终将完成一个这样的尝试。

二、“昔之传天数者”——天学家溯源

但是在完成上文说的尝试之前，我们先要解决另一个问题。

要解释天学在古代中国社会中何以会占有上节所述的特殊重要地位，可行的途径，是了解古代司掌天学之人——天学家——最初究竟是何种人物。史籍中能为此提供重要线索者见于《史记·天官书》：

> 昔之传天数者：高辛之前，重、黎；于唐、虞，羲、和；有夏，昆吾；殷商，巫咸；周室，史佚、苌弘；于宋，子韦；郑则裨灶；在齐，甘公；楚，唐眛；赵，尹皋；魏，石申。

这是中国历史上第一份天学家名单，也是同类名单中最重要者。此后各正史《天文志》及各种言天学之书，或有论及此事者，不过重述太史公之文，稍加增损而已。且上述名单追溯至上古时代，意义尤为重大。

仔细观察，可以发现上述名单以巫咸为界，分为两部分：

巫咸及以上诸人，皆为上古传说中人物；巫咸以下诸人，则大抵为先秦史籍中有确切记载可证，因而较为真实者。

太史公记载这一名单，大有深意。基于追根溯源的思路，以下分三步来详细考述此名单：先考述巫咸以下诸人，次专考巫咸其人，再次考述巫咸以上诸人。

考述之法，亦作新的尝试：不以考定事件、人物之真伪为己任，而是着眼于判明诸“传天数者”在历史上主要以何种面目呈现。

1. 星占学家

（1）史佚

《左传》提及史佚五次，依次列出如下：

且史佚有言曰："无始祸，无怙乱，无重怒。"（《僖公十五年》）

史佚有言曰："兄弟致美，救乏，贺善，吊灾，祭敬，丧哀，情虽不同，毋绝其爱，亲之道也。"（《文公十五年》）

君子曰："史佚所谓毋怙乱者，谓是类也。"（《宣公十二年》）

《史佚之志》有之曰："非我族类，其心必异。"（《成公四年》）

史佚有言曰："非羁，何忌？"（《昭公元年》）

《国语》提及史佚一次，见卷三《周语》下：

昔史佚有言曰："动莫若敬，居莫若俭，德莫若让，事莫若咨。"

以上六则，同一模式，皆为援引史佚之政治格言。似乎无一语涉及"传天数"之事。但是《史记》另载有史佚行事三则，先列如下：

（武王）命南宫括、史佚展九鼎保玉。（《周本纪》）

史佚策祝，以告神讨纣之罪。（《齐太公世家》）

成王与叔虞戏，削桐叶为珪以与叔虞，曰："以此封若。"史佚因请择日立叔虞。成王曰："吾与之戏耳。"史佚曰："天子无戏言。言则史书之，礼成之，乐歌之。"于是遂封叔虞于唐。（《晋世家》）

史佚，《国语》韦昭注谓："周文、武时太史尹佚也。"太史之职与天学关系极密切，已见前述。司马迁列史佚于"传天数者"名单中，自然与这一因素有关。太史地位尊崇，殆类帝师，上举史佚政治格言，正与此种身份相符。或因史佚之政治格言特别有名，遂掩其旁的行事，而使其人特以格言名世。《史记》所载三事中，请封叔虞仍属政治格言类型；而"展九鼎保玉"及策祝告神两事，本身虽不是天学，却属与天学同一性质之事，其义至下文自见。

（2）苌弘

《左传》共载苌弘八事，依次如下：

> 景王问于苌弘曰："今兹诸侯何实吉，何实凶？"对曰："蔡凶。此蔡侯般弑其君之岁也。……岁及大梁，蔡复，楚凶，天之道也。"（《昭公十一年》）
>
> 苌弘谓刘子曰："客容猛，非祭也，其伐戎乎！……君其备之。"（《昭公十七年》）
>
> 春王二月乙卯，周毛得杀毛伯过而代之。苌弘曰："毛得必亡。是昆吾稔之日也，侈故之以。而毛得以济侈于王都，不亡，何待？"（《昭公十八年》）
>
> 苌弘谓刘文公曰："……周之亡也，其三川震。今西王之大臣亦震，天弃之矣！东王必大克。"（《昭公二十三年》）
>
> 刘子谓苌弘曰："甘氏又往矣。"对曰："何害？同德度义……君其务德，无患无人。"（《昭公二十四年》）
>
> 晋女叔宽曰："周苌弘、齐高张皆将不免。苌叔违天，高子违人。天之所坏，不可支也。众之所为，不可奸也。"（《定公元年》）

卫侯使祝佗私于苌弘曰："闻诸道路，不知信否。若闻蔡将先卫，信乎？"苌弘曰："信。蔡叔，康叔之兄也，先卫，不亦可乎？"子鱼曰："以先王观之，则尚德也。……吾子欲复文、武之略，而不正其德，将如之何？"苌弘悦，告刘子，与范献子谋之，乃长卫侯于盟。(《定公四年》)

六月癸卯，周人杀苌弘。(《哀公三年》)

以上八事中，昭公十一年事显然为典型的星占学预言，无须多论。又因古代中国人之"天"常指整个大自然，故昭公十八年预言毛得灭亡、昭公二十三年据"三川震"而言胜负，都属"传天数"之事无疑。其余昭公十七年、二十四年，定公四年事，皆为政治活动及建议。定公元年、哀公三年两则记载涉及苌弘之死。

《史记》中除"传天数者"名单外，还有两处提及苌弘。一处见于《乐书》，记宾牟贾与孔子论乐，孔子自述"丘之闻诸苌弘，亦若吾子之言是也"。孔子适周而学乐于苌弘之事，亦见于《大戴礼记》。另一处更为重要，见于《封禅书》：

是时苌弘以方事周灵王。诸侯莫朝周，周力少，苌弘乃明鬼神事，设射狸首。狸首者，诸侯之不来者。依物怪欲以致诸侯。诸侯不从，而晋人执杀苌弘。周人之言方怪者自苌弘。

此处苌弘所施之"方"，为一种厌禳之术，即巫术。由此苌弘又成为周人"言方怪者"之祖。后文将论及，"言方怪"实属与"传天数"同一性质。

又此处谓苌弘事周灵王。《史记》三家注中，裴骃《集解》

引郑玄曰："苌弘，周大夫。"张守节《正义》云："苌弘，周灵王时大夫也。"但上引《左传》所载苌弘八事，皆在周景、敬两王时。此八事年代确切，情节分明，故苌弘为三朝老臣固然也有可能——据《左传》哀公三年苌弘被杀上距灵王末年63年——但主要活动于周景、敬两王时似应无疑。此外，《左传》与《史记》对苌弘之死的记载也不相同。

关于苌弘的另一条重要记载见于《淮南子·氾论训》：

> 昔者苌弘，周室之执数者也。天地之气，日月之行，风雨之变，律历之数，无所不通。然而不能自知，车裂而死。

据此则苌弘已是古代中国典型的天学家。

综上所述，苌弘其人精通星占、历法、乐律、厌禳诸学，在周王朝任大夫之职，并非专职天学官员，但却挟其学术积极参与政治活动，终因政治斗争而招致杀身之祸。其一生行事，与后世北魏的崔浩极相类似。

此外，《汉书·艺文志》"兵书略"兵阴阳类中又列有"苌弘十五篇"。其书既已不存，班氏所见者是否为后人伪托也不得而知。但"兵阴阳"也是与天学大有关系之事。至于《庄子·外物》中苌弘"血化为碧"之说（《太平御览》卷八〇九引司马彪亦有此说），王嘉《拾遗记》卷三中苌弘"招致神异"等事，则已是神怪小说家言，此不具论。

（3）子韦

关于子韦其人的行事，史籍中记载者颇多，但所记几全为同一件事，兹引其年代较早的一种，见于《吕氏春秋·制乐》：

宋景公之时，荧惑在心，公惧，召子韦而问焉。曰："荧惑在心，何也？"

子韦曰："荧惑者，天罚也；心者，宋之分野也。祸当于君。虽然，可移于宰相。"

公曰："宰相，所与治国家也，而移死焉，不祥。"

子韦曰："可移于民。"

公曰："民死，寡人将谁为君乎？宁独死！"

子韦曰："可移于岁。"

公曰："岁害则民饥，民饥必死。为人君而杀其民以自活也，其谁以我为君乎？是寡人之命固尽已，子无复言矣。"

子韦还走，北面载拜曰："臣敢贺君。天之处高而听卑。君有至德之言三，天必三赏君。今夕荧惑其徙三舍，君延年二十一岁。"

公曰："子何以知之？"

对曰："有三善言，必有三赏，荧惑必三徙舍。舍行七星（宿），星一徙当七年，三七二十一，臣故曰君延年二十一岁矣。臣请伏于陛下以伺候之。荧惑不徙，臣请死。"

公曰："可。"

是夕荧惑果徙三舍。

此事又见于《淮南子·道应训》《论衡·变虚》，文字大同小异。从天文学常识而言，子韦故事的合理性颇成问题（比如火星一夕而"徙三舍"就断无可能），但子韦其人以典型星占学家面目出现于史籍中，则已无可疑。

值得注意的是，司马迁似乎对子韦故事十分重视。在《史记》中两次提及此事，且视之为真实之事。一次见于《十二诸侯年表》，系于宋景公三十七年（前480年），文曰：

荧惑守心，子韦曰“善”。

另一次见于《史记·宋微子世家》，文较简：

三十七年，楚惠王灭陈。荧惑守心。心，宋之分野也。景公忧之。司星子韦曰："可移于相。"景公曰："相，吾之股肱。"曰："可移于民。"景公曰："君者待民。"曰："可移于岁。"景公曰："岁饥民困，吾谁为君！"子韦曰："天高听卑。君有君人之言三，荧惑宜有动。"于是候之，果徙三度。

司马迁自己是天学家，所以他将子韦故事改造得稍微合理一些——“徙三舍”变成“徙三度”，尽管火星一夜在天球上相对恒星背景移动三度仍不可能，但司马迁连“是夕”字样也删去了，如果数夕而移动三度，总算可以勉强讲得通。这些细节虽无多大意义，但太史公深信子韦故事之非妄言，则他心目中“传天数”究为何事，于此却可得一明确例证。

此外，《汉书·艺文志》“诸子略”阴阳类共二十一家，其首家即《宋司星子韦》三篇，其书虽佚，主旨尚可约略推知，班固阴阳类跋语云：

阴阳家者流，盖出于羲和之官，敬顺昊天，历象日月星辰，敬授民时，此其所长也。

是仍不外天学星占家者流。至于“羲和之官”“敬授民时”等语，令人多有误解。前者可参见本节下文，后者将于本书第五章详论之。

（4）裨灶

裨灶行事，集中见于《左传》，共六则：

> 裨灶曰：“今兹周王及楚子皆将死。岁弃其次，而旅于明年之次，以害鸟帑，周、楚恶之。”（《襄公二十八年》）
>
> 于是岁在降娄，降娄中而旦。裨灶指之，曰：“犹可以终岁，岁不及此次也已。”及其（伯有氏）亡也，岁在娵訾之口，其明年乃及降娄。（《襄公三十年》）
>
> 夏四月，陈灾。郑裨灶曰：“五年陈将复封，封五十二年而遂亡。”子产问其故。对曰：“陈，水属也，火，水妃也，而楚所相也。今火出而火陈，逐楚而建陈也。妃以五成，故曰五年。岁五及鹑火，而后陈卒亡，楚克有之，天之道也，故曰五十二年。”（《昭公九年》）
>
> 春王正月，有星出于婺女。郑裨灶言于子产曰：“七月戊子，晋君将死。今兹岁在颛顼之虚，姜氏任氏实守其地，居其维首，而有妖星焉，告邑姜也。邑姜，晋之妣也。”（《昭公十年》）
>
> 冬，有星孛于大辰……郑裨灶言于子产曰：“宋、卫、陈、郑将同日火。若我用瓘斝玉瓒，郑必不火。”子产弗与。（《昭公十七年》）
>
> 宋、卫、陈、郑皆火。……裨灶曰：“不用吾言，郑又将火。”郑人请用之，子产不可。……亦不复火。（《昭公十八年》）

以上各事，都属典型的星占学预言。裨灶似乎特别熟悉木星运动，前四事皆据此立论。其立论之法，则或神乎其说，或牵强附会。如襄公三十年事，本不过预言伯有氏将在十一年后灭亡，但不直说，而是引入岁星运行、十二次等星占学专业概念以表达之。又如昭公十年事，天象为女宿出现新星，欲预言晋君将死，似乎毫不相干，乃由二十八宿而十二次（玄枵之次跨女、虚、危三宿），由十二次而颛顼（《尔雅·释天》：玄枵，虚也。颛顼之虚，虚也），由颛顼而姜氏任氏，由姜氏而邑姜，由邑姜而晋之先妣，终及于晋君。此种论证方式，以今人之眼光视之，殆类梦呓；然而古代天学家"传天数"、言天道之大学问，确实如此，在古人看来并非虚妄。

（5）甘公·唐昧·尹皋·石申

前述史佚、苌弘、子韦、裨灶四人，年代较远，却仍有颇多事迹可考，而甘、唐、尹、石四人活动于战国时代，年代较近，可考事迹反而甚少，故合论于此。

《史记·天官书》"传天数者"名单提及甘公处，裴骃《集解》引徐广之言曰：

> 或曰甘公名德也，本是鲁人。

张守节《正义》则引《七录》云：

> 楚人，战国时作《天文星占》八卷。

《汉书·艺文志》"数术略"后跋语中亦有"六国时楚有甘公"

之语。而司马迁名单则将甘公归于齐。或者也可解释为甘公本是鲁人，而后仕于楚或齐。

甘公行事，尚可于《史记·张耳陈余列传》中考见一则：

张耳败走，念诸侯无可归者……甘公曰："汉王之入关，五星聚东井。东井者，秦分也。先至必霸。楚虽强，后必属汉。"故耳走汉。

此处《集解》引文颖之言曰："善说星者甘氏也。"从此事看，甘公正是最典型的星占学家。当时烽火连天，兵戈万里，秦失其鹿，四方共逐，在此逐鹿场上之二三流角色如张耳者，如何能够利用其有限资源（供其支配的军事力量、其本人的影响力、号召力等），看准时机，投机得当，自求多福，实在不是一个容易解答的课题。此等场合正是星占学家大显身手的用武之地。甘公以其老年的智慧，亲见六国之亡、暴秦之昙花一现的政治经验，为张耳指点了一条明路。张耳投奔汉王后，"汉王厚遇之"。司马迁在《史记·天官书》中所描述的战国时代情形——"争于攻取，兵革更起，城邑数屠，因以饥馑疾疫焦苦，臣主共忧患，其察禨祥候星气尤急"——在秦汉之际无疑又再现一次。甘公、张耳之事正是这种情形的一个典型例证。

魏人石申，或作石申夫，行事未见记载。《史记》"传天数者"名单提及石申处，《正义》引《七录》云：

石申，魏人，战国时作《天文》八卷也。

甘、石齐名，汉人常并称之，如《史记·天官书》云：

> 故甘、石历五星法，唯独荧惑有反逆行；逆行所守，及他星逆行，日月薄蚀，皆以为占。

此处“历（曆）”字宜注意，作动词用，犹步，描述推算也。描述推算五星运动正是古代历法中的重要内容。甘、石已掌握一定水准的行星运动理论，其用途则仍在星占。又《汉书·天文志》云：

> 古历五星之推，亡逆行者，至甘氏、石氏《经》，以荧惑、太白为有逆行。

其说与《史记》稍异。

关于甘、石著作，汉以后古籍常加称引。其可怪者，《汉书·艺文志》“数术略”下天文类、历谱类竟未著录任何甘、石著作。仅杂占类著录一种：《甘德长柳占梦》二十卷。以星占家而作占梦之书，在古时固属正常，已见前论。

而自东汉以降，对甘、石著作的记载反而转多。许慎《说文解字》中出现《甘氏星经》之名；《后汉书·律历志中》有《石氏星经》之称；梁阮孝绪《七录》谓甘公作《天文星占》八卷、石申作《天文》八卷，至《隋书·经籍志三》乃称“梁有石氏、甘氏《天文占》各八卷”，又著录石氏《浑天图》《石氏星经簿赞》《甘氏四七法》等书；后两书《旧唐书·经籍志下》亦著录，题“石申甫撰”及“甘德撰”。

甘、石星占著作目前可能尚有部分内容留存，主要见于唐瞿昙悉达所编《开元占经》，其中有甘氏、石氏、巫咸氏三家大量的星占占辞及恒星表。又有唐萨守真《天地瑞祥志》、唐李凤《天文要录》残抄本，现皆藏于日本，其中亦有甘、石、巫咸三家星占遗文。三氏星占之书一同留存，并非偶然，此事与西晋初太史令陈卓的工作有渊源，《晋书·天文志上》记其事云：

> 后武帝时，太史令陈卓总甘、石、巫咸三家所著星图……以为定纪。

此外另有《甘石星经》一种，见于《说郛》《汉魏丛书》《道藏》等丛书中，题“汉甘公、石申著”，殆后人伪托无疑。

关于甘、石遗书之真伪及成书年代，中外学者竞相考证，言人人殊。此处但明其书皆为星占学专著即可。唯有一事值得稍加申论：

学者多从甘、石遗书之年代（据其中恒星位置以岁差原理推得，但仍多歧见）以推论甘、石其人之生活年代，而遗书年代又难以确认，遂每言甘公为“战国时代人”，时间跨度长达几世纪之久。其实由上引《史记·张耳陈余列传》中甘公为张耳作星占预言事，已可确定甘公生当战国末年，至楚汉相争时仍有活动。此与甘氏遗书中星表年代较此更早也不矛盾，因星经之占辞、星表之数据，皆可承自前代。

唐昧、尹皋二人，未见事迹记载。推而论之，当不外甘、石之同类人物。

以上八人，为《史记·天官书》“昔之传天数者”名单后半部分。由考论结果可见，此八人或为著名专业星占学家，如子韦为宋景公之“司星”，甘、石以星占学名世；或为精擅星占学之政治要人，如裨灶为郑国大夫，而《左传》载其行事六则，无一不是星占预言之事，又如苌弘亦为大夫，不仅精通星占，更及于厌禳方怪之术；亦有专业天学官员，如史佚为太史，却以政治格言名世。

由此可知，古时“传天数者”并不限于专职天学官员，只要身为朝廷官员而又精于星占之学，皆有可能负担“传天数”、言天道之职责。

又此八人之中，唯甘、石两人可能尚有著作残编流传至今。关于甘、石星占著作在古代中国天学中的地位，可参见《晋书·天文志上》所论，在复述了《史记·天官书》“传天数者”名单后云：

其巫咸、甘、石之说，后代所宗。

考古代星占学文献，保存于《开元占经》等古籍中归于甘、石、巫咸三氏名下者，确属主流、正统作品。

还有一事值得注意，前引《汉书·艺文志》“数术略”末总跋语，班固明确指出：“数术者，皆明堂羲和史卜之职也。”他眼界又高，感叹后世“其书既不能具，虽有其书而无其人”，勉强许其“庶得粗略”之“其人”如下：

春秋时鲁有梓慎，郑有裨灶，晋有卜偃，宋有子韦。六国时楚有甘公，魏有石申夫。汉有唐都。

将此七人与《史记》“传天数者”名单后半部相比，大体相似，只是去掉了我们在上面考述中找不到行事记载的唐昧、尹皋，以及年代不在班固所论范围内的史佚、苌弘。增入的梓慎、卜偃二人，在《左传》等书中也有事迹可考，纯是裨灶、子韦的同类人物，唐都为汉人。两份名单的巧合，背后大有深意。

这至少告诉我们，在古代，星占学家同时也是数术专家，在上述苌弘事迹中，已可看到明显例证。而这又可统归于天学之下——“明堂羲和史卜之职也”。至于为何会如此，天学在古代中国文化中的精义究竟何在，明堂与羲和的真正性质又如何，对于这一系列问题，必须沿着《史记·天官书》“传天数者”名单继续上溯，才有可能获得解答。

2. 巫咸与巫觋

司马迁“昔之传天数者”名单以巫咸为界，分为前后两部分，足见巫咸的地位至为关键。而且巫咸其人，就其存在言之，在传说与可信之间；就其性质言之，在具体人物与抽象概念之间。迷雾重重，却又为理解古代中国天学真原所必不可少。因此有必要单独加以详细考释与分析。

巫咸为何被置于“传天数者”之列？一个最表面的解释，似乎就是将巫咸与《开元占经》《天地瑞祥志》《天文要录》等书中归于他名下的恒星及星占系统联系在一起。然而这样的解释完全无法成立。在《史记》名单中，巫咸被列在“殷商”时代——这是古籍内所有关于巫咸记载中年代最晚的一说，但现代学者以传世“巫咸星表”推算其年代，乃远在殷商之后。归于某人名下的恒星表年代较其人活动年代更早，是正常的，因星表可承自前代；较其人活动年代更晚，则是不可能的，因为在发现岁差现象之前，古人无法预知千百年后的恒星坐标。因此欲明巫咸之谜，必须另觅考察途径。

古籍中关于巫咸的记载甚多，归纳起来，大体可分为两个系统，依次论之如下：

（1）系统A

系统A的神话色彩较浓。然而其说虽似荒诞不经，单独一二则，看来颇难信据，但合而观之，却透出许多重要信息。仿前之法，先录九条记载如次：

昔黄神与炎神争斗涿鹿之野，将战，筮于巫咸。巫咸曰：果哉而有咎。(《太平御览》卷七九引《归藏》)

巫咸，尧臣也，以鸿术为帝尧之医。(《太平御览》卷七二一引《世本》)

昔殷帝大戊使巫咸祷于山河。(《太平御览》卷七九〇引《外国图》)

巫咸作筮。(《世本·作篇》)

巫咸作铜鼓。(《世本·作篇》)

神农使巫咸、巫阳主筮。(《路史》后纪三)

巫咸，古神巫也，当殷中宗之世。(《楚辞·离骚》王逸注)

巫咸国在女丑北，右手操青蛇，左手操赤蛇。在登葆山，群巫所从上下也。(《山海经·海外西经》)

有灵山，巫咸、巫即、巫肦、巫彭、巫姑、巫真、巫礼、巫抵、巫谢、巫罗十巫，从此升降，百药爰在。(《山海经·大荒西经》)

综合以上各条，至少可明了两点：

一、巫咸之身份。为人筮吉凶、以“鸿术”为帝医、“祷于山河”，此三种行事，全属上古时巫觋之本职工作。“作筮”则将巫咸视为筮法之创立者。“作铜鼓”也可归入“祷于山河”一类，甚至与医也有某种关系。故王逸径指巫咸为“古神巫也”，信乎不谬。

二、巫咸之时代。各条中言及年代者五条，却有四种不同说法：黄帝时、神农时、帝尧时、殷中宗（即帝太戊，又作大戊）时。可以设想，巫咸作为一个传说中人物，其年代已无法确定。故《世本》宋衷注直谓“巫咸不知何时人”。

由此看来，将巫咸视为一个近于虚构的概念化

十巫
（清）汪绂《山海经存》

人物，即“古神巫”之代表或化身，似乎最为合理。这可在所引《山海经》两条记载中获得支持：所谓“巫咸国”“十巫”等，大可视为上古巫觋阶层之缩影。而十巫之首，正是巫咸，可见他（她？《国语》卷十八《楚语》下：在男曰觋，在女曰巫）确被视为神巫的代表。

（2）系统B

系统B的神话色彩较少，但从中推得的结论却可以与系统A相呼应。系统B可据《史记》中的记载为主线加以论述。《史记》中除“传天数者”名单外，另有三处记载巫咸之事。《史记·殷本纪》云：

> 帝太戊立伊陟为相。亳有祥桑穀共生于朝，一暮大拱。帝太戊惧，问伊陟。伊陟曰：“臣闻妖不胜德，帝之政其有阙与？帝其修德。”太戊从之，而祥桑枯死而去。伊陟赞言于巫咸。巫咸治王家有成，作《咸艾》，作《太戊》。

前面一段所述太戊“修德”胜妖的故事与巫咸有何关系，不易判断，但前人多将此事与巫咸一起论述。至于“巫咸治王家有成”，看来是古代广泛流传的故事。《史记·燕召公世家》云：

> 成王既幼，周公摄政，当国践祚，召公疑之……周公乃称“汤时有伊尹，假于皇天；在太戊时，则有若伊陟、臣扈，假于上帝，巫咸治王家；在祖乙时，则有……”于是召公乃悦。

这里巫咸是作为古时辅国贤臣的典范之一，被周公称引。此事又见于《尚书·君奭》：

在太戊时，则有若伊陟、臣扈，格于上帝。巫咸乂王家。

相传《君奭》正是周公为释召公之疑，为自己不得已摄政进行辩护而作的。

巫咸“治王家有成”，究竟表现在何处？此可参见《尚书·咸有一德》：

伊陟相大戊，亳有祥桑穀共生于朝，伊陟赞于巫咸，作《咸乂》四篇。

看来伊陟劝太戊“修德”胜妖之事确实与巫咸有关，实际情况可能是：巫咸向伊陟提供了对“祥桑”（裴骃《史记集解》引孔安国云：“祥，妖怪也”）现象的数术阐释，这本是他作为王室巫觋的职责所在。

特别值得注意的是《史记》第三处对巫咸之事的记载，《史记·封禅书》在复述了太戊修德以消“祥桑”的故事之后有云：

伊陟赞巫咸，巫咸之兴自此始。

对此司马贞《索隐》云：

案《尚书》，巫咸殷臣名，伊陟赞告巫咸。今此云“巫咸之兴自此始”，则以巫咸为巫觋。然《楚辞》亦以巫咸主神。盖太史公以巫咸是殷巨，以巫接神事，太戊使禳桑穀之灾，所以伊陟赞巫咸，故云巫咸之兴自此始也。

司马贞已认识到，如果将巫咸看成一个具体的历史人物，则“巫咸之兴自此始”这句话就难以讲通，只有将巫咸理解成巫觋的共名，问题才能解决。然而他又去不掉巫咸为殷臣的成见，结果曲为之说，难以自圆。

近人丁山支持巫咸为巫觋共名之说，并谓甲骨文中的“咸”或“巫戊”都是指巫咸，他引六条卜辞为证，兹转录五条如下：

> 癸亥卜，贞，王宾咸，亾尤。
>
> 庚子卜，贞，㞢于咸，七月。
>
> 丁丑卜，今来乙酉，㞢于咸，五宰。七月。
>
> 辛未，五令弱伐，元，咸戊。
>
> 贞，㞢于咸戊。

他又引《庄子·应帝王》“郑有神巫曰季咸”、《离骚》“巫咸将夕降兮”、秦惠王《诅楚文》“皇天上帝及丕显大神巫咸”等语为证，推论：

> 戊为庙号，则咸亦官名，或神名，盖与周官“司巫”同其性质，故太史公不以巫咸为人名，而以为巫觋之共名。……是甲骨文所见“巫帝”，当是巫咸死则配天之名，也即是巫觋们所供养的祖师大神。[1]

其说甚为有理。

1　丁山：《中国古代宗教与神话考》，上海文艺出版社，1988年，第186页。

将巫咸理解为巫觋之共名，与上文由系统A推出的将巫咸理解为古神巫代表或化身的结论，正相一致。由此又可合理解释系统A中对巫咸年代有四种异说的问题：黄帝时也好，神农时也好，帝尧时也好，殷中宗时也好，何代没有巫觋？

合A、B两系统而观之，或可作出如下推论：在殷帝太戊时，有一巫名咸者，极为著名，于是"巫咸"一名成为上古巫觋之化身或代表，亦即成为巫觋之共名。其情形殆与后世言医术则曰黄帝、岐伯，称名医则曰扁鹊、华佗，正相类似。

星占学家被列为"传天数者"，尚不难理解，巫觋何以也在"传天数者"之列？这一疑问，正可将问题引向深处。沿着"传天数者"名单继续上溯，就会逐渐明朗。

3. 巫觋与通天

前引《山海经》中关于巫咸的两段记载，其意义远不止说明巫咸为巫这一点。特别重要的是，这两段记载触及了上古中国文化中极其重大的观念——通天。本书第一章曾谈到古代中国关于天地间物质通道的记载，登葆山、灵山之类，即上古神话传说中的"天梯"，而所谓"群巫所从上下"，所谓"十巫从此升降"，正是指巫觋进行天地之间的沟通。袁珂释"十巫从此升降"云：

> 即从此上下于天，宣神旨、达民情之意。灵山，盖山中天梯也。诸巫所操之主业，实巫而非医也。[1]

1　袁珂：《山海经校注》，上海古籍出版社，1980年，第397页。

又释开明之东六巫神话云：

> 此经（《山海经·海内西经》）诸巫神话要无非灵山诸巫神话之异闻也。故郭璞注以为“皆神医也”；然细按之，毋宁曰，皆神巫也。此诸巫无非神之臂佐，其职任为上下于天、宣达神旨人情，至于采药疗死，特其余技耳。[1]

其说确具真知灼见。上古巫医同源，群巫升降之所既“百药爰在”，则巫咸以“鸿术”而为帝医，自不过其余事而已。

至此已不难明白，通天之人为谁——以巫咸为代表之上古巫觋也。据此以考察“昔之传天数者”名单之前半部分，则其中未发之覆，遂能次第显现而真相大白。

（1）重·黎

古籍中关于重、黎的记载甚多，与子韦的情形相仿，所记大体为同一事。兹择其中性质、风格相互间相去甚远之三种古籍所载，录之如下：

> 皇帝哀矜庶戮之不辜，报虐以威，遏绝苗民，无世在下。乃命重黎绝地天通，罔有降格。（《尚书·吕刑》）
>
> 大荒之中有山，名曰日月山，天枢也。吴姖天门，日月所入。……颛顼生老童，老童生重及黎，帝令重献上天，令黎邛下地，下地是生噎，处于西极，以行日月星辰之行次。（《山海经·大荒西经》）

1　袁珂：《山海经校注》，302页。

及少皞之衰也，九黎乱德，民神杂糅，不可方物。夫人作享，家为巫史，无有要质。民匮于祀，而不知其福。烝享无度，民神同位。民渎齐盟，无有严威。神狎民则，不蠲其为。嘉生不降，无物以享。祸灾荐臻，莫尽其气。颛顼受之，乃命南正重司天以属神，命火正黎司地以属民，使复旧常，无相侵渎，是谓绝地天通。其后，三苗复九黎之德，尧复育重、黎之后不忘旧者，使复典之。以至于夏、商，故重、黎氏世叙天地，而别其分主者也。……宠神其祖，以取威于民曰："重实上天，黎实下地。"（《国语·楚语下》）

三书所载，皆为重、黎"绝地天通"一事，而以《国语》最详。类似《国语》中的记载，又先后见于《史记·历书》《史记·太史公自序》等处。所谓"绝地天通"，即重、黎受命断绝天地间的通道。

《国语》中"少皞之衰也"以下长段描述，为上古时代巫术盛行、人神交通之场景。天为神所居，地为人所处，交通人神与沟通天地，实一义也。故曰重"司天以属神"而黎"司地以属民"也。所谓"夫人作享，家为巫史"，指交通天地人神之巫术普遍流行，大有世俗化趋势，故帝颛顼采取断然措施，将实施此种巫术之权垄断起来。所谓"重献上天""黎邛下地"，"献"训为举，"邛"训为抑，压也，举上天，压下地，正是"绝地天通"之举的形象描述。

关于"绝地天通"之举的真实意义，古人已多不能明了，至今人杨向奎始揭其秘：

那就是说，人向天有什么请求向黎去说，黎再通过重向天请求。这样，是巫的职责专业化，此后平民再不能直接和上帝交通，王也不兼神的职务了。……国王们断绝了天人的交通，垄断了交通上帝的大权。[1]

其说至为精当。这段上古社会演变史，虽以近似神话之面目呈现，但当时实况，即使稍有变形，或当大致与杨氏所述相去不远。

对于重、黎的家族、身世、他们在什么时代、究竟居什么官，乃至重、黎究竟是两人还是一人，古人有过大量争论。[2]这些争论在今日看来，大部分已成胶柱鼓瑟之说，意义不大，但毕竟也是事出有因的，比如《史记·楚世家》云：

楚之先祖出自帝颛顼高阳。……高阳生称，称生卷章，卷章生重黎。重黎为帝喾高辛居火正，甚有功，能光融天下，帝喾命曰祝融。共工氏作乱，帝喾使重黎诛之而不尽，帝乃以庚寅日诛重黎，而以其弟吴回为重黎后，复居火正，为祝融。

这就与司马迁自己在《史记·历书》中的记载明显不一致了，与前引《国语》上的记载，细节上也不能吻合。对于本书的论题

1 杨向奎：《中国古代社会与古代思想研究》上册，上海人民出版社，1962年，第164页。
2 近人汪荣宝撰《法言义疏》，其中“重黎”篇之首，搜录这些争论极为浩博，见氏著：《法言义疏》下册，中华书局，1987年，第309—317页。

而言，这类争论中的细节远不如“出现争论”这一事实本身那么重要。

这使人联想到前述关于巫咸是人名还是官名、是具体人物还是抽象的“共名”之争。如果巫咸可以视之为上古通天神巫的抽象化身，则重、黎当可理解为一个巫觋家族，他们是古代专业化通天巫觋的始祖或首席代表。《国语》云“重、黎氏世叙天地”，《史记》云“以其弟吴回为重黎后”，正是此意。至于一人两人、是官是名等争论，在此并不重要。

顺便指出，司马迁在《史记·太史公自序》中认为，重、黎是司马氏的祖先。如果我们感觉这是在攀龙附凤自高身价（现代人很容易这样想），那么还可以指出，班固在《汉书·司马迁传》中也采纳了此说。

（2）羲和

关于羲和，古有一人、两人（羲、和）、两氏四人（羲仲、羲叔、和仲、和叔，出于《尚书·尧典》，已见前引）等说，因无关此处讨论主题，以下不对此多加区分。古籍中言及羲和处甚多，兹仍先列举有关其身份行事之记载如次：

> 乃命羲和，钦若昊天。历象日月星辰，敬授民时。（《尚书·尧典》）
>
> 重、黎之后，羲氏、和氏世掌天地四时之官。（《尚书·尧典》孔安国传）
>
> 重即羲，黎即和，尧命羲、和世掌天地四时之官，使人神不扰，各得其序，是谓绝地天通。言天神无有降地，地祇不至于天，明不相干。（《尚书·吕刑》孔安国传）

绍育重、黎之后，使复典天地之官，羲氏、和氏是也。（《国语·楚语下》韦昭注）

有羲和之国，有女子名曰羲和，方浴日于甘渊。羲和者，帝俊之妻，生十日。（《山海经·大荒南经》）

羲和，盖天地始生，主日月者也。故《启筮》曰："空桑之苍苍，八极之既张，乃有夫羲和，是主日月，职出入以为晦明。"（《山海经·大荒南经》郭璞注）

颛顼受之，乃命南正重司天以属神，命火正黎司地以属民，使复旧常，无相侵渎。其后三苗服九黎之德，故二官咸废所职，而闰余乖次，孟陬殄灭，摄提无纪，历数失序。尧复遂重黎之后，不忘旧者，使复典之，而立羲和之官。明时正度，则阴阳调，风雨节，茂气至，民无夭疫。（《史记·历书》）

或问："南正重司天，北正黎司地，今何僚也？"曰："近羲，近和。""孰重？孰黎？"曰："羲近重，和近黎。"（《法言·重黎》）

重、黎之为专业通天巫觋既如前述，则由上列各条可知，羲和作为其后任（甚至可能是后裔），其身份与重、黎相同，已无疑义。所谓"掌天地四时之官""典天地之官"，与"绝地天通"为同一事，即为帝王专司沟通天地人神之职也。

羲和为通天巫觋既明，则《山海经》中之羲和神话亦有义理可言：既是"在男曰觋，在女曰巫"，则羲和身为女子，于理亦无不可。帝俊与此有通天彻地之能的女巫结婚，正可视为上古王巫结合之遗迹。而"生十日""浴日于甘渊"乃至"主日月"之类，亦不外“掌天地四时”之意象也。

明确羲和与重、黎身份完全相同之后，再转而重温《尚书·尧典》中“乃命羲和，钦若昊天。历象日月星辰”等语，方可获得更深刻的理解。其语表面上虽颇有“科学”色彩，好像是谈历法问题，其实仍是指通天事务。关于历法在古代中国文化中的性质与功能，留待本书第五章详论，此处仅从关于羲和职掌的记载出发略作考察分析，亦可稍明其理。《汉书·艺文志》中两次言及此事：

> 阴阳家者流，盖出于羲和之官，敬顺昊天，历象日月星辰，敬授民时。
>
> 数术者，皆明堂羲和史卜之职也。

可见羲和所掌之事，在班固眼中为何，已判然可知矣。所谓“历象日月星辰，敬授民时”，实即古人“选择”之学，即清人集前此之大成、卷帙浩繁之《钦定协纪辨方书》中的种种学问（详本书第五章）。而今人每将此誉为“数理天文学”等，未免大违古人本意。更有甚者，许多现代论者因昧于古代“天文”、历法之性质，遂将羲和（若果有其人的话）与现代天文学家等量齐观，羲和竟以“古代天文学家”的身份为世人所知。而由上述考察可知，这类观念皆与历史事实相去甚远。

丁山对于羲和之事，曾有大胆的推测阐释：

> 《尧典》“乃命羲和，钦若昊天，历象日月星辰，敬授民时”那几段测天观象故事，也该是耶和华上帝创造宇宙神话

的变相，所谓“尧天舜日”，也只是儒者所信仰的创造宇宙大神。……《尧典》所传羲仲、羲叔、和仲、和叔，以宇宙论观之，仍然是如《山海经》所谓日母、月母；以时令言之，应与句芒、祝融、蓐收、玄冥相似，也可视为四季之神。[1]

其说未必完全妥当，但就对上古神话之精神上的理解、把握而言，不无可取之处。

又长沙子弹库楚帛书乙篇有云：

曰女娲。是生子四□，是襄天践，是格参化。……襄晷天步。……未有日月，四神相隔，乃步以为岁，是惟四时。

细玩其文，似颇能参证上引丁山之说。李零论之云：

伏羲和女娲所生四子。在帛书中，这四子是主要角色。他们是四位从远古一直到夏、商，世代相袭、掌守天地之职的神官，被称为“四神”。……从各方面看，他们显然应当就是古书中的重、黎或羲、和四子。重、黎或羲、和四子是巫史之祖，古人说“数术家”是出于“羲、和史卜之职”，他们在帛书中有这样重要的地位，与帛书出于数术家之手是分不开的。[2]

推测“四神”即重、黎家族或羲、和（采两氏四人之说）家族，

1　丁山：《中国古代宗教与神话考》，第78—80页。
2　李零：《长沙子弹库战国楚帛书研究》，第32、64页。

虽缺乏进一步的证据，但也颇近于理。

（3）昆吾

昆吾其人的身份行事不易考定，《左传》共提到昆吾三次，列出如下：

王曰："昔我皇祖伯父昆吾……"（《昭公十二年》）

苌弘曰："毛得必亡，是昆吾稔之日也。"（《昭公十八年》）

卫侯梦于北宫见人登昆吾之观，被发北面而噪曰："登此昆吾之虚，绵绵生之瓜。"（《哀公十七年》）

苌弘预言毛得必亡，有"是昆吾稔之日也"之语，"稔"训为恶贯满盈，似乎昆吾未得善终（苌弘自己也是如此）。又《山海经·大荒西经》云：

有三泽水，名曰三淖，昆吾之所食也。

由上引各条，无法判定昆吾为何等人物。唯一稍能见出头绪者见于《史记·楚世家》：

帝乃以庚寅日诛重黎，而以其弟吴回为重黎后……吴回生陆终。陆终生子六人，坼剖而产焉。其长一曰昆吾……六曰季连，芈姓，楚其后也。昆吾氏，夏之时尝为侯伯，桀之时汤灭之。

楚国王室的始祖是昆吾之弟，所以楚灵王称昆吾为"我皇祖伯父”，而昆吾又是重、黎的后裔。由于重、黎氏是“世叙天地”的世袭专业通天巫觋，昆吾既为其后裔，则很可能也“克绍箕裘”，这或许是司马迁将昆吾列入“昔之传天数者”名单的原因。

又，司马迁既认为重、黎是司马氏的祖先，则昆吾也是司马氏的祖先了，而司马迁父子对于自己祖先“传天数”的功业极其珍视，《史记·太史公自序》云：

> 太史公执迁手而泣曰：余先周室之太史也。自上世尝显功名于虞夏，典天官事。后世中衰，绝于予乎？汝复为太史，则续吾祖矣。今天子接千岁之统，封泰山，而余不得从行，是命也夫！命也夫！

封禅泰山，本是帝王通天的盛举，司马谈身为太史，竟未能躬逢其盛，更未能行其“典天官事”之职责，难怪他要痛心疾首了。这或许也是司马迁不忘将远祖昆吾叙入“传天数者”行列的原因之一。

再进而论之，由昆吾的世系不难推知，楚国王室的先祖可以追溯到重、黎——上古专职通天巫觋的首选家族，这倒是上古王巫不分、王巫合一的例证了。再推论下去，楚国巫风特盛，看来也是渊源于此。

由上述三小节，已将《史记》“昔之传天数者”名单自后半部至前半部逐一考论完毕。考论结果，可简单归纳为：

名单前半部分为上古时代专司交通天地人神之巫觋；

名单后半部分为春秋战国时代之著名星占学家。

名单大致是按人物年代先后顺序排列的。

关于名单中人物的身份行事，如前文所声明的，并无意于计较其是否为真人真事，而是着眼于判明诸人物在历史上以何种面目呈现出来。其面目既已如上述，则所谓“传天数者”名单之义蕴，亦可得而言：

十余人既列入同一名单，则诸人必有某种共同之处；此共同之处为何？可一言以蔽之曰：通天。传天数者，即专司通天事务之人物。在此名单中，历史演进之迹判然可见——古代的星占学家，正是由上古通天巫觋演变而来。这一演变，显然伴随着一个分工日益明细的过程，对此后面还将见到更多的证据。但到此为止，已可毫不勉强地指出：古代天文星占之学，即属上古通天之术；太史观星测候，不啻巫觋登坛作法。

第三章　天学与政治

一、通天手段为王权的依据与象征

1. 灵台、明堂与通天事务

如前所述，古代中国天学家，亦即星占/历法学家，系从上古时专职巫觋演变而来，而这些巫觋的首要职责为沟通天地人神，由此不能不忆及前述《山海经》中十巫从“灵山”上下于天地之间的记载。群巫交通天地之处为“灵山”，而后世天学家观星测候之处恰被称为“灵台”，两名相合，绝非偶然。

灵本作“靈”，其下赫然有“巫”字，此与“筮”下之“巫”、医（醫，亦作“毉”）下之“巫”，都表明其事与巫有关。然而灵之与巫，关系尤为密切，《说文》云：“灵，巫，以玉事神。”《楚辞·九歌·东皇太一》有“灵偃蹇兮姣服”句，王逸注：“巫也。”又《云中君》有“灵连蜷兮既留”句，王逸注尤能说明问题：

> 楚人名巫为灵子。

是灵、巫简直可视为一物。袁珂注灵山十巫升降故事时推测说：“灵山，疑即巫山。”[1]极而言之，若将古之灵台称为“巫台”，实质上也未尝不可。因灵台本是巫觋作法通天之坛场，而非现代意义

1　袁珂：《山海经校注》，第396页。

上科学家探索自然之机构。

今人常将灵台目为现代天文台的前身，如仅就其上有人观天这一点而言，似乎也不能算错，但两者截然不同之根本性质，却因此而完全混淆起来。况且古时其上有人观天之处尚多，如城楼、山岗、屋脊等，若仿此推论，难道这些处所都可视为天文台的前身？关于灵台的性质及其用途，古人本已言之甚明，比如：

> 天子有灵台者，所以观祲象、察气之妖祥也。（《诗经·大雅·灵台》小序郑笺）
>
> 灵台，观台也，主观云物、察符瑞，候灾变也。（《晋书·天文志上》）
>
> 占云物、望气祥，谓之灵台。（《诗经·大雅·灵台》小序孔疏引颖子容《春秋释例》）[1]
>
> 乃经灵台，灵台既崇；帝勤时登，爰考休征。三光宣精，五行布序；习习祥风，祁祁甘雨。百谷溱溱，庶卉蕃芜。屡惟丰年，于皇乐胥。（《后汉书·班彪列传》载班固《灵台诗》）

无不表明灵台为进行星占学活动之所。

灵台又被称为观星台、司天台等，为皇家天学机构之表征。在古代传说中，虽尚有清台、神台等名，但以灵台之名最为正统、常用。东汉张衡作有《灵宪》一书，本为典型的星占学著作，论者常谓不得其命名之义。其实，灵者，灵台也；宪者，宪

1　颖子容疑为颖容之误。《后汉书·颖容传》："颖容，字子严……著《春秋左氏条例》五万余言。"《隋书·经籍志》著录《春秋释例》十卷，题"汉公车征士颖容撰"，当即其书。

则、法则也，故《灵宪》者，即《星占纲要》或《天文要论》也。由其书传世残存内容来看，正是如此。[1]

在古代，灵台又经常与明堂联系在一起。先举《后汉书》中所载东汉诸帝祭祀活动若干条为例：

> 是岁（中元元年）初起明堂、灵台、辟雍及北郊兆域。宣布图谶于天下。（《光武帝纪下》）
>
> （永平）二年春正月辛未，宗祀光武皇帝于明堂。帝及公卿列侯始服冠冕、衣裳、玉佩、绚屦以行事。礼毕，登灵台。使尚书令持节诏骠骑将军、三公曰：今令月吉日，宗祀光武皇帝于明堂，以配五帝。礼备法物，乐和八音，咏祉福，舞功德，（其）班时令，敕群后，事毕，升灵台，望元气，吹时律，观物变。……（《显宗孝明帝纪》）
>
> （建初）三年春正月己酉，宗祀明堂。礼毕，登灵台，望云物。大赦天下。（《肃宗孝章帝纪》）
>
> （永元）五年春正月乙亥，宗祀五帝于明堂，遂登灵台，望云物。大赦天下。（《孝和孝殇帝纪》）

东汉诸帝将明堂与灵台建于一处，并且每祀明堂后必登灵台，实与当时的流行观念相一致。汉儒普遍认为明堂与灵台有密切关系，其争论只在于两者为同一建筑物与否。兹引主张为同一建筑物之说两则为例：

---

1 传世《灵宪》，皆指《后汉书·天文志上》刘昭注文中所引的一段，将这段文字和其他传世星占学著作比较，可知其只是一部书的开头部分。

明堂即大庙也。天子大庙，上可以望气，故谓之灵台；中可以序昭穆，故谓之太庙；圆之以水，似辟，故谓之辟雍。古法皆同一处，近世殊异，分为三耳。（《诗经·大雅·灵台》小序孔疏引卢植《礼记注》）

太庙有八名，其体一也。……告朔行政，谓之明堂……占云物、望氛祥，谓之灵台。……（同上引颖容《春秋释例》）

由上引东汉诸帝祭祀记载可知，汉儒之说已被官方采纳实施（取明堂与灵台为两建筑物之说）。此是否为"古法"固难论定，但至少在汉代，灵台与明堂被认为有密切关系甚至即同一建筑物，却是事实无疑。李约瑟则引苏熙洵（W. E. Soothill）之说，谓"灵台从一开始便是明堂中必不可少的一部分"[1]。

关于明堂，古籍中论述甚多，但绝大部分论述都集中于明堂的建筑形制、尺寸规模等方面，并热衷于将各种有关数据以数字神秘主义的方式加以附会。而对于明堂的基本性质，则很少论及，有之，或当以《白虎通》所论较为重要且完整。作为东汉朝廷钦定之儒学标准"教义问答"，《白虎通·辟雍》云：

天子立明堂者，所以通神灵，感天地，正四时，出教化，宗有德，重有道，显有能，褒有行者也。

据其说，则立明堂之目的，首在通天，次在为政。此两者密

1 ［英］李约瑟：《中国科学技术史》第四卷，第44页。

不可分，下文就将看到，通天实为为政之本。其他关于明堂性质的说法，如《逸周书·明堂解》（此篇为后人据《太平御览》卷五三三引《周书·明堂》补入者）所谓“明堂，明诸侯之尊卑也”（《礼记·明堂位》亦有同样说法）、前引颖容《春秋释例》所谓“告朔行政，谓之明堂”等，也应从通天与为政的关系去理解，方可得其真义。

丁山曾指出明堂之说颇晚出，虽有远至神农时的明堂传说，但：

> 实则明堂一词，不见《诗》《书》，也不见两周金文，但见于晚周诸子及儒家的传说。[1]

果如其说，则明堂之见于古籍记载，晚于灵台。灵台本是通天之所，故与明堂有关的种种天学内容，可视为通天之学的发展，主要表现为在形式方面更趋精致。

明堂经常被与时令、历法等联系在一起。比如：

> 昔者神农之治天下也，神不驰于胸中，智不出于四域，怀其仁成之心；甘雨时降，五谷蕃植；春生夏长，秋收冬藏；月省时考，岁终献功；以时尝谷，祀于明堂。（《淮南子·主术训》）
>
> 太初元年，十一月甲子朔旦冬至，天历始改，建于明堂，诸神受纪。（《史记·太史公自序》）

1　丁山：《中国古代宗教与神话考》，第448页。

所谓“诸神受纪”，司马贞《索隐》引虞喜《志林》:“改历于明堂，班之于诸侯。诸侯群神之主，故曰诸神受纪。”这与前述“告朔行政，谓之明堂”正相一致。而最完备的设想可见于《礼记·月令》，其中记述了天子如何逐月改换他在明堂中的居处，录出如下：

孟春之月……天子居青阳左个。
仲春之月……天子居青阳太庙。
季春之月……天子居青阳右个。
孟夏之月……天子居明堂左个。
仲夏之月……天子居明堂太庙。
季夏之月……天子居明堂右个。
中央土……天子居太庙太室。
孟秋之月……天子居总章左个。
仲秋之月……天子居总章太庙。
季秋之月……天子居总章右个。
孟冬之月……天子居玄堂左个。
仲冬之月……天子居玄堂太庙。
季冬之月……天子居玄堂右个。

其中出现的十三个室名，都被认为是明堂这一建筑中的不同房间。但这至多也不过是一套想法而已，没有什么证据能表明古代帝王真的曾这样每月搬迁一次。是否真有过这样的明堂建筑物，也缺乏实物证据。此外“居”字是否作“居住”讲，也不无问题。但此“明诸侯之尊卑”的祭祀、行政重地明堂，在古人心目中与时令、历法密切相关，则已明显可知。苏熙洵在《明堂：早期中国王权之研究》一书中还曾指出明堂与罗马教皇宫邸有相似处，后者也被认为与历法有关。[1]不过此两者之间的相似，究竟有无本质上的意义，抑或只是形式上如此，则颇成疑问。聊备一说自然也无不可。

在古人心目中，通天的观念及手段，大致有一个演进的过程。在较原始的神话中，表现为物质性的天地通道，即前述之“灵山”“登葆山”“天地之中”之类。但因这样的通道毕竟并不存在，所以有关的神话传说也不会长久盛行。然而，关于天地人神之间可以而且必须进行交流沟通的信念，却一直保持不变。由于不再借助于灵山之类的物质通道，可以称之为精神性的沟通。这种精神性的天人交通，由某些职业巫觋专司其职。灵台和明堂，就是天人交通的庄严象征物及场所。

通天与通神，两者实为一义。神总是被认为居于天界，这在古代世界各民族的观念中几乎没有例外。古代中国人赏善罚恶、道德至上的天，虽是人格化的，却并无一神教中的上帝意味，这个天，可以说是由受祭祀的种种神祇所构成。而且其中的诸神不像奥林匹斯山上的众神那样整天勾心斗角，在凡间大打“代理人战争”——中国的诸神大体上遵守共同的价值标准和道德规范。这一点确实使古代中国的专职通天巫觋们免去了许多无谓的复杂问题。

再进而言之，通天与祭祖也有密切联系。一些功业盛大的

1 W. E. Soothill: *The Hall of Light: A Study of Early Chinese Kingship*, Lutterworth, London (1951).

祖先被尊为神，享受祭祀。把帝王之死称为“龙驭上宾”，正是这种观念的反映。死去的帝王也将上升天界。东汉诸帝在明堂里“宗祀光武皇帝”，就是一例。

所以在灵台观天也好，在明堂祭祀也好，总而言之，以灵台和明堂（两者是否为同一幢建筑物在这里无关宏旨）为象征的整套事务，其本质可一言以蔽之，即交通天地人神。

交通天人的手段，具体来说也有多种。观测星象，以占吉凶，这是最明显的，也最容易理解；为政顺乎天时，本来也是古人通天的要义之一，但今人对此已多误解，将于本书第五章详论之；另外一些通天手段，因年代久远，古义隐晦，已极少为人所知，然而却同样为理解古代中国天学本质所不可或缺者，都将于后文论及。

到此为止，已可隐约感到，古人通天之学，与王权之间有着某种重大关系。这种关系，仅按今天的一般常识来看，当然是难以想象的。然而古代世界，特别是古人心目中的世界，以及这个世界运作的机制，本来就常与今人的认识大相径庭。作为例证，姑引一则西方学者近年研究玛雅文明所得的新发现如次：

> 那时的玛雅上层人物，现已肯定，多将主要精力放在时间和时间的推移上。他们运用时间……作为一种延伸到永恒，以便使他们同自己真实和虚幻的祖先联系起来的工具，由此而提供合法性的统治基础，并成为王族血统明显的主题和象征渗入到玛雅人艺术之中。[1]

---

1 *Science and the Future*，转引自《大自然探索》1990年第1期。

交通祖神能够提供统治的合法性，这是很值得注意的。在古代中国，通天通神与王权之间的关系究竟如何？只有阐明这层关系，本书第二章中所陈述的大量问题，才有可能获得合理的解答。

2.《诗经·大雅·灵台》发微：通天者王

《诗经·大雅·灵台》或许是古籍中最早记载灵台的篇章。此诗涉及古代中国天学史上一大隐秘，古人有疑而未能解，今人则因常不知不觉以现代之心度古人之腹，有时武断而自信，遂连疑亦不复存在。该诗首章如下：

> 经始灵台，经之营之，庶民攻之，不日成之。

今人对于此章，通常看到的都是“可见至少二千五百年以前，中国已有了天文台”[1]之类。然而，周文王为何要建灵台？这个问题今人已不再注意。

所谓“庶民攻之，不日成之”，显然是征用民工，人海战术，搞“工程会战”以赶建灵台。为什么要如此？《诗小序》云：

> 《灵台》，民始附也。文王受命而民乐其有灵德，以及鸟兽昆虫焉。

“民始附”者，可理解为政权初具规模。但周文王此时只是

1 陈遵妫：《中国天文学史》第四册，上海人民出版社，1989年，第1671页。

诸侯身份，按“礼”他是不可以拥有灵台的，孔颖达疏引公羊说云：

天子有灵台，以观天文……诸侯卑，不得观天文，无灵台。

非天子不得作灵台。

然而文王作为“不得观天文”的诸侯，竟聚众赶工建造灵台，岂不是越礼犯上之举？孔颖达疏中已经意识到这个问题，但周文王是古之圣君，断不能以窥窃神器、觊觎大宝之事“诬”之（践天子位、出任官职等，都是别人强烈要求的结果，自己则屡辞不就，最后不得已才为君或做官，中国传统文化中的圣贤无不如此），于是孔颖达疏中设法作了一些解释弥缝，但始终不得要领。

前文已经表明，灵台是窥星察气、占卜吉凶之所，也即专职通天巫觋仰测天意、交通天人的神圣坛场，有着重大的象征意义。由此出发，不难探明周文王赶造灵台的真正用意。董仲舒《春秋繁露·王道通三》云：

古之造文者，三画而连其中，谓之王。三画者，天、地与人也，而连其中者，通其道也。取天地与人之中以为贯而参通之，非王者孰能当是？

若以此为造字之说，似有穿凿附会之嫌（也未必全无道理），但董仲舒所依据的“通天者王”观念，实为上古政治思想之要义所在。“通其道”即交通天地人神，能够交通天地人神的人方能有资格为王。

对于古代中国社会中通天与王权之间的关系，张光直曾作过深入研究。他主要是通过对夏、商、周三代考古文物的考察分析，得出其结论：

> 通天的巫术，成为统治者的专利，也就是统治者施行统治的工具。“天”是智识的源泉，因此通天的人是先知先觉的，拥有统治人间的智慧与权力。《墨子·耕柱》:“巫马子谓子墨子曰：鬼神孰与圣人明智？子墨子曰：鬼神之明智于圣人，犹聪耳明目之与聋瞽也。”因此，虽人圣而为王者，亦不得不受鬼神指导行事。……占有通达祖神意旨手段的便有统治的资格。统治阶级也可以叫做通天阶级，包括有通天本事的巫觋与拥有巫觋亦即拥有通天手段的王帝。事实上，王本身即常是巫。[1]

他对《国语》中所载帝颛顼使重、黎绝地天通之事非常重视，由此强调通天手段必须加以垄断，方可获得王权：

> 古代，任何人都可借助巫的帮助与天相通。自天地交通断绝之后，只有控制着沟通手段的人，才握有统治的知识，即权力。于是，巫便成了每个宫廷中必不可少的成员。[2]
>
> 通天地的各种手段的独占，包括古代仪式的用品、美术

1　张光直：《考古学专题六讲》，文物出版社，1986年，第107页。
2　张光直：《美术、神话与祭祀》，辽宁教育出版社，1988年，第33页。

品、礼器等等的独占，是获得和占取政治权力的重要基础，是中国古代财富与资源独占的重要条件。[1]

这些观点颇具说服力，证之古史，畅然可通。但是令人稍感奇怪的是，关于古代巫觋的通天手段，张光直在他的著作中似乎从未将目光投向古代天学的广泛领域，他所探讨的通天手段，主要是青铜礼器及其上的动物纹样等方面。然而由前文的讨论显然可知，灵台、明堂及这类建筑所象征的整套天学事务，是更为直接、更为重要得多的通天手段。

通天者之所以能够由此获取统治资格，诚如张光直所言，是因为他们“先知先觉”，因为他们所通之天“是智识的源泉”。那么他们依靠怎样的机制来成为先知先觉者呢？上天的知识又怎样体现呢？答案既简单又明显：靠天学。

各种星占著作中的大量占辞，就是上天所传示的知识，其中有着关于战争胜负、王位安危、年成丰歉、水旱灾害……几乎一切古代军国大事的预言。历法及与此有关的各种数术归根结底也有着同样的性质和功能。掌握着星占、历法等奥秘的巫觋——重、黎、羲和、巫咸及作为他们后任的古代天学家——就是先知先觉者，他们服务于某帝王，就使该帝王获得了统治的资格和权力。

帝尧的政绩为何只有任命天学官员一项？帝舜摄政之初为何别的事全不管，先去“在璇玑玉衡，以齐七政”？原因就在于此。相比之下，青铜礼器及其所代表的各种祭祀活动，作为通天

1 张光直：《考古学专题六讲》，第107页。

通神的工具和手段而言，在提供“先知先觉”这一点上却明显隔了一层。

传说中的九鼎——王孙满和楚子的著名对话即因此而起——作为通天礼器的代表，在张光直的著作中受到重视。但是，作为通天坛场的灵台重地，其上陈列着的各种观天测天仪器，如浑仪、相风、漏刻之类，同样也是通天礼器，与九鼎实为同一性质、同一级别。这又可联系到前述古代知识系统中天学的特殊地位，举例来说，在《北堂书钞》《渊鉴类函》《艺文类聚》等类书中，上述诸天学仪器被与玉玺、节钺、绶带等物列为一类，而后者都是用来表征权力、地位的。

关于天学仪器在皇家器物中的位置，不妨另举两例。金人攻陷汴京时，将北宋皇家器物席卷一空，《宋史·钦宗纪》云：

> 凡法驾、卤簿，皇后以下车辂、卤簿、冠服、礼器、法物，大乐、教坊乐器，祭器、八宝、九鼎、圭璧，浑天仪、铜人、刻漏，古器、景灵宫供器、太清楼秘阁三馆书、天下州府图及官吏、内人、内侍、技艺、工匠、娼优，府库畜积，为之一空。

浑天仪被劫，曾给南宋政权的天学事务带来很大麻烦，这是一例。另一例可举清乾隆二十四年（公元1759年）成书的《皇朝礼器图式》，书中所著录的皇朝礼器中，包括了灵台——即现在北京建国门的古观象台——上及宫廷中陈列的大小天学仪器，甚至西洋人赠送的演示哥白尼日心宇宙模型的“七政仪”。

这些都表明，古人确实是将天学仪器与九鼎之类的礼器等量

齐观的。推而论之，若后者是古人通天之用，则与之同性质同级别的天学仪器又何尝不是通天之用？而且更直接得多。这也可作为上古帝王依靠天学通天以牟取政治权威的旁证之一。

◥ 晚清的北京观象台
黎芳摄

现在再回到文王赶建灵台之事上来，问题已经很清楚：周文王对商天子已起了不臣之心，他倚仗自己的实力，以“不得观天文”之诸侯的身份而公然擅自建造灵台，目的在于打破商天子对通天手段的垄断，进而染指按理只有商天子才能独占的统治权威。当时的“中央”竟未对他施以武力讨伐或制裁，想必是被他用美女玉帛迷住了眼，或是力不从心，只得听之任之了。

前人似乎从未将文王建灵台事与《史记·周本

纪》中的一段记载联系起来。这段记载前文已引过（本书第一章），但因其重要，这里有必要重温一次：

> 九年，武王上祭于毕。东观兵，至于盟津。……是时，诸侯不期而会盟津者八百诸侯。诸侯皆曰："纣可伐矣。"武王曰："女未知天命，未可也。"乃还师归。

称兵谋反，公然号召推翻"中央"政府，企图改朝换代，这样的事何等重大？看殷墟甲骨卜辞，殷人一举一动都要占卜，求问天心神意，则孟津之会这样的大事，没有"先知先觉"者依据天意进行指导是不可能的。然而八百诸侯，没有人知道天命，只有周武王一人知道。他说现在还不行，大家就回去了。

为什么在天命问题上，周武王的发言权比八百诸侯都大（那时姬发自己也不过是一个诸侯）？原因很简单：因为此时周武王已拥有通天手段——文王赶工建造的灵台正屹立在周原的高地之上，掌握着通天奥秘而又效忠周王父子的巫觋班底（比如姜太公之类）正在台上观天测星，预告着天命的转移。这番神秘庄严的景象，象征着一个新的强大政治权威已在西部崛起。商纣对通天手段的垄断已被打破，他的统治正在日益失去合法性，不可避免地从动摇走向崩溃。《诗经·大雅·灵台》背后所隐藏的历史故事，大致就是如此。

由此再回过头去看古代中国天学家和天学机构的特殊地位（见本书第二章），以及几千年来皇家专营天学事务的强大传统，就非常容易理解了。因为拥有天学机构对于确立统治权是必不可少的，所以在中国历史上，即使只是金瓯一片的小朝廷，也不忘记建立它自己的皇家天学机构。

3. 天命之确立与天学之禁锢

由上面的讨论已经可知：掌握通天手段是确立王权的必要条件，而天学是各种通天手段中最直接、最重要者，所以企图确立王权的人，必须先设法掌握通天手段，以便享有天命，之后方能确立其王权。

那么，靠什么方式向世人昭示某人已获得天命，并且得到世人的确认呢？这就要靠星占学家发现和指出天——包括整个自然界——呈现的一些征兆并加以解释。这些征兆及其对应的解释正是古代星占学著作中的重要内容。在这些征兆中，狭义的天象（即古人所说的“天文”）自然占据最突出的位置。历史上最受称颂的天命转移、改朝换代之事是武王伐纣，周人又是历史上最早系统地阐述天命理论的集团，因此古籍中记载的关于武王伐纣时的天象也最多。这些天象未必都是后人附会编造的，其中可能有不少是周朝太史们郑重其事地记载下来而流传后世的。下面举出一些：

> 昔武王伐殷，岁在鹑火，月在天驷，日在析木之津，辰在斗柄，星在天鼋。（《国语·周语下》）
>
> 武王伐纣，东面而迎岁，至汜而水，至共头而坠，彗星出而授殷人其柄。（《淮南子·兵略训》）
>
> 惟一月壬辰，旁死霸，若翌日癸巳，武王乃朝步自周，于征伐纣……粤若来三月，既死霸，粤五日甲子，咸刘商王纣。（《汉书·律历志下》引《周书·武成》）

这些记载文辞虽简，内容甚丰，包括了当时日、月和行星的位置，还有当时出现的一颗彗星及其方向，后两则记载了武王起兵之前一日和戮纣之日的月相。

后世也出现过不少关于改朝换代时的天象记载，显然是仿自武王伐纣时的天象记录，其中所记年代古远者多系后人附会。也稍举几例如下：

> 元年冬十月，五星聚于东井。沛公至霸上。(《汉书·高帝纪》)
>
> 齐桓将霸，五星聚箕。(《宋书·志十五·天文三》)
>
> (禹时)星累累若贯珠，炳焕如连璧，帝命验曰："有人雄起，戴玉英，履赤矛。"(《太平御览》卷七引《孝经纬钩命诀》)
>
> 孟春六旬，五纬聚房。后有凤凰衔书，游文王之都。书又曰："殷帝无道，虐乱天下，星命已移，不得复久。灵祇远离，百神吹去，五星聚房，昭理四海。"(今本《竹书纪年》卷七)

这类天象记载，多非实录。[1]有些学者据此以现代天文学方法回推计算，试图解决一些年代学问题，则往往误入歧途，或无法获得有意义的结论，只有很少的成功先例。[2]

除了狭义的天象，被古人认为能兆示天命的还有许多其他景象。古籍中此类记载甚多，下面仅举成汤伐桀、武王伐纣各一则

1　黄一农曾指出过一些这样的例子，见黄一农：A Study on Five Planets Conjunction in Chinese History, *Early China*, vol.15 (1991)。

2　参见江晓原等：《回天——武王伐纣与天文历史年代学》，上海交通大学出版社，2014年。

为例，因该两事是历史上天命转移的典范，后世种种征伐篡弑，几乎都引“汤武革命”为榜样：

> 汤乃东至于洛，观帝尧之坛，沉璧退立，黄鱼双踊，黑乌随之，止于坛，化为黑玉。又有黑龟，并赤文成字，言夏桀无道，汤当代之。梼杌之神，见于邳山。有神牵白狼衔钩而入商朝。金德将盛，银自山溢。（今本《竹书纪年》卷五）
>
> 及纣杀比干，囚箕子，微子去之，乃伐纣。度孟津，中流，白鱼跃入王舟。王俯取鱼，长三尺，目下有赤文成字，言纣可伐。王写以世字，鱼文消。燔鱼以告天，有火自天止于王屋，流为赤乌，乌衔谷焉。谷者，纪后稷之德，火者，燔鱼以告天，天火流下，应以告也。（今本《竹书纪年》卷七）

今本《竹书纪年》被认为是伪书，也有人认为其内容当有所本，未必纯出于后人伪造。但“白鱼入舟渡孟津”之类的传说，恐怕是早已有之的，至迟在秦汉之际，可能已流传颇广。因为陈胜起事时所用手法，很像是对武王“白鱼入舟”之事的模仿，《史记·陈涉世家》云：

> 乃丹书帛曰“陈胜王”，置人所罾鱼腹中。卒买鱼烹食，得鱼腹中书，固以怪之矣。又间令吴广之次所旁丛祠中，夜篝火，狐鸣呼曰：“大楚兴，陈胜王。”卒皆夜惊恐。旦日，卒中往往语，皆指目陈胜。……陈涉乃立为王，号为张楚。

武王有“白鱼入舟”，且鱼上有文，陈胜也搞鱼腹之书；武王鱼上是“赤文”，陈胜的鱼腹中书也是“丹书”，模仿的痕迹十分明显。而且，陈胜如果真是有意模仿武王伐纣的传说，那这种传说应是广为流传的才行，如仅是陈胜一人知道的冷僻典故（况且陈胜也远不是饱学之士），就不易起到惑众、暗示的效果。

需要特别指出，这些兆示天命的“符瑞”，即使不是狭义的天象，仍属天学家讲求的“专业范围”之内，这只要看古代各种星占文献即可知。古代天学家经常要讲的大奥秘之一就是所谓“符命”。符命者，兆示天命转移或归属之符瑞也。这在历代官史之《五行志》中常可见到。《宋书》更在《五行志》外别立《符瑞志》，《南齐书》别立《祥瑞志》，《魏书》有《灵征志》。其中此类记载尤多。关于天学家讲求符命与改朝换代之关系，可举杨坚代周时事为例，见《隋书·律历志中》：

> 时高祖作辅，方行禅代之事，欲以符命曜于天下。道士张宾，揣知上意，自云玄相，洞晓星历，因盛言有代谢之征，又称上仪表非人臣相。由是大被知遇，恒在幕府。

这类事例和记载史不绝书，几乎都是武王伐纣时符命之说的翻版。

还应指出，“符命”与古人常说的“符瑞”或“祥瑞”是有区别的。古人心目中的祥瑞极多，从某些天象的出现（这样的天象很少。古代中国天学家赋予星占学意义的大部分天象都被视为上天对人间政治黑暗的警告和谴责），到麒麟、凤凰、灵龟、黄龙、白鹿、“九尾之狐”等动物的出现，乃至灵芝出、嘉禾生、甘露降之类，都属祥瑞之列。但这些一般仅被视为政治修明，所谓“尧天舜日”的表征，并不具有天命转移、改朝换代的意义。

张光直曾指出：

> 经过巫术进行天地人神的沟通是中国古代文明的重要特征；沟通手段的独占是中国古代阶级社会的一个主要现象；……从史前到文明的过渡中，中国社会的主要成分有多方面的、重要的连续性。[1]

这个“连续性”之说，是对古代中国文化性质的一个极其深刻的见解。它可以从许多对古代中国文化的研究成果中获得支持。而且，随着中国文化史研究的深入进行，这一见解的正确性和预见性还将进一步显现。从周文王建造灵台打破殷王对通天手段的垄断以牟取政治权威，到历朝官营天学事务的强大传统，从武王伐纣时“白鱼入舟”的传说，到后世改朝换代时新君“以符命曜于天下”，都是张光直所说“连续性”的表现。

由此遂容易理解历代官史中“天学三志”为何会占有如此显要的地位（详见本书第二章）：“天学三志”者，一言以蔽之，不外通天之学而已；一代之史记一代之兴亡，而此一代所以兴、所以亡之故，在古人思想深处，追根溯源，即为天命之转移；而天命之成立与转移，直接与该朝代所掌握的通天手段——通天之学相联系，故以“天学三志”记述之。

由此更可对历代为何严禁民间私习、私藏天学图籍（亦见本书第二章）获得深入理解。天学是通天之学，是最重要的通天手段；

1　张光直：《考古学专题六讲》，第13页。

而垄断通天手段是获得政治权威、确立王权的必要条件（但不是充分条件，确立王权还需要经济、军事实力及“有德”之类的政治资本）。如果天学秘籍在民间广泛流传，百姓皆可得而习之，则何啻“夫人作享，家为巫史”——人人皆可通天，将无垄断可言，统治者的政治权威也就无从谈起了。可见禁锢天学，实为施行统治的题中应有之义。

这里还有一个问题：历代都要重申天学之禁，是否说明这类禁令的效果有限、私习始终不绝？固然，文化方面的禁令无论怎样严厉，终不能使受禁对象绝对消失，看始皇帝之焚书坑儒，虽造成文化浩劫，但所禁之书并未绝迹，暴秦却二世而亡，即可知矣；然而历代皇朝之所以屡申天学之禁，其中另有原因。

本书第二章已指出，历代往往于开国之初严申私习天学之厉禁，这一现象，单看一两条记载无法发现，必将多条记载合而观之，乃能发现其中呈现之规律。这一现象并非偶然。天学既为通天手段，这一手段的垄断又与王权密不可分——在上古，可说是王权的来源；至后世，乃演变为王权的象征。则每至改朝换代之际，新崛起者自必“窥窃神器”，另搞自己的通天事务以打破旧朝对此的垄断，从而牟取新的政治权威。周文王之建灵台，即其先例。当此四方逐鹿之时，必有私习天学者应时而起，挟其术投效有意问鼎之新主。这些人对旧朝而言固然是罪犯，在新朝则成为“佐命功臣”。

所以历史上诸开国雄主身边，常有此类人物为之服务，较著名者，如吴范之于孙权，张宾之于杨坚，李淳风之于李世民，刘基之于朱元璋，等等。虽然青史留名主要限于成功者，但当时群雄逐鹿，成则为王，败则为寇，失败者——其数量远较成功者为多——身边，同样会有此类人物。于是，旧朝所力图垄断的通天之学，遂经历一段扩散过程。

至新朝打下江山之后，天下一统，自然又转而步旧朝后尘，尽力保持本朝对于天学专制垄断之特权。各朝开国之初常要严申私习天学之禁，其根本原因即在于此。因此可以说，在古代中国，天学对于谋求王权者为急务，对于已获王权者为禁脔。历代严禁私习天学的种种措施，说到底，都不外上古传说中帝颛顼命重、黎“绝地天通”之事的翻版。

在天命之确立与天学之禁锢问题中，历法也是一大关键。关于历法的性质及功能等将于本书第五章详论，但有一点可先于此处阐明。历代私习天学之禁令中都包括历法，已见前述，至于何以要禁止私习历法，则只要明白历法与星占同为通天之学，似乎已可由上述禁止私习天学的论述中获得解释。然而稍加思考，此中还另有曲折。

星占之类的天学秘籍可以深藏皇家图书秘阁中，不让民间私习，但历法却是要颁行天下之物，人人得见，怎能禁止私习？这里首先有个概念的具体区分问题。严格说来，朝廷颁行天下的是“历书”（至于今日称之为“日历”之物，则只能称为“历谱”，其内容远远少于“历书”），而所谓“历法”，应是指编制历书之法——其中包括许多数理天文学知识。古人为行文方便，往往统称“历”或“历术”。

朝廷固然禁止私习历法，但尤其严禁私造历书。《万历野获编》云“习历者遣戍，造历者殊死”，已可见后者之罪明显重于前者。更有力的证据可见于今存之明代《大统历》，其刊本封面上皆盖有一木戳，上有文如下：

钦天监奏准印造大统历日，颁行天下。伪造者依律处斩；有能告捕者，官给赏银五十两。如无本监历日印信，即同私历。

私自造历的事未必能绝对禁绝，古人常说“民间小历”，就说明了这一点。但至少从理论上说，这种行为是朝廷明令禁止的。

再进一步考察，明《大统历》封面木戳之文中“伪造者依律处斩”一语大堪玩味。伪造者，以另一种历取代《大统历》也。即使伪造之历完全是《大统历》的翻版，但“如无本监历日印信，即同私历”，仍免不了“依律处斩”。可见问题的关键，在颁历之权。

王家颁历于天下之说，由来甚久。《尚书·舜典》中历来聚讼盈庭的“在璇玑玉衡，以齐七政”之句，也可能正是王家颁历的滥觞。汉儒所谓天子“告朔行政，谓之明堂”，《汉书·艺文志》所说“故圣王必正历数，以定三统服色之制”云云，也即此意。最明显则莫过于《周礼·春官宗伯》所载太史之职：

正岁年以序事，颁之于官府及都鄙，颁告朔于邦国。

即后世钦天监造历颁行天下。历法既为通天手段中最重要者之一，则此历法由天子所颁赐（钦天监必须“奏准”方得颁行），而天下诸侯臣民共遵用之，即象征此通天手段为天子所独有，这与王者垄断通天手段之理完全吻合。此处又要提到张光直的论断：

王帝不但掌握各地方国的自然资源，而且掌握各地方国的通天工具，就好像掌握着最多最有力的兵器一样，是掌有大势大力的象征。[1]

通天是统治权的来源，各方国诸侯得以在当地为君，当然也有他们的通天工具。然而他们的统治权并非王权，故他们的通天工具并非自己所独占，乃是中央天子所掌握而颁赐于他们的。张光直虽未悟颁历于天下是帝王掌握通天工具的明显例证之一，但他从青铜艺术研究中得出的上述论断依然完全正确。

颁历之权的意义既明，古代中国社会中一些今人看来颇为奇怪的现象遂可获得较为合理的解释。比如，在古代，“奉谁家正朔”从来就是表明政治态度的“大是大非”问题。前朝遗民为表示不忘故国、不与新朝合作，就拒绝使用新朝纪年；而地方性政权奉了谁家“正朔”——从理论上说就是采用了那一政权颁行的历法，即意味着臣服于该政权、承认该政权的“正统”地位了，至少在表面上是如此。

采用哪一部历法在今天看来似乎只是一个技术问题，应该是谁的历法准确合理就用谁的，但在古人心目中，“颁告朔于邦国”的重大政治意义是十分清楚的，这的确是一个大是大非的政治问题，历法准确与否之类的技术问题在这里几乎完全没有地位——只有同一政权下改进历法时才考虑精度问题。

民间私自造历在理论上是违法的，但实际上古代的“民间小历”也颇有流传，这一现象如只从朝廷禁令未必十分有效、小历适合民间要求等方面去解释，终欠深入和完备。事实上，私造小

1　张光直：《考古学专题六讲》，第109页。

历只要不自比于朝廷颁布的“官历”“大历”之伦，即不在“名份”上侵夺官历的正统独尊之权，朝廷对它们网开一面，在理论上并无困难。况且，小历常以民间《通书》之类的推卜占筮之书组成部分的面目出现[1]，对于这类书，朝廷的禁令更为宽大，有时还将其划出应禁范围之外。[2]

二、天学与政治运作

1. 王气·劝进·谋反

“王濬楼船下益州，金陵王气黯然收”（刘禹锡《西塞山怀古》），“将非江表王气，终于三百年乎”（庾信《哀江南赋序》），此类脍炙人口的名句，都反映出古代“王气”之说的深入人心。所谓王气，是古代天人感应观念的产物之一。人世间许多重大事件（正在发生着的和将要发生的）都会以“气”的形式兆示于空中，比如“丰城剑气”就上冲于斗牛之间。因此“气”是古人的重要占望对象。各种气中，又以王气最为事关重大，因为王气是新的“真命天子”崛起的征兆，又是王朝“气数”的具体表征。六朝偏安江左，但在后人看来仍不失为华夏正统政权，故所谓江表三百年王气，自属顺理成章。然而即使是僭伪汉奸政权，竟也有其王气。兹举宋岳珂《桯史》卷八“阜城王气”条为例：

崇宁间，望气者上言，景州阜城县有天子气甚明，徽祖

1　参见王立兴：《关于民间小历》，中国天文学史整理研究小组编：《科技史文集》（十），上海科学技术出版社，1983年。

2　安平秋等主编：《中国禁书大观》，上海文化出版社，1990年，第29页。

弗之信。既而方士之幸者颇言之，有诏断支陇以泄其所钟。居一年，犹云气故在，特稍晦，将为偏闰之象，而不克有终。至靖康，伪楚之立，逾月而释位。逆豫既僭，遂改元阜昌，且祈于金酋，调丁缮治其故尝夷铲者，力役弥年，民不堪命，亦不免于废也。二僭皆阜城人，卒如所占云。

连短寿促命的伪楚、伪齐政权都有王气兆示，足见王气之说何等深入人心。岳珂显然相信，要不是先前“有诏断支陇以泄其所钟”，二逆的“气数”还会大得多。

王气实际上可以视为符命之一种。与前文所述刘裕篡晋时太史令骆达“陈天文符瑞数十条”、杨坚代周时“以符命曜于天下”等事同类。但改朝换代一事是由两面相反相成的，被刘裕、杨坚引为符命的天象（包括王气在内），同时也可视为东晋、北周“气数将尽”的征兆。因此群臣拥立新君、上表“劝进”之时固然要陈曜天文符瑞，而秦失其鹿、天下共逐之时，谋臣策士鼓动野心家问鼎，甚至承平之时煽动叛乱，也经常据天象来立论。略举两则记载为例，其一见于《史记·淮南衡山列传》：

淮南王安为人好读书鼓琴，不喜弋猎狗马驰骋，亦欲以行阴德拊循百姓，流誉天下。……建元六年，彗星见，淮南王心怪之。或说王曰：“先吴军起时，彗星出长数尺，然尚流血千里，今彗星长竟天，天下兵当大起。”王心以为上无太子，天下有变，诸侯并争，愈益治器械攻战具，积金钱赂遗郡国诸侯游士奇材。诸辩士为方略者，妄作妖言，谄谀王，王喜，多赐金钱，而谋反滋甚。

这是方士借彗星出现而煽动谋反。时值汉武帝当政时期，正是汉朝鼎盛之际，方士犹敢如此。若是鼎革之际，群雄并起，则方士以星象天命之说鼓煽造反的事更为多见，这里选一个较为别致的事例，明陈全之《蓬窗日录》卷七有一条云：

> 太祖高皇帝尝书金华星士刘日新之扇曰："江南一老叟，腹内罗星斗。许朕作君王，果应神仙口。赐官官不要，赐金金不受。持此一握扇，横行天下走。"识以御宝。刘持此遍游天下十二年。

星占家刘日新以星占之说预言尚在"微时"的朱元璋有帝王之望，后来"果应神仙口"。书扇之事未必为信史，但这类谈星命、鼓动野心家之事，在历史上确实经常发生。

王气之类的符命之说，既能用来推戴劝进和煽动谋反，帝王对此当然就极为重视。宋徽宗听说阜城有王气，真会下诏去掘断"龙脉"。由此，王气之说又可成为打击政敌的手法，兹举《明史·刘基传》为例：

> 初，基言瓯、括间有隙地曰谈洋，南抵闽界，为盐盗薮，方氏所由乱，请设巡检司守之。奸民弗便也。……胡惟庸方以左丞掌省事，挟前憾，使吏讦基，谓谈洋地有王气，基图为墓，民弗与，则请立巡检逐民。帝虽不罪基，然颇为所动，遂夺基禄。基惧入谢，乃留京，不敢归。

刘基本精通天学，当初辅佐朱元璋造反夺天下，难保不讲论

"凤阳王气""金陵王气"之类。臣下既能助自己得天下，则也就可能再从自己或儿孙手里夺天下——许多封建帝王屠戮功臣时都有这种担忧。政敌乃利用这一点来打击、诬陷刘基，朱元璋果然"宁信其有，不信其无"。

2. 大臣进退与议政风潮

某种天象的出现，以及对此作出的星占学解释，在古代确实能导致大臣的进退。一个较突出的事例，是汉成帝时丞相翟方进因一次虚构的"荧惑守心"天象而受责被迫自杀，事见于《汉书·翟方进传》：

> 绥和二年（公元前7年）春，荧惑守心（火星在心宿发生留）。（李）寻奏记言："应变之权，君侯所自明……上无恻怛济世之功，下无推让避贤之效，欲当大位，为具臣以全身，难矣！大责日加，安得但保斥逐之戮？阖府三百余人，唯君侯择其中，与尽节转凶。"方进忧之，不知所出。会郎贲丽善为星，言大臣宜当之。上乃召见方进。还归，未及引决，上遂赐册曰：
>
> "皇帝问丞相……惟君登位，于今十年，灾害并臻，民被饥饿，加以疾疫溺死……朕诚怪君，何持容容之计，无忠固意，将何以辅朕帅道群下？而欲久蒙显尊之位，岂不难哉！……"
>
> 方进即日自杀。

此事与前述子韦对宋景公事（注意天象也是"荧惑守心"）有着同

一文化意义，此处仅作为行星天象直接影响政治运作的例证加以考察。有趣的是，有研究指出此次“荧惑守心”天象是伪造的，翟方进很可能是王莽集团走向权力顶峰途中的牺牲品之一。[1]这一结论更增强了此事的说服力——伪造（即谎报）的“荧惑守心”天象竟能用来逼迫丞相自杀，则行星天象对古代军政大事之影响力更可想而知矣。

类似的事在那个时代颇为常见，再举《汉书》中的几例如下：

> 丞相朱博奏：“莽前不广尊尊之义，抑贬尊号，亏损孝道，当伏显戮，幸蒙赦令，不宜有爵土，请免为庶人。”上曰：“以莽与太皇太后有属，勿免，遣就国。”……在国三岁，吏民上书冤讼莽者以百数。元寿元年，日食，贤良周护、宋崇等对策深颂莽功德，上于是征莽。（《王莽传上》）
>
> 三月壬申晦，日有食之。大赦天下。策大司马逯并曰：“日食无光，干戈不戢，其上大司马印韨，就侯氏朝位。”（《王莽传中》）
>
> 戊子晦，日有食之。大赦天下。……大司马陈茂以日食免。（同上）

王莽在权力之争中居了下风，被夺去权柄，乃以退为进，欺世盗名，令其徒党为自己鸣冤。但事情的转机，还在一次日食的发生——它被解释为上天因王莽这样一位“功德”齐天的大圣贤

1　张嘉凤、黄一农：《天文对古代中国政治的影响——以汉相翟方进自杀为例》，《清华学报》（台湾）1990年新20卷第2期。

受了委屈而发出的警告，于是王莽重新回到权力中心。至于后面两位大司马何以会因日食而被免职，另有其文化背景，将于下文论及。

汉代创下的这些先例，后世一直不乏仿行者，如《宋史·郭天信传》：

> 郭天信，字佑之，开封人。以技隶太史局。徽宗为端王，尝退朝，天信密遮白曰："王当有天下。"既而即帝位，因得亲昵……颇与闻外朝政事。见蔡京乱国，每托天文以撼之，且云："日中有黑子。"帝甚惧，言之不已，京由是黜。

何以一言"日中有黑子"，就能令"帝甚惧"？原因在于日中黑子的星占学意义：

> 偏任权柄，大臣擅法，则（日中）有青黑子。（《开元占经》卷六引《文命钩》）
>
> （日）中有黑子，夺天不顺之异也。（北周庾季才原撰、北宋王安礼等重修《灵台秘苑》卷七）

蔡京之黜当然有各种原因，但郭天信的"天文攻势"至少起了里应外合、火上浇油的作用。除去对打击对象的道德判断不论，郭天信打击蔡京之法，与前述明代胡惟庸打击刘基之法非常相似。

一次异常天象的出现，还可以引发政治上的轩然大波，对此史籍中曾保留了极为详细的个案记载，见于周密《齐东野语》卷十七：

景定五年（公元1264年）甲子七月初二日甲戌，御笔作初三日乙亥，彗见东方柳宿，光芒烜赫，昭示天变。……丁丑，避殿减膳，下诏责己，求直言，大赦天下。

当时朝政昏暗，民怨沸腾，军事上又屡败于蒙古，南宋只剩半壁河山，可以说是极度的内外交困。在此情况下，又出现大彗星，更属骇人的不祥之兆，于是人心震动。皇帝既下诏责己，又求直言，很可能会引发国人对祸国殃民的奸相贾似道的批评浪潮，为此贾似道等决定先采取措施，争取主动：

己卯，贾丞相似道、杨参政栋、叶同知梦鼎、姚佥书希得奏事。上曰："彗出于柳，彰朕不德，夙夜疚心，惟切危惧。"宰臣奏："陛下勤于求治，有年于兹，庸有阙失。今谪见于天，实臣等辅政无状所致，上贻圣忧。臣见具疏乞罢免，庶可以上弭天灾。"上曰："正当相与讲求阙失，上回天意。"庚辰，贾右相第一疏乞罢免，以塞灾咎，五疏皆不允。

贾似道上疏乞罢，作引咎自责状以试探皇帝态度，五疏不允，知"圣眷"不替，其心已安。他虽口称"辅政无状"而导致天谴，但具体的罪行错误却一字不提，也无任何补救改良的措施或建议，避实就虚，希图蒙混。

但是愤怒的批评浪潮已经无法阻遏，臣民纷纷上书，要求广开言路，不以言论罪人；更多的是指斥朝政，矛头直指奸相贾似道。下面是周密所记录的一些上书内容：

今言路既开，中外大小之臣必将空臆毕陈。惟陛下明圣，大臣忠亮，有以容受，不以为罪，天下幸甚。（起居郎太子侍读李伯玉上书）

非朝廷大失人心，何以致天怒如此之烈？……群臣附下罔上，虚美溢誉，人怨天怒，不至于彗星不止也。且灾异策免三公，视为常事。丙申雷变，陛下一日黜二相，今彗星之与雷发相去，何啻十百千万哉？（秘监高斯得上疏）

今彗之示变，已逾旬浃月，陛下恐惧修省，靡所不至，而天怒犹未回，非陛下不知省悟也，抑误陛下者，未有所思也。（太学生吴绮、许求之等上书）

百姓皆与蹙额庙堂，歌颂太平，人不可欺，天可欺乎？今之秉钧轴者，前日之功固伟矣，今日之过未尽掩，阃外之事固优矣，阃内之责未尽塞。以戎虏待庶民不可也，以军政律士类不可也，以肥家之法经国不可也，盍亦退自省悟，以回天变乎？（武学生杜士贤等上书）

大臣德不足以居功名之高，量不足以展经纶之大……踏青泛绿，不思闾巷之萧条；醉酿饱鲜，遑恤物价之腾踊。……人心怨怒，致此彗妖，谁秉国钧，盍执其咎。方且抗章诬上，文过饰非，借端拱祸败不应之说以力解，乱而至此，怨而至此。上干天怒，彗星扫之未几，天火又从而灾之，其尚可扬扬入政事堂耶？！（京庠唐隶、杨坦等上书）

议政风潮持续了两个月，结局是：

丁未，宰执拜表，恭请皇帝御正殿复常膳，三表而后从。九月，以京学士人萧规、唐隶、叶李、吕宙之、姚必得、陈子美、钱焴、赵从龙、胡友开等，不合谤讪生事，送临安府追捕勘证，议罪施行各有差，自是中外结舌焉。

贾似道们安然无恙。

然而事情是否就此了结了呢？至少在周密看来，根本还未了结。天下事竟有这般凑巧，刚到十月，忽然又生变故，完成了彗星凶兆的“事应”：

孟冬，朝飨如常时。十月乙丑，忽闻圣躬不豫，降诏求医。丁卯，遗诏升遐。……物价自此腾涌，民生自此憔悴矣。彗变首尾凡四月，妖祸之应，如响斯答，孰谓天道高远乎？

十五年后，腐朽的南宋王朝灭亡。

3. 星占学对军事决策的影响

天象及其星占学解释对古代军事决策的影响，远远超出现代人通常的想象（关于星占学的讨论详见本书第四章）。古籍中这类事例不胜枚举，窥一斑而见豹，此处仅引述汉代史事两则为例以考察之。第一事见于《汉书·赵充国传》：

（汉宣帝）以书敕让充国曰：……已诏中郎将卬将胡越佽飞射士、步兵二校，益将军兵。今五星出东方，中国大利，

> 蛮夷大败。太白出高，用兵深入敢战者吉，弗敢战者凶。将军急装，因天时，诛不义，万下必全，勿复有疑。

此为神爵元年（公元前6年）事，赵充国奉命全权经略西羌军事，因他持重缓进，引起宣帝不满，故在为他增派援兵的同时，以敕书责备他贻误戎机，催他立刻进军。而催促进军的理由不是出于对双方情势的分析，却是"五星出东方"和"太白出高"两项天象，以及系于此天象的星占学理论。

此次用兵西羌，兵力达数万人，当然不是小事，圣旨更不是戏言或秀才谈兵的闲话，如此军国大事，竟是由行星天象及对应的行星星占学来指导。尽管赵充国后来本着"将在外，君命有所不受"的原则，仍坚持了缓进待机战略而最终获胜，但那是仗着自己是著名老臣，且宣帝一开始曾授予他全权之故。皇帝与朝臣"运筹庙堂之上"是常正，将领"抗旨"是权变，故此事的一般性与代表性并不会因赵充国的态度而稍损。

第二事是一次未遂的宫廷军事政变。中国古代学术史上最重要的人物之一刘歆就死于此次政变中。事见于《汉书·王莽传下》：

> 先是，卫将军王涉素养道士西门君惠。君惠好天文谶记，为涉言："星孛扫宫室，刘氏当复兴，国师公姓名是也。"涉信其言，以语大司马董忠，数俱至国师殿中庐道语星宿，国师不应。后涉特往，对歆涕泣言："诚欲与公共安宗族，奈何不信涉也！"歆因为言天文人事，东方必成。涉曰："……如同心合谋，共劫持帝，东降南阳天子，可以全宗族；不

者，俱夷灭矣！”伊休侯者，歆长子也，为侍中五官中郎将，莽素爱之。歆怨莽杀其三子，又畏大祸至，遂与涉、忠谋，欲发，歆曰：“当待太白星出，乃可。”

此为新莽地皇四年（公元25年）事，王莽称帝之最后一年，那时他已穷途末路，众叛亲离，王涉、董忠及刘氏父子等人不愿为他殉葬，乃密谋以御林军劫持王莽本人，向南阳军事集团（刘秀倚仗之建立东汉王朝）投降。

此事的发端是西门君惠据彗星出现而说动王涉，决定向南阳方面投降是依据刘歆“言天文人事，东方必成”，而到了箭在弦上之时，竟因刘歆“当待太白星出，乃可”的意见而迁延不发。不幸的是，恰恰因刘歆的这一意见，这次政变以惨败告终。由于未能及时动手，密谋泄露，王莽进行了镇压。董忠被杀，王涉、刘歆自杀。

一场刀光血影的宫廷政变的结果，几位大人物的生死，就这样因金星恰巧运行到太阳附近（伏，即指金星被掩没在太阳的光芒之中）而决定了。今人或许会认为这只是由于王、董和刘氏父子的“迷信”，其实并不如此简单。刘歆是搞星占、谶纬的大家，他是明天道、知天命、掌握着上天知识源泉的“先知先觉”者，因此他的星占学预见和判断在当时无疑极具权威性，连王莽都尊他为国师。

意味深长的是，《汉书》的作者班固似乎也相信刘歆的星占学预言，在记述了上面这场未遂政变及其余波之后，他郑重其事地记下了这样一笔：

秋，太白星流入太微，烛地如月光。

这看来确实是王莽灭亡的征兆——十月三日，王莽在渐台身首异处，并被乱刀分尸。金星在最接近地球时，会非常明亮，“烛地如月光”在天文学上是可能的。这类星占学影响军事的事例还有不少，兹再略述数例，以增进对此的了解。

唐初著名的玄武门之变，官史为尊者讳，皆语焉不详。但从宋人记载来看，太白星的运行在这场军事政变中又一次扮演了重要角色，《邵氏闻见后录》卷七云：

> 会太白经天，傅奕密奏：“太白见秦分，秦王当有天下。”高祖以其状授世民，世民乃密奏“建成、元吉淫乱后宫”，且曰：“臣于兄弟无丝毫之负，今欲杀臣，似为世充、建德报仇。臣今枉死，永违君亲，魂归地下，实耻见诸贼。”高祖省之，愕然，报曰：“明当鞫问，汝宜早参。”明日，世民遂诛建成、元吉云。

其时秦王李世民与建成、元吉之间，明争暗斗，日趋白热化。这次“太白见秦分”的天象，至少在客观上起了鼓舞秦王方面的军心，摧沮建成、元吉意志的作用。太白出现在鹑首之次（秦的分野），本不算什么奇异天象，这次它很可能是秦王府的谋士们故意散布出去的，因为在星占学理论中，有着“太白经天，天下革，民更王”（《汉书·天文志》）之类的说法，事变后李渊不得不“禅位”给李世民，就是“民更王”。

又，南宋初立，在宋高宗被金兵穷追不舍、狼狈逃命的紧要关头，南宋朝廷的军事决策竟也受到星占学的左右，见于《桯史》卷三：

建炎庚戌，狄骑饮海上，躬御楼船，次于龙翔。秋，驻跸会稽。时虏初退，师尚宿留淮、泗，朝议凛凛，惧其反旆，士大夫皆有杞国之忧。范丞相宗尹荐朝散大夫毛随有甘石学，有诏赴行在所，随入对言："……今年冬，岁当躔而兴宋，自此虏必不能南渡矣。然御戎上策，莫先自治，愿修政以应天道。"上大喜。既而果不复来。

毛随的星占学预言，其实只是心理安慰，他同时又强调"御戎上策，莫先自治，愿修政以应天道"，这才是万全之策。

三十年后，金主完颜亮大举南侵，准备"提兵百万西湖上，立马吴山第一峰"，南宋王朝再一次面临生死关头，而如何应付，又听取了星占学方面的意见，仍见于《桯史》卷三：

绍兴辛巳，逆亮渝盟。有上封者言吾方得岁，虏且送死，诏以问太史，考步如言。陈文正康伯当国，请以著之亲征诏书，故其辞有曰："岁星临于吴分，冀成淝水之勋；斗士倍于晋师，当决韩原之胜。"盖指此。是冬，亮遂授首。

此次完颜亮大举南侵，在金是孤注一掷，在宋实危如累卵，南宋在长江防线濒临崩溃的情况下竟能渡过危机，称"淝水之勋"固非虚语，但完颜亮之"授首"则是出于金军内部的叛乱，南宋有很大的侥幸成分。

两次重大军事决策，一次判断金兵不会再南进而决定"修政以应天道"，一次相信完颜亮必败而决定亲征应战，都是国脉所系、存亡攸关，其间星占学家的意见竟有如此大的分量，足见天学对于古代军政大事的影响，确实不能低估。

4.“圣人以神道设教”

宋代苏辙《龙川别志》卷上载着这样一段故事：宋辽澶渊之盟后，宋真宗沾沾自喜，王钦若却告诉真宗，这是城下之盟，春秋时代诸侯尚且引以为耻，故此事大损宋朝皇帝的权威。真宗问有何法可以弥补，王说出兵北伐，收复幽燕，方可雪耻。但真宗不想再开战。王又表示，其次“惟有封禅泰山，可以镇服海内，夸示夷狄”。但自古以来，封禅大典也不是想搞就搞，“当得天瑞希世绝伦之事，然后可为也”。王想了想又说：“天瑞安可必得，前代盖有以人力为之者，惟人主深信而崇奉之，以明示天下，则与天瑞无异矣。”真宗被说动了心，但又担心宰相王旦不赞成，于是发生了下面两幕有趣情景：

> 然上意犹未决，莫适与筹之者。它日，晚幸秘阁，惟杜镐方直宿。上骤问之曰：“古所谓河出图，洛出书，果如何事耶？”镐老儒，不测上旨，谩应曰：“此圣人以神道设教耳。”其意适与上意会，上由此意决。
>
> 遂召王旦饮酒于内中，欢甚，赐以樽酒曰：此酒极佳，归与妻孥共之。（王旦）既归发之，乃珠子也。由是天书、封禅等事，旦不复异议。

在古代宫廷里，类似上面这个故事中的情景，不知发生过多少次。杜镐是老儒，读书甚多，对古代这套花样自然能懂得其实质．又因“不测上旨”，所以脱口说了真话。真宗立刻加以仿行，花样还能有所翻新（用“酒变珠子”暗示王旦），足见其人也不笨。

搞神道设教，方法有很多，但天文星占是最主要的方面，因为这和天命——王朝统治权的直接依据——息息相关。“天书”“天瑞”固然要谈，但“天谴”“天罚”更要谈。神道设教的对象，往往首先是皇帝，必须教他懂得如何敬畏天命天意。不要以为皇帝君临万方就可以无法无天，其实许多封建道德规范他也不得不遵守，否则就会被认为有失为君之道。下面是包拯给皇帝“上政治课”的《谨天诫》中的一段：

> 王者当仰视天文，俯察地理，观日月消息（指日月运行中的变化），候星辰躔次，揆山川变动，参人民谣俗，以考休咎。若见灾异，则退而责躬（自我检查），恐惧修德以应之；有不可救者，则蓄储备以待之（对于无法靠“禳救”而免去的自然灾害，就储备物资以用于救灾），故宗社享无疆之福。伏望陛下省灾异之来，验休祥之应，谨奉上天之戒，以揆当世之务。

用天人感应、“天垂象，见吉凶”作为思想基础，向帝王搞神道设教时，如果帝王本人具有一定的“预备知识”，则可能更容易接受些。因此历史上不乏向帝王进行天文—星占学教育的情形。比如《续资治通鉴长编》中有宋太宗、宋高宗观测彗星、行星运行的记载，两人既能作天文观测，可知受过一点这方面的教育。又如现存苏州石刻《天文图》，系据南宋黄裳向嘉王（即后为宋宁宗的赵扩）所进呈之图说摹刻，而黄裳进图即为向嘉王作天文—星占学普及教育，“但此种对自然现象的介绍并非宫廷天文教育的主题，其主要目的乃是为灌输皇帝天人感应的思想”[1]。

向帝王搞神道设教，效果各异。相比之下，包拯那种“上政治课”式的说教就逊色不少。如《汉书·楚元王传》载刘向对汉成帝的上奏，在大谈了历史上种种天象与人世治乱的对应之后，还表示：

> 天文难以相晓，臣虽图上（呈上图示），犹须口说，然后可知。愿赐清燕之闲，指图陈状。

他怕成帝看了图还弄不清楚那些抽象的天文学知识，所以要进宫当面讲解。结果，汉成帝倒是常召他入宫去讲解，但是“终不能用也”。所谓“终不能用也”，可以理解为，汉成帝终究不肯据刘向的“天谴”之类说法来指导自己的行动。或者换句话说，汉成帝不买神道设教的账。

不过，古今事异，毕竟大不相同。今人要是依据天文星占来指斥朝政，起码要被看作是迷信荒唐，甚至还要加上“借古讽今”“别有用心”等罪名，但古人这样做，却是堂堂正正，正统得很。汉成帝虽不肯接受刘向那一套，却还得客客气气地听着。

《后汉书·襄楷传》的例子更能说明问题。桓帝之时，“宦官专朝，政刑暴滥”，襄楷从家里跑到皇宫上书给桓帝。他先从“荧惑入太微、犯帝座”“太白入房、犯心”“岁星久守太微”等天象出发，表明这是朝政黑暗之故。他指责桓帝任用宦官，让无

1　黄一农：《苏州石刻〈天文图〉新探》，《清华学报》（台湾）1989年新19卷第1期。

耻小人染指大权。又指责桓帝生活过于荒淫，“淫女艳妇，极天下之丽；甘肥饮美，单天下之味”，总之是“嗜欲不去，杀罚过理”。他认为这些都是造成自然灾害及皇子屡次夭殇的原因。书上之后，他被指为“假借星宿，伪托神灵，造合私意，诬上罔事”。但后来桓帝饶了他的命，理由是“楷言虽激切，然皆天文恒象之数”。他得以在家寿终正寝。

除此之外，还有三种观念或事物，也可归入“圣人以神道设教”之列。

（1）万夫有罪，在余一人

本书第二章所述子韦与宋景公故事中，宋景公有“万夫有罪，在余一人”的襟怀，毅然决定以自己一身来承当天罚，而不肯嫁祸于人。这个故事当然也是神道设教的典型例子，其中道德至上的色彩很浓厚。但问题远远不止于此。君王以一己之身去承受天罚，这一思想在古代中国的政治/星占相互作用中有着特殊表现。比如，汉文帝二年（公元前178年）十一月发生日食，汉文帝下了著名的《日食求言诏》，其中说：

> 人主不德，布政不均，则天示之灾以戒不治。乃十一月晦，日有食之，谪见于天，灾孰大焉！朕获保宗庙，以微眇之身托于士民君王之上。天下治乱，在予一人，唯二三执政，犹吾股肱也。朕下不能治育群生，上以累三光之明，其不德大矣。令至，其悉思朕之过失，及知见之所不及，丐以启告朕。及举贤良方正能直言极谏者，以匡朕之不逮。（《汉书·文帝纪》）

这篇诏书言辞恳切，虚怀若谷，后世传诵不绝。一次日食居然可以被看作如此重大的灾祸！这里令人感兴趣的是，文帝和宋景公一样，将上天降灾见谪，归咎于自己一人。所不同者，只是景公准备一死了之，文帝更负责任些，请天下臣民帮自己找缺点错误，以便改过自新。这两者的相同之处，却是绝非偶然。

自咎的君王被认为是“有德”的。这种思想在先秦时代已经形成。记载宋景公事的古籍年代都较晚，但也可找到年代更早的同类事例，《左传·哀公六年》有云：

> 是岁也，有云如众赤鸟，夹日以飞三日。楚子使问诸周大史。周大史曰：“其当王身乎！若禜之，可移于令尹、司马。”王曰：“除腹心之疾，而置诸股肱，何益？不穀不有大过，天其夭诸？有罪受罚，又焉移之？”逐弗禜。

楚昭王不愿搞那类嫁祸于人的禳祈之术，所以他被孔子认为是“知大道”的。在传说中，楚昭王和宋景公这种宁愿自身受天责罚的仁德之念，还可追溯到更早，《吕氏春秋·顺民》云：

> 昔者汤克夏而正天下。天大旱，五年不收。汤乃以身祷于桑林，曰：“余一人有罪，无及万夫。万夫有罪，在余一人。无以一人之不敏，使上帝鬼神伤民之命。”于是剪其发，鄌其手，以身为牺牲，用祈福于上帝。民乃甚说，雨乃大至。

类似的记载又见于《说苑·君道》：

> 汤之时，大旱七年，雒坼川竭，煎沙烂石，于是使人持三足鼎祀山川，教之祝曰："政不节耶？使民疾耶？苞苴行耶？谗夫昌耶？宫室荣耶？女谒盛耶？何不雨之极也！"盖言未已而天大雨。故天之应人，如影之随形，响之效声者也。

大旱也是天变之一种，与日食、荧惑守心、彗星出现、赤云夹日等都属同一性质，这在古代向为共识。天变发生则君王以身受过，剪发磨手，是象征以身为牺牲，与宋景公、楚昭王之准备身死，其义相同。天变之所以发生，则必是因人事黑暗。《说苑》中汤的祝辞中所问诸事，皆为古代政治中常见的弊端。向天自问，与汉文帝之诸臣民"悉思朕之过失，及知见之所不及"，其义亦同。

天变之灾，本应由帝王身受，但帝王至尊，真要他去为天旱或日食、荧惑守心等天象而死，也很难办到。为此古人又开嫁祸于人之法，即由大臣替罪。这种想法在先秦时也已存在，周大史就对楚昭王说可移于令尹、司马，子韦也对宋景公谓可移于宰相或民，汉文帝《日食求言诏》中也特别提到"唯二三执政，犹吾股肱也"。至西汉末及王莽当政时，这种大臣替罪之法竟真的付诸实施，翟方进之自杀，逯并、陈茂之去职，即其实例。这种大臣替罪以禳天变的做法，此后流行过一段时期，至曹魏诸帝，乃力加斥革，《晋书·天文志中》载：

> 魏文帝黄初二年六月戊辰晦，日有蚀之。有司奏免大尉，诏曰："灾异之作，以谴元首，而归过股肱，岂禹汤罪己之义乎！其令百官各虔厥职。后有天地眚，勿复劾三

公。”……

明帝太和初，太史令许芝奏，日应蚀，与太尉于灵台祈禳。帝曰：“盖闻人主政有不德，则天惧之以灾异，所以谴告，使得自修也。故日月薄蚀，明治道有不当者。朕即位以来，既不能光明先帝圣德，而施化有不合于皇神，故上天有以寤之。宜敕政自修，有以报于神明。天之于人，犹父之于子，未有父欲责其子，而可献盛馔以求免也。今外欲遣上公与太史令俱禳祠之，于义未闻也。群公卿士大夫，其各勉修厥职。有可以补朕不逮者，各封上之。”

自此以降，应对天变遂有一定惯例可循。通常总是皇帝避正殿、撤乐、减膳等，下诏求直言成为必不可少之举。至于在此“直言”中有大臣受到指斥揭发，乃至去位，则属另一问题，与前述大臣替罪之法不同，后者并不问大臣本身有无过失，只是让他代君受过。

（2）史传事验

所谓史传事验，系将前代天象编年记录、军政大事编年记录及星占学理论三者相互附会而成。史传事验既是“天垂象，见吉凶”的具体例证，又是在政治上进行道德教化的教材，因而在历代官史的《天文志》和《五行志》中具有重要地位。编集史传事验的做法在《史记·天官书》中已发其端：

秦始皇之时，十五年彗星四见，久者八十日，长或竟天。其后秦遂以兵灭六王，并中国，外攘四夷，死人如乱麻，因以张楚并起，三十年之间兵相骀藉，不可胜数。自蚩尤以来，未尝若斯也。

项羽救钜鹿，枉矢西流，山东遂合从诸侯，西坑秦人，诛屠咸阳。

汉之兴，五星聚于东井。

平城之围，月晕参、毕七重。

诸吕作乱，日蚀，昼晦。

吴楚七国叛逆，彗星数丈，天狗过梁野；及兵起，遂伏尸流血其下。

元光、元狩，蚩尤之旗再见，长则半天。其后京师师四出，诛夷狄者数十年，而伐胡尤甚。

越之亡，荧惑守斗。

朝鲜之拔，星茀于河戍。

兵征大宛，星茀招摇。

至《汉书》，史传事验内容已占到《天文志》总篇幅的十分之三，而且开始采用一种新的固定格式来编集和叙述。其法是先载天象出现之年月或日期，以及对天象的描述，再以“占曰：……”陈述对该天象之星占学解释或据此所作之预言，最后举出其时或稍后之历史事件以示所占或预言之验。占者为何人，通常并不载明。兹举较典型者三则为例，俱见于《汉书·天文志》：

（建元）三年四月，有星孛于天纪，至织女。占曰：“织女有女变，天纪为地震。”至四年十月而地动，其后陈皇后废。

（建元）六年，荧惑守舆鬼。占曰：“为火变，有丧。”是岁高园有火灾，窦太后崩。

元帝初元元年四月，客星大如瓜，色青白，在南斗第二星东可四尺。占曰："为水饥。"其五月，勃海水大溢；六月，关东大饥，民多饿死，琅邪郡人相食。

以上这种记述史传事验之法，成为后世的固定模式。

对于史传事验的兴趣，在《后汉书·天文志》中达到高峰，分上、中、下三卷，所言全为史传事验，没有任何别的内容。作者（西晋宗室司马彪）似乎认为，"天文"之义，已尽于史传事验之中，故自王莽居摄元年（公元6年）至汉献帝建安二十五年（公元220年），专言"其时星辰之变，表象之应，以显天戒，明王事焉"。仿效这种极端做法的有《魏书·天象志》，亦仅记史传事验而不及其他。此外如《晋书》《隋书》等史之《天文志》中，也都有相当篇幅专述史传事验，后世因之，成为传统做法，只有少数例外。

史传事验最重要的作用是进行政治上的道德教化，为统治阶级的行为提供某些规范准则。这在儒学经典作家的著作里可以找到应用之例，比如董仲舒，在指斥春秋时代"天子微弱，诸侯力政"的状况时，即援引同时代的"天变"以附会之，见于《春秋繁露·王道》：

周衰，天子微弱，诸侯力政……臣下上僭，不能禁止。日为之食，星陨如雨，雨螽，沙鹿崩。夏大雨水，冬大雨雪，陨石于宋五，六鹢退飞，陨霜不杀草，李梅实。正月不雨，至于秋七月。地震，梁山崩，壅河，三日不流。昼晦。

彗星见于东方，孛于大辰，鸜鹆来巢，《春秋》异之。以此见悖乱之征。

其意与史传事验完全一样。

后世帝王也利用史传事验所证成的天人感应之说告诫臣下，这方面清雍正帝的表现颇为突出，稍引其言论数则为例：

从来天人感召之理捷于影响，凡地方水旱灾祲，皆由人事所致。(《世宗实录》卷五九)

朕尝言天人相感之理捷于影响，督抚大臣等果能公忠体国，实心爱民，必能感召天和，锡嘉祥于其所辖之地。(同上卷八五)

何等督抚即有何等年岁，天道随人，捷如影响，实令人可畏之至！直省督抚中器度褊狭，昏愦懵懂，未有如莽鹄立、布兰泰者，甫任湖南而水患至，调抚江西而旱灾临，冰雹屡报于甘肃，如此响应，奇哉奇哉！(《谕旨》二函布兰泰六)

反过来，臣民也可援引史传事验以立论，激烈抨击朝政和帝王本人，前引《后汉书·襄楷传》中襄楷在疏中将当时各种天象一一与朝政对应起来，断言这些不吉天象全是政治黑暗所导致，作了一篇当代的史传事验。最后进而批评到皇帝本人，语气极为尖锐，然而此时挨骂的桓帝却反而为他开脱，足见引据星占学理论，以史传事验来立论，在古时何等堂皇正大。

史传事验通常都是灾祸之辞，用以告诫统治阶级中人不要太肆无忌惮，但偶亦有用之以粉饰太平，歌颂“盛明”者，姑举清陈其元《庸闲斋笔记》卷六“五星聚奎”条以见一斑：

> 咸丰十一年辛酉八月朔旦，五星聚奎……自是，僭乱以次削平，郅治之隆，同乎开国，中兴事业，振古烁今，斯实昊穹眷顾，预示休征也。考宋太祖即位之年，亦五星聚奎，从此天下太平，启三百载文明之运。天人相应，国家万年有道之基，肇于此矣。

其时已届清王朝灭亡前夕，陈氏犹如此歌颂升平，殆类痴人说梦。

最后可以指出，古籍中大量史传事验的记载，其实并无任何神奇之处。天象的种类极多，大大小小的历史事件也多不胜数，编集史传事验时，只须对两者加以适当的选择即可。这种选择的难度也并不大。事实上，“不应”的天象和没有天象先兆的政治事件肯定都大量存在，但只要记载时将这些弃去，呈现在后人面前的先朝史传事验就会显得凿凿有据。至于上述雍正、襄楷等人所论的当代史传事验，也只须巧加附会即可。

（3）当食不食

《尚书·胤征》记载，天学官员羲和因未能及时预报一次日食而招致杀身之祸，且有“先时者杀无赦，不及时者杀无赦”之语（详见本书第五章）。如据此推论，则预报了日食而届时并不发生，其罪同样不小。

然而实际情况却与此相反。在预报的日食实际上未发生，即所谓“当食不食”时，“羲和”们不仅无罪，大臣们还要大上贺表！在《古今图书集成·庶征典》卷二四中，收集了不少这类表章，兹引唐张九龄《贺太阳不亏状》为例：

右：今月朔，太史奏太阳亏，据诸家历，皆蚀十分已上，乃带蚀出者。今日日出，百司瞻仰，光景无亏。臣伏以日月之行，值交必蚀，算数先定，理无推移。今朔之辰，应蚀不蚀。陛下闻日有变，斋戒精诚，外宽政刑，内广仁惠，圣德日慎，灾祥自弭，若无表应，何谓大明？臣等不胜感庆之至！谨奉状陈贺以闻。仍望宣付史馆，以垂来裔。

这次日食预报看起来应该是非常准确可靠的——用了几家历法推算，结果大体一致：食分很大，太阳将在清晨带食而出。然而日食却根本没有发生。照张九龄的说法，这是由于皇帝在接到日食预报之后，正心诚意，修政修禳，以致感动上天，将这次日食取消了。为此他要求将此事“宣付史馆，以垂来裔”，即借此来宣扬皇帝的盛德。

上述说法是古代中国人评价“当食不食”意义时的典型代表。“当食不食”通常被解释成帝王有德、朝政修明的表征，视为上天对人事感到满意而颁赐的嘉奖，可以收到很大的宣传、教化效果。兹举一项极有代表性的记载为例，见于《新唐书·历志三下》：

（开元）十三年十二月庚戌朔，于历当蚀太半，时东封泰山，还次梁、宋间，皇帝撤饍，不举乐，不盖，素服，日亦不蚀。时群臣与八荒君长之来助祭者，降物以需，不可胜数，皆奉寿称庆，肃然神服。

东封泰山，本来就是极大的功德，况且闻知日食预报后，唐玄宗又如此诚惶诚恐，将禳救之举做得一丝不苟，再说开元年间也的确不失为升平之世，怎能不感动上天呢？

然而，“当食不食”同时也说明日食预报是错误的，这毕竟是不可否认的事实，对此如何解释？可举唐代僧一行（中国历史上最重要的几个天学家之一）的论述为例，加以考察。一行有著名的《大衍历议》，其中《日蚀议》通篇贯穿着对“当食不食”问题的讨论，见于《新唐书·历志三下》。对于上引玄宗封禅归途中那次“当食不食”，他的评论是：

虽算术乖舛，不宜如此，然后知德之动天，不俟终日矣。

这种论点还可设想许多机制加以解释：

若过至未分，月或变行而避之；或五星潜在日下，御侮而救之；或涉交数浅，或在阳历，阳盛阴微则不蚀；或德之休明，而有小眚焉，则天为之隐，虽交而不蚀。此四者，皆德教之所由生也。

他还相信，在上古的太平盛世，各种“天变”可能都不存在（这是古代天学家普遍的信念）：

然则古之太平，日不蚀，星不孛，盖有之矣。

在他看来，历法无论怎样精密，也不可能使日食预报绝对准确，因为：

> 使日蚀皆不可以常数求，则无以稽历数之疏密。若皆可以常数求，则无以知政教之休咎。

这样的说法并非仅一行独有，再举宋代周琮之言为例：

> 古之造历，必使千百年间星度交食，若应绳准，今历成而不验（是年五月丁亥朔，日食不效——算食二分半、候之不食），则历法为未密门。（《宋史·律历志六》）
>
> 交会日月，成象于天，以辨尊卑之序。日，君道也；月，臣道也。谪食之变，皆与人事相应。若人君修德以禳之，则或当食而不食。（《宋史·律历志七》）

这与一行之说相仿。

造历力求精密，预报力求准确，同时又相信“德之动天，不俟终日”可以导致“当食不食”，这种理论上的尖锐矛盾，由于古代交食预报不可能高度精确，而始终存在着表面上的调和余地。在现代人看来，所谓“德之动天”而令“当食不食”，显然只是对预报失误的掩饰而已，但在古人看来却并非如此。事实上这有着更深刻的思想根源。

前面曾多次谈到，古代中国人心目中的天是人格化的，是道德至上、赏善罚恶的。孝可以格天，冤可以感天，则德行当然也可以动天。况且天会垂象以示人世吉凶，它既然可以因政治黑暗而呈现日食以示警告，则它因政治修明、帝王有德而取消日食又有何不可？只要接受“天垂象，见吉凶”，则再接受“德之动天”可使“当食不食”，乃至使其他各种不吉天象当现不现，在思维上就不会有什么逻辑困难。

由此就不难理解为何日食预报失误后群臣反要上表称贺。甚至可以进一步猜想，开元十三年（公元725年）封禅泰山后返京途中那次错误的日食预报，或许是有意作出的，目的是向从行的“八荒君长”们显示大唐天子如何德行动天。这出戏的效果非常好，大家都“奉寿称庆，肃然神服”了。不管这次错误预报是有意还是无意，都被成功地纳入了道德教化的轨道。

5. 数术与皇家天学

天学为古代中国各种阴阳数术的灵魂和主干，已见前述，其中原因经过上文有关论述，也已不难求得。古代中国天学本是通天、通神之学，其主要奥妙在于能使人“先知先觉”；而各种阴阳数术，其功能同样在使人先知，只是所知内容各有不同：由星占所知为军国大事，如王朝兴亡、战争胜负、年成丰歉等，由历法所知为天地运行之时节，使古人得以顺乎天时而行其政，而由阴阳数术所知者则较小，主要是个人穷通祸福、日常吉凶宜忌、住宅葬地风水之类。阴阳数术还与历法有千丝万缕的关系（参见本书第五章）。

另一方面，在古人心目中，穷通祸福、吉凶宜忌之类的事，即令不是由鬼神主之，至少也为鬼神知之，从这一意义上来说，阴阳数术同样是通天通神之学。因此，天学在各种数术中成为灵魂与主干，本是顺理成章之事。[1]

阴阳数术，名目繁多，散在民间，至今仍有许多遗迹可寻，且近年有重新兴盛之势。因而给人的印象是：即使星占历法是皇家禁脔（许多现代学者也并不明白此点），但阴阳数术毕竟是平民大众的“专利”。然而事实并非如此。与阴阳数术本身以天学为灵魂和主干的情况相对应，阴阳数术在皇家天学事务中也占有重要的一席。

至迟在汉代，阴阳数术已归入天学机构的职掌范围之内，《后汉书·百官志二》云：

> 太史令一人，六百石。本注曰：掌天时、星历。凡岁将终，奏新年历。凡国祭祀、丧、娶之事，掌奏良日及时节禁忌。凡国有瑞应、灾异，掌记之。

其下刘昭注引《汉官仪》尤能说明问题：

> 太史待诏三十七人，其六人治历，三人龟卜，三人庐宅，四人日时，三人易筮，二人典禳，九人籍氏、许氏、典昌氏，各三人，嘉法、请雨、解事各二人，医一人。

将太史令之下这些属员名目与《汉书·艺文志》“数术略”对照起来，天学家之兼掌阴阳数术这一点更加了然。

1　比如《钦定协纪辨方书》卷十二云：“司天之职，首重气候。推昼夜永短，以辨寒暑之进退。察经纬躔舍，以识中星之推移，皆所以奉天而为协纪之本。”即为一例，将天学视为各种阴阳选择术之“本”。

皇家天学机构兼掌阴阳数术不仅在汉代已成制度，而且在汉代人看来，此事是古已有之。试举班固、张衡两人的论述为例：

> 数术者，皆明堂羲和史卜之职也。(《汉书·艺文志》“数术略”跋语)
>
> 圣人明审律历以定吉凶，重之以卜筮，杂之以九宫，经天验道，本尽于此。或观星辰逆顺，寒燠所由，或察龟策之占，巫觋之言，其所因者，非一术也。(《后汉书·张衡传》载张衡《请禁绝图谶疏》)

所谓“明堂羲和史卜”，即由上古巫觋演变而来之天学家，班固明言数术为天学家之职。张衡主张禁绝图谶，但他将图谶之说与“圣人”的天学及数术区分开来，后者在他看来仍是正轨常途。班、张两人皆为东汉著名学者，其观点有很大的代表性。

御用天学机构兼掌阴阳数术的传统，此后为历代王朝所继承，直至清代仍是如此。姑以清初情形为例：钦天监分历、天文、漏刻三科，历科掌推算天象及编历，天文科掌星占，漏刻科的职掌则是：

> 相看营建内外宫室、山陵风水，推合大婚，选择吉期，调品壶漏，管理谯楼，郊祀候时，兼铺注奇门出师方向。[1]

---

1 《汤若望奏疏》卷四，台北“故宫博物院”藏本。转引自黄一农：《择日之争与“康熙历狱”》，《清华学报》(台湾) 1991年新21卷第2期。

可见风水选择乃至奇门遁甲之类，都已包括在内。

考察皇家天学与阴阳数术之间的密切关系，一个极生动有力的例子是清代的《钦定协纪辨方书》。此书集当时流传在世各种门派源流的阴阳数术之大成，凡36卷，收入《四库全书》子部术数类阴阳五行之属。值得注意的是参与此书编纂工作的人员情况：有“总理”两人，系两位挂名的亲王；“总裁”四人，张照、梅瑴成、何国宗、进爱，其中梅、何皆为清代著名天学家，进爱为时任钦天监监正（满监正）；下有具体分工参加编撰者33人，全都是钦天监现任官员。这有力地说明，阴阳数术被视为钦天监天学官员的业务之一部分。

阴阳数术讲求个人穷通祸福、日常吉凶宜忌等事，似乎无关于军国大政，但穷通祸福、吉凶宜忌的问题，平民百姓固然有，帝王后妃、达官贵人也同样有。解决这些问题，同样要靠通天通神。所以皇家天学机构理所当然应将这方面的职责承担起来。《钦定协纪辨方书》前有乾隆御制序，很能说明其间的情况与理论，序中有云：

> 然则举大事，动大众，协乎五纪，辨乎五方，以顺天地之性，岂无寸分节解，以推极其至精至微之理者欤？其支离蒙昧，拘牵谬悠之说，乃术士之过，而非可因噎而废食者也。钦天监旧有选择《通书》，刻于康熙二十二年，其书成于星官之手，因讹袭谬，见之施行，往往举矛刺盾。……夫协纪辨方者，敬天之纪，敬地之方也。一作止、一语默，天地实式临之，况其大乎！如曰如是则吉，如是则凶，如是则福，如是则祸，则明者所弗道也，虽然，敬不敬之间，吉凶

祸福随之矣。

阴阳数术，流派众多，且术士多喜标榜师门，相互矛盾，即所谓“支离蒙昧，拘牵谬悠之说”，乾隆认为这只是术士之过，并非数术本身不好。编纂这部《协纪辨方书》，就是为了将各家数术参考折中，整理综合，形成一个“钦定”的标准本。乾隆序中的结论很明白：具体的数术之说未必全可凭信，但“正确”的数术是存在的，也是应该遵从的，这是敬天地的表现。敬天地者得福而吉，不敬者招祸而凶。这与古人顺天之命、顺天之时的思想完全是一脉相承的。

是否可以认为：阴阳数术虽然也是皇家天学机构所掌握，但平民百姓同样可以共享呢？从总的情况来看，虽然大致可以这样理解，然而有一点必须特别强调：如果谁将阴阳数术带上政治色彩，或作为政治活动的工具，那就与私习天学一样要遭到严惩。先看《礼记·王制》中所载：

> 执左道以乱政，杀。
> 假于鬼神、时日、卜筮以疑众，杀。

郑玄分别注云：

> 左道，若巫蛊及俗禁。
> 今时持丧葬、筑盖、嫁取、卜数文书，使民倍（背）礼违制。

所说之事，大抵即古人常说的“妖言惑众”，这是一个古代

仰韶文化彩陶中的太阳纹图案

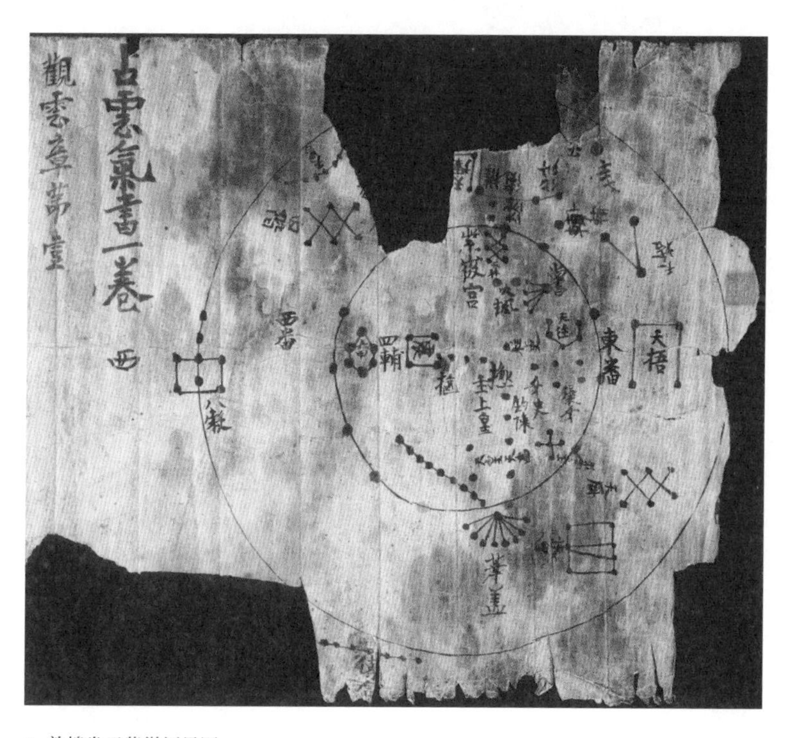

敦煌卷子紫微垣星图

▼ 二十八宿分野之图，《三才图会》
槐荫草堂藏

二十八宿分野之圖

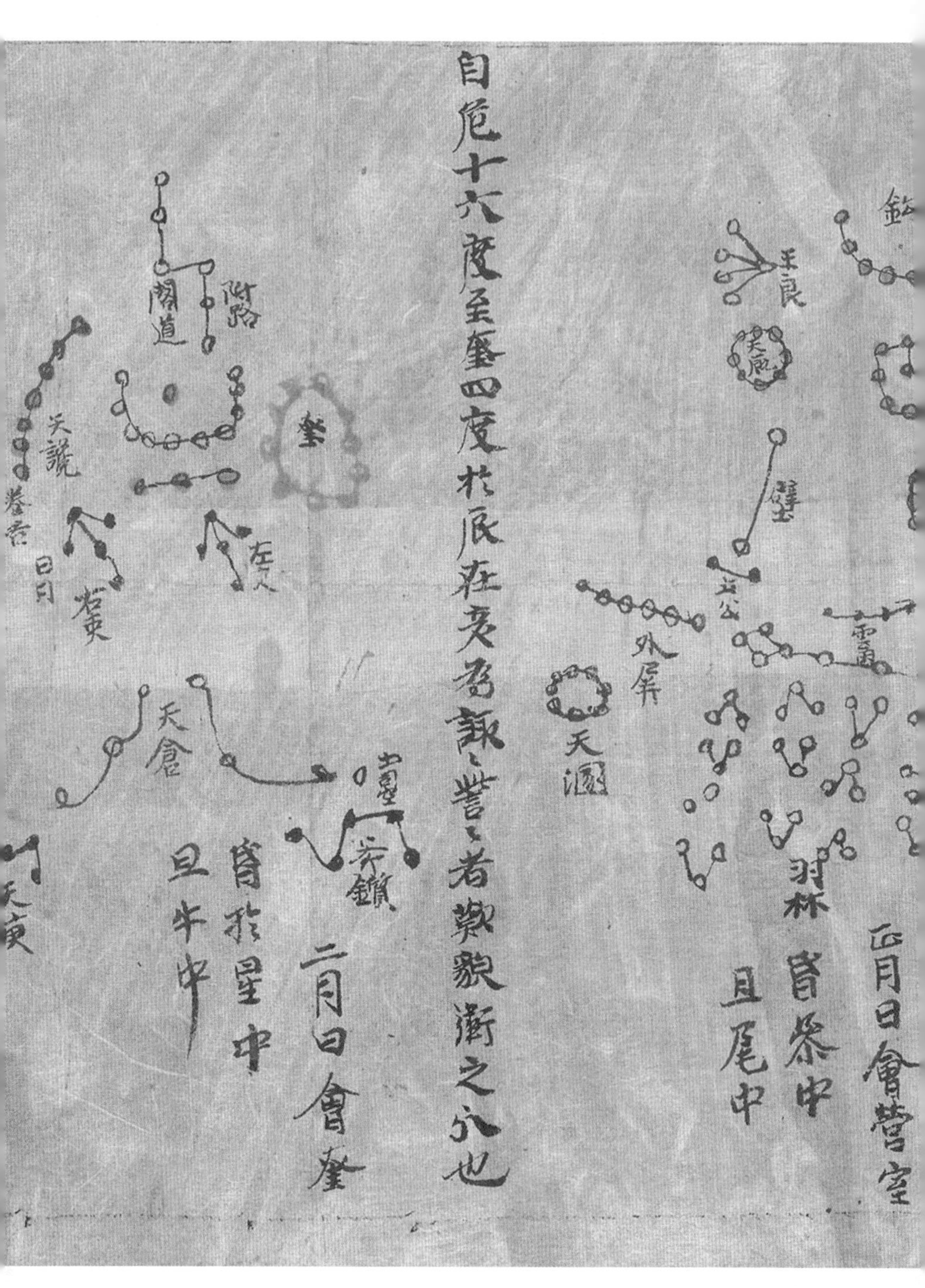

敦煌星图（甲本）

大英图书馆藏

古巳上合氣象有卌八條臣冒考有驗故錄之也未曾占考不敢輙備入此卷臣不揆庸管見敢綴愚情輟而錄之具如前件謹陳階庭彌加戰越死罪死罪謹言

奚仲 天津 造父 車府 人 危 司命 司祿 司危 司非 虛 杵 臼 哭 泣 墳墓 蓋屋 天壘城 離瑜 代 敗臼 中 主公吏 天錢 北洛師門

十二月日會女虛

昏奎婁中旦亢

自女八度至危十五度於辰在子爲玄枵玄枵者黑北方之色枵者耗也十一月之時陽氣下降陰氣上昇万物幽死未有生者天地空虛故曰玄枵齊之分也

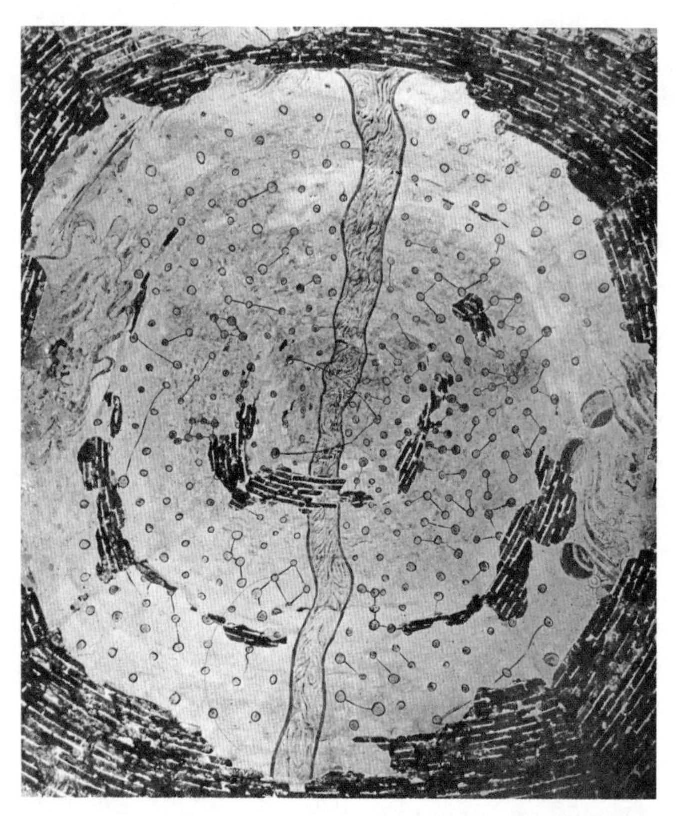

洛阳北魏墓星象图

河北宣化辽墓星象图

中国下层平民和失意贵族起事谋反时常用的方法。有人将上引《礼记·王制》之说解释成禁止用数术骗人敛财，可能受了孔颖达疏中错误说法的影响，或是只将《礼记》文句孤立来看，而未能考虑到此事的政治意义与背景。其实《礼记·王制》所云，可参照《唐律疏议》中有关条款获得正确理解，见其书卷十八“贼盗”之第八款：

> 诸造妖书及妖言者，绞。（原注：造，谓自造休咎及鬼神之言，妄说吉凶，涉于不顺者。）传用以惑众者，亦如之。（原注：传，谓传吉。用，谓用书。）

妖言惑众，要处绞刑。这里所谓的“惑众”，都是有政治色彩的，故曰“涉于不顺”，殆近于“革命宣传”。

正因如此，有时帝王下禁书令时，干脆将阴阳数术书与星占历法等天学书一并列入，比如《魏书·高祖纪上》云：

> （大和）九年春正月戊寅，诏曰：“图谶之兴，起于三季，既非经国之典，徒为妖邪所凭。自今图谶、秘纬及名为《孔子闭房记》者，一皆焚之。留者以大辟论。又诸巫觋假称神鬼，妄说吉凶，及委巷诸卜非坟典所载者，严加禁断。”

关于《孔子闭房记》，有人认为是一种纬书，也有人认为是一种房中术书，其书已佚，究为何书已不得而知。而后几句所指，则显然为阴阳数术之书无疑。北魏孝文帝深慕汉族文化，他的上述诏令并非孤立事件。史籍中的记载表明，从公元3世纪初至10世纪中叶约750年间：谶纬十次被禁，天文书籍六度被锢，阴阳术数类图书三遭厄运，佛经道书两逢劫难，老庄与兵书也各有一次险恶经历。[1]

谶书，据张衡的说法是“立言于前，有征于后，故智者贵焉，谓之谶书”（《后汉书·张衡传》），是专讲符命，属于“先知先觉”为王者通天夺权服务之书，今已几不可见。纬书尚存不少，观其内容，恰能成为天学书与数术书的中间桥梁，三者实属同一性质。上项统计极能说明问题：帝王之禁书，主要是禁此三类书。归根结底，仍是垄断通天手段之具体措施。至于佛书道经遭劫，那是源于宗教斗争，又当别论。

当然，与星占历法之类天学书相比，阴阳数术书毕竟“大众化”得多，禁令即使有，也不那么严厉，比如上引北魏孝文帝禁书诏中，谶纬书是“留者以大辟论”，是死罪；数术书却只是“严加禁断”而已。所以就总的情况而言，阴阳数术在古代长期广泛流传于民间，一般也没有太大风险，只要不用以“妖言惑众”即可。

1　安平秋等主编：《中国禁书大观》，第31页。

第四章　天学与星象

一、古代星占学概论

古代中国天学，从表面上看，似乎分为观天、造历两大支，实则简而言之，其本旨不出为政治服务之通天星占之学，以及为择吉服务之历忌之学。两者相辅相成，虽在功能上大致有所分工，但仍有密不可分之内在联系。为更深入阐述天学在古代中国的社会功能，不能不对中国传统天学之大端——星占学——有所了解。

1. 两大类型：诸古代文明之星占学鸟瞰

星占学在几乎所有古代文明中，都是一个引人注目的成分。根据所占事项，星占学可分为两大类型，国际学术界通常用如下两术语指称：

Judicial astroloby

Horoscope astroloby

该两术语国内学术界尚无统一译法。较常见的译法多从字面“硬译”，如将前者译为“司法（星占学）系统”、将后者译为“天宫图星占术”之类。倘欲寻求较为妥善的译名，恐应从术语所指称的实质内容出发，采用意译之法为好。

Judicial astroloby 专指以战争胜负、年成丰歉、王朝盛衰、帝王君主的安危善恶等事项为待占对象的星占学体系，Horoscope astroloby 则专据个人出生时刻的各种天象来推测其人一生的穷通祸福。前者的对象在军国大政，后者的对象在个体命运，据此试拟定新译名如下：

> 军国星占学：Judicial astroloby
>
> 生辰星占学：Horoscope astroloby

为能更好地理解古代中国星占学之概况及其意义，不能不先对其他古代文明中的星占学略加了解，以获得必要的背景知识。此处不必涉及诸域外星占学太多的细节或详情，仅述其大要或引据有代表性之史料以略见一斑而已。至于更多具体内容，有兴趣的读者可参阅拙著《世界历史上的星占学》[1]。

通常被称为巴比伦的古代文明，位于两河流域地区，此地古称美索不达米亚。这里的文明史可以上溯到公元前4000年左右的苏美尔人。此后几千年间，好几个民族先后在该地区建立统治，所谓“巴比伦人”即泛指这些民族。至公元前8世纪，亚述帝国成为该地区的统治者。据现今所知，巴比伦—亚述时期的星占学纯属军国星占学。欧洲各博物馆中如今已收藏了数以千计的出土星占学楔形文字泥板，据说其中还未发现一块属于生辰星占学内容的。巴比伦星占学特别重视行星所构成的天象，其形式常如下面所引两则楔形文字记录的那样：

> 如火星退行后进入天蝎宫，则国王不应忽视他的戒备。在这一不吉利的日子，他不应当冒险出宫。

1　江晓原：《世界历史上的星占学》，上海交通大学出版社，2014年。

如火星在金星之左的某星座，阿卡德将遭受蹂躏。

阿卡德（Akkad）为巴比伦历史名城，乃闪族名王萨尔贡（Sargon）所建立的新都。大约在公元前7世纪时，两河流域开始被迦勒底人所统治。学者们普遍认为，生辰星占学正是在迦勒底人手里发端的，并在不久之后传入希腊文化圈。此后这种根据出生时刻日、月、五大行星在黄道上的位置来预测人一生祸福的星占学，成为欧洲星占学的标准模式。而“迦勒底人的星占学”也由此名声响亮，持续了很长时期。

生辰星占学进入希腊文化圈后，在亚历山大里亚城的学者手里得到进一步发展。此后流行于欧洲的，全都为生辰星占学。至文艺复兴时期，这种星占学在欧洲各国空前繁盛。许多大名鼎鼎的天文学家，如第谷（Tycho Brahe）、开普勒（J. Kepler）等都是此道高手。他们为当时王公贵人所编算的“算命天宫图”（Horoscope，即出生时刻的黄道天象图）成为珍贵历史文献，被收藏在一些著名博物馆中。

关于生辰星占学的基本理论，可引一则有代表性的论述以见其大略。中世纪晚期的大学者、后来被罗马教会尊为“圣徒”的托马斯·阿奎那（Thomas Aguinas），集基督教神学之大成，建立起几乎包罗万象的理论体系，其中包括对生辰星占学的阐述。兹引录著名教会学者方豪对阿奎那之说的综述如下：

惟渠分星占学为真伪二者，渠以为天空星宿乃天神（亦作天使）所驾御，天主借星宿之力间接发出一切地球上之需要。故天上星宿对人类肉体及人类性格，发生生克之力，因人之性格乃以人身情形为基础者。人之行动，多顺从其性格与资禀，如此，则人类行动亦间接受天上星宿之影响而转移。此种星宿对人类之影响，在人诞生时尤其重大。因此，据人之生辰八字表（按此为方豪对Horoscope一词之意译，并不准确，详下文），即可大致预断其一生未来所走之路线。譬如在火星当权时诞生者，可以预言其未来必为一战士或一倔强之人，因胆汁黑而有忧郁质者，即来自土星，以人之脾脏乃受土星克制者。然一人生命中之趋向，得之生辰八字者，仅系一种约略之估计，而非百无一失者。其故有二：一因星宿能力对人类发生之影响，亦与人类感受性强弱有关，故有同时受胎而产生性别不同之双生子，及同时出生之婴儿，而有不同之性格，其理由即在此。其次，则因人类有自由意志，故人类亦能克服星宿之影响，而不受气化之牢笼。古语谓：哲人主宰星辰。此之谓也。[1]

这样的学说与先前迦勒底人的星占学并无不同，只是加了一些天主之类的宗教话头而已。

再看古代波斯的星占学，也是渊源于迦勒底人的生辰星占学。举两段十一世纪时的论述为例：

必须首先熟悉星辰的运行情况，才能从中观察到某人的出世，和预测人事祸福。应去了解：……从这些星球的变化，可以了解到人的生命存在的情况及其生命的长短。

1　方豪：《中西交通史》，岳麓书社，1987年，第1022—1023页。

> 但是当谈论人们的诞辰时——据我的老师说——不应看从母体分开的时间，而应看种子出现的时间，即卵子受精的时间。[1]

天宫图究竟应该按出生时刻还是受孕时刻来推算，只是一种技术性差别。

再回过头去看古代文明的另一大支——古埃及。在现今所见的古埃及纸草书与考古文物中，军国星占学和生辰星占学的材料都可见到。不过，与可以上溯到公元前5000年之遥的古埃及文明的历史相比，这些材料在年代上似乎显得太晚近了。其中所见的两类星占学，都被认为是从巴比伦输入的。在纸草文书中，军国星占学的材料比较丰富，这里举一段为例，引自开罗纸草书31222号：

> 如果天狼星当木星位于人马宫时升起：埃及之王将统治他的整个国家。他将遇到敌人但能将其摆脱。许多人将反叛国王。一次本该到来的洪水也将来到埃及。[2]

类似材料已发现许多，确与前引巴比伦泥板文书中军国星占学材料属于同一类型。埃及的生辰星占学也已发现了一些材料，迄今已知的天宫图有十幅左右，其中颇著名的两幅系绘于埃及古

---

1 ［波斯］昂苏尔·玛阿里著，张晖译：《卡布斯教诲录》，商务印书馆，1990年，第142—143页。

2 R. A. Parker: Egyptian Astronomy, Astrology, and Calendrical Reckoning, *Dictionary of Scientific Biography (DSB)*, vol.16, New York (1981), p.725.

墓室顶上。

谈到埃及星占学，另有一则西方学者经常引述的著名记载，见于希罗多德（Herodotus）《历史》：

> 我再来谈一下埃及人的其他发明。他们把每一个月和每一天都分配给一位神；他们可以根据一个人的生日而说出这个人他的命运如何，一生结果如何，性情癖好如何。[1]

这则记载初看似乎证明古埃及人有他们自己发明的生辰星占学，其实却未必如此。因为这里虽说是根据生日预言其人一生祸福性情，但依据的并非出生时刻的天象，而是该日的“当值”神祇，这样严格说来连星占学也算不上，因为其中并不涉及星辰或别的天体。

由上面的简述来看，古代世界几个古老文明中的星占学，似乎都与巴比伦有渊源，这一点确实意义深远（只有古代印度的天学或许有些例外，因其年代问题特别复杂，其体系又杂有多种色彩，故而在“谁影响谁”这类问题上更难做出判断）。

再者，就起源时间而言，军国星占学比生辰星占学更为古老，这一点也值得注意。在中国以西的古代世界中，星占学的情形大致如此。

而在古代中国，一个纯粹而完备的军国星占学体系至少保持并运作了两千年之久。关于该军国星占学体系的进一步情况将在下文依次论述，此处先对古代中国是否存在生辰星占学这一问题

1　［古希腊］希罗多德著，王以铸译：《历史》Ⅱ，商务印书馆，1985年，第82页。

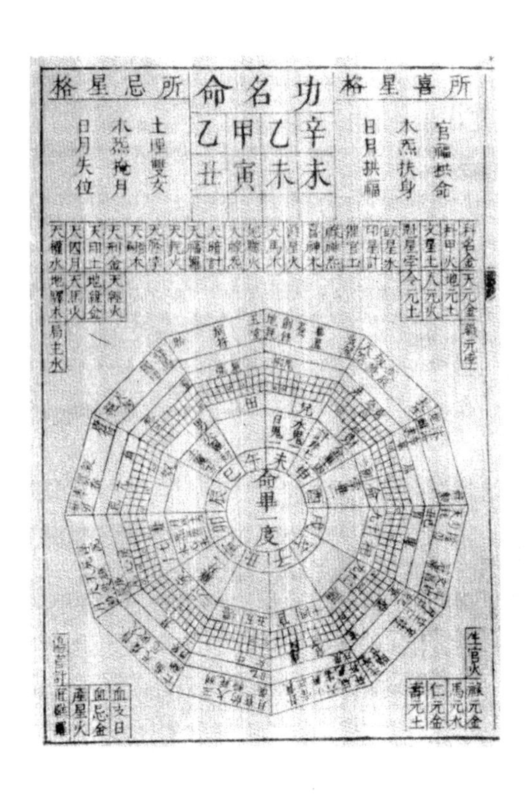

▼ 李约瑟所认为的“中国算命天宫图”，转引自李约瑟《中国科学技术史》第二卷

略作讨论。

李约瑟认为中国古代流行着生辰星占学。他在著作中引用了一辐年代不甚明确（他判断为14世纪）的图表，[1]称之为“一份中国算命天宫图”（A Chinese horoscope）。他看到图中有十二地支、二十八宿、各种神煞及妻、男、财、命等算命项目相互对应的同心圆图形，就断言“立刻就可看出”这是公元二至四世纪的希腊生辰星占学中的十二宫。

1 ［英］李约瑟：《中国科学技术史》第二卷，科学出版社·上海古籍出版社，1990年，第379页。

但事实上，这种图表虽然确实是用来算命的，却从任何意义上都不能说是“算命天宫图”。因为图中根本没有任何真实天体及其位置。没有日、月和五大行星的位置——这是“算命天宫图”必不可少的主要内容。实际上也没有任何恒星的位置，之所以出现二十八宿的名称，那是由于古代中国算命术中有将十二地支、十二生肖和二十八宿对应配套的习惯做法，这和二十八宿在天空中的真实位置完全是两码事。况且如果该图表真是希腊生辰星占学中的“算命天宫图”，所谓的十二宫怎么竟会与二十八宿纠缠在一起，也难以讲通。[1]

古代中国的算命术固然也是从生辰出发，即所谓生辰八字，也即一人出生的年、月、日、时的纪年、纪月、纪日、纪时四对干支，共八个字。但生辰八字只是用干支对该时点的记录，并不是该时刻的天宫图。生辰八字与生辰时刻的实际天象没有任何实质上的、或者哪怕只是形式上的关系。故如果用“生辰八字表”去译horoscope一词，只能是一种文学性的修辞手法，实际上会带来概念的混淆。

上述李约瑟所引用的图表中，没有真实的天体位置，倒有着许多中国古代算命术中的神煞名目——值得注意的是，这些神煞名目中有许多都是本书后文将要论及的历忌之学中会出现的，恰好说明算命术与历忌之学是有内在联系的。这从义理上也不难寻绎：既然每日每时都有不同的神煞“当值”，则该神煞对此时降

1　顺便在此指出，李约瑟在其《中国科学技术史》中论及古代中国星占学时（主要见于第二卷中），置《开元占经》《乙巳占》《灵台秘苑》等早期正统星占学专著于不顾，却将晚至明代的一些书籍奉为主要史料，不能不说是在材料选择、把握方面的一个重大失误。

生或受孕之婴孩造成影响，也是顺理成章的。当然在实际上算命术家主要是依据五行相生相克之说来立论，但神煞的作用确实也有被考虑在内。[1]

由于这种算命术与天学之间没有什么直接的关系，兹不多论。可以一提的是，古代中国算命术与上引希罗多德所记述的古埃及算命术看上去倒颇有相似之处，但这两者之间是否存在某种关系，尚有待探讨。此外，中国算命术形成的年代颇晚（大致在唐代），它本身有可能受到过印度或西域的影响。

综上所述，初步可以确定：中国古代并未产生出“土生土长”的生辰星占学。以四柱八字为特征的中国算命术与西方生辰星占学是两个完全不同的体系。至于西方生辰星占学在古代传入中土的问题，留待本书第六章中讨论。不过此处可以先指出的是，从印度传来的horoscope之术，虽曾一度流行，其影响终属有限。自唐以降，中国平民欲知一生祸福休咎，并不需要与真实天象发生关系——他没有资格、自己也不敢去建立这种关系，除非他雄心万丈，想要觊觎大宝。

2. 分野理论

军国星占学以天象预占天下军国大事，就必然会面临这样的问题：天下之大，各地情况千差万别，而天穹只有一个，其上所呈天象所主之吉凶，如何落实对应到各地？故凡幅员广大的文明，或其眼界已经较为广阔，注意到周边异族文明者，其军国星占学理论都必须先解决这一问题。古代中国人的解决之

1 参见洪丕谟等：《中国古代算命术》，上海人民出版社，1990年，第85—97页。

法是创立分野理论。古埃及人则另有别出心裁的解决之法。

中国传统分野理论的基本思路是：将天球划分为若干天区，使之与地上的郡国州府分别对应；如此则某一天区出现某种天象，其所主吉凶即为针对地上对应郡国而兆示者。分野理论出现颇早，《周礼·春官宗伯》所载职官有保章氏，其职掌为：

> 掌天星以志星、辰、日、月之变动，以观天下之迁，辨其吉凶。以星土辨九州之地，所封封域皆有分星，以观妖祥。以十有二岁之相，观天下之妖祥。

这段记载已涉及了分野理论的几乎所有要点。"所封封域皆有分星"指二十八宿与地上州国的对应。"十有二岁"指太岁，这是一个假想天体，它沿自东向西的方向在天上运行，十二年一周，与当时人们所知的木星（岁星）运行速度相同（实际约为11.86年一周）而方向相反。沿木星所行方向划分为"十二次"，各有专名；沿太岁所行方向划分为"十二辰"，用十二地支表示，这两种分法连同二十八宿、十二古国、十二州等，都有整套对应之法。这样的对应表在《史记·天官书》中已经出现，以下仅录载这类表中非常完备的一份，见于《晋书·天文志上》，原系文字叙述，此处改制为表，共五栏，自左至右，依次为：

十二次名称	十二辰地支	国	州	二十八宿中与该次对应的宿名及度数
寿星	辰	郑	兖州	轸$_{12}$ 角 亢 氐$_{4}$
大火	卯	宋	豫州	氐$_{5}$ 房 心 尾$_{9}$

（续 表）

十二次名称	十二辰地支	国	州	二十八宿中与该次对应的宿名及度数
析木	寅	燕	幽州	尾$_{10}$　箕　斗$_{11}$
星纪	丑	吴越	扬州	斗$_{12}$　牵牛　须女$_{7}$
玄枵	子	齐	青州	须女$_{8}$　虚　危$_{15}$
娵訾	亥	卫	并州	危$_{16}$　室　壁　奎$_{4}$
降娄	戌	鲁	徐州	奎$_{5}$　娄　胃$_{6}$
大梁	酉	赵	冀州	胃$_{7}$　昴　毕$_{11}$
实沈	申	魏	益州	毕$_{12}$　觜　参　东井$_{16}$
鹑首	未	秦	雍州	东井$_{16}$　舆鬼　柳$_{8}$
鹑火	午	周	三河	柳$_{9}$　七星　张$_{16}$
鹑尾	巳	楚	荆州	张$_{17}$　翼　轸$_{11}$

二十八宿现在通常都用单字表示，但有几宿古代习惯用两字名称，上表中出现两字名称的宿有五个：牵牛（牛）、须女（女）、东井（井）、舆鬼（鬼）、七星（星）。此外室宿古书常作“营室”，壁宿常作“东壁”，斗宿又作“南斗”，觜宿又作“觜觿”，参宿有时又作“叁伐”。

中国古代将周天分为365¼度（中国古度），与西方传统的360度（来自巴比伦人）不同。在二十八宿坐标体系中，每宿所跨度数很不均匀，最大的井（东井）宿达三十余度，而最小的觜宿仅二度，但十二次则是将周天作十二等分的，故欲将两者精确对应，有些宿必须分割。上表各宿名右下角的数字，表示该宿在该度数处被分割，不标数字之宿则表示该宿全部属某次。

以玄枵为例：它占有从须女8度开始，经过虚宿全部，再至危宿15度为止的区域。自危宿16度开始，已属娵訾之次。其余类推。

上表中的国名，使人猜想这种分野系统或许定型于战国时代，那时“天下莫强焉”的晋国已被三家分割。但分野理论在此之前很久就已存在，晋国也曾在其中占有地位，比如《国语·晋语四》记载晋大夫董因对公子重耳所述星占时，就有“实沈之墟，晋人是居”之语，实沈之次后来是魏的分野，那时却是晋的分野，而魏国的祖先正忠心耿耿地为公子重耳执役。

上面的分野一览表已将天区对应到州，但古人犹觉不够精细，还要作更进一步的划分对应，这被称为“州郡躔次”。仍以《晋书·天文志上》所载为例，这种“州郡躔次”被认为是“陈卓、范蠡、鬼谷先生、张良、诸葛亮、谯周、京房、张衡”等星占学大家所一致采纳的。为节省篇幅，仅录“寿星”之次的对应情况以见一斑：

东郡：入角一度；
东平、任城、山阳：入角六度；
泰山：入角十二度；
济北、陈留：入亢五度；
济阴：入氐二度；
东平：入氐七度。

其他各次情况类似。大体划分到相当于今天地区一级的行政区，每区在天上都有自己的分野天区。

上面所论，是古代中国分野理论的主要模式，几乎所有的星占活动，都据此展开。此外还有一些别的分野模式，既不完备，影响也小，兹不具论。

在上述分野体系中，华夏疆土已将古代中国人所认识的天空瓜分完毕，那么周边异族在天上有无位置？李淳风《乙巳占》卷三记有当时人的这一疑问：

> 或人问曰：天高不极，地厚无穷，凡在生灵，咸蒙覆载。而上分辰宿，下列王侯，分野独擅于中华，星次不沾于荒服。至于蛮夷君长，狄虏酋豪，更禀英奇，并资山岳，岂容变化应验全无？

但李淳风接下来对此的回答却是充满民族沙文主义色彩的传统观念：

> 故知华夏者，道德、礼乐、忠信之秀气也，故圣人处焉，君子生焉。彼四夷者，北狄冱寒，穹庐野牧；南蛮水族，暑湿郁蒸；东夷穴处，寄托海隅；西戎毡裘，爰居瀚海，莫不残暴狠戾，鸟语兽音，炎凉气偏，风土愤薄，人面兽心，宴安鸩毒。以此而况，岂得与中夏皆同日而言哉！故孔子曰：夷狄之有君，不如诸夏之亡，此之谓也。……以此而言，四夷宗中国之验也。

他认为“四夷”在分野体系中没有资格占得一席之地，充其量只能视为中原的附庸。由此又引导到“正统”之争：如果异族已经入主中原，他们是否就有资格“上应天象”？对此古人意见不一。兹举古人议论梁武帝一事为例，《邵氏闻见后录》卷八云：

> 梁武帝以荧惑入南斗，跣而下殿，以禳“荧惑入南斗，天子下殿走”之谶。及闻魏主西奔，惭曰：“虏亦应天象邪？”当其时，虏尽擅中原之土，安得不应天象也。

此为公元534年时事。其时梁武帝偏安江左，但仍以正统自居，一些北方政权统治下的士大夫，也认为华夏衣冠礼乐犹在江左，隐然承认南朝是文化上的正统。这年有所谓“荧惑入南斗”的天象，梁武帝自作多情，赤了脚下殿去散步，以求“禳救”，后来听说是北魏末帝元修西奔宇文泰之事应了这一天象，便感到不好意思。魏帝西奔虽是倒霉事，却从星占理论上夺走了梁朝天子的正统地位。

分野之说对星占必不可少，其使用之法，则不过依据天象所在之宿，推占其对应地区之事而已。其间虽有需要灵活运用之处，总的来说比较简单。兹略引两例如下，该两例所记之事并没有什么科学价值，不过以此略见古人之分野思想而已。第一例见《晋书·张华传》，即著名的“丰城剑气”故事：

> 初，吴之未灭也，斗牛之间常有紫气，道术者皆以吴方强盛，未可图也，惟华以为不然。及吴平之后，紫气愈明。华闻豫章人雷焕妙达纬象，乃要焕宿，屏人曰：“可共寻天文，知将来吉凶。”因登楼仰观。焕曰：“……宝剑之

精，上彻于天耳。”……华大喜，即补焕为丰城令。焕到县，掘狱屋基，入地四丈余，得一石函，光气非常，中有双剑，并刻题，一曰龙泉，一曰太阿。其夕，斗牛间气不复见焉。

这里天地对应，其精确程度竟可达到一幢房屋之内，纯为方术家之言。但它却被记载在正史中。第二例见于《后汉书·李郃传》上：

郃袭父业，游太学，通五经。善河洛风星，外质朴，人莫之识。县召署幕门候吏。和帝即位，分遣使者，皆微服单行，各至州县，观采风谣。使者二人当到益部，投郃候舍。时夏夕露坐，郃因仰观，问曰："二君发京师时，宁知朝廷遣二使邪？"二人默然，惊相视曰："不闻也。"问何以知之？郃指星示云："有二使星向益州分野，故知之耳。"

李郃所见，可能是流星，但更可能他是从两人的言谈、物品等推测出他们身份的，分野之说不过是他的附会。然而即便如此，仍足见分野之说的应用及流行。

3. 所占之事：星占学的主要任务

军国星占学的任务在预占战争胜负、年成丰歉、王朝安危等事，对此前文已屡言之。为能对古代中国星占学此方面的情形获得较为深入的感性认识，还必须再作进一步的论述。此事可从三个角度加以认识：古代星占学大家所述星占学之旨，古人需要施行星占的场合，以及古代典型星占学著作中占辞内容之分析。兹依次略论如下。

先看古人所言星占学之旨，这里仅以大星占家（如李淳风）及自身精通天学之著作家（如司马迁）的论述为限，举三则为例：

> 田氏篡齐，三家分晋，并为战国。争于攻取，兵革更起，城邑数屠，因以饥馑疾疫焦苦，臣主共忧患，其察机祥候星气尤急。（《史记·天官书》）
>
> 天高听卑，圣人之言信其然矣。是故圣人宝之，君子勤之。将有兴也，咨焉而已；从事受命，而莫之违。（《乙巳占》李淳风自序）
>
> 苟能穷神知化，观象洞玄，占何所不验欤！立占之法，本非袭吉，特以塞咎，故世治国安，指象陈灾，为君所戒，以保邦于未危；世变国难，推象探章，察数未坠，以处身于无祸。（《玉历通政经》李淳风后序）[1]

以上三则各有侧重，合而观之，已将军国星占学之旨反映得颇为全面。逐鹿中原、兵戈四起之时，对星占的需要“尤急”，战争、年成是最重要的主题。承平之日，则“指象陈灾，为君所戒”，即将上天通过天象而呈示的政治警告阐释给君王。至于末代乱世的“处身于无祸”，既包括苟全性命、不求闻达之独善其身，也不排除投效新主，做一番“佐命元勋”的功业（诸葛亮之隐居与出山就是例证）。而所有这一切，都离不开军国星占学，故君子（即政治人物）欲有作为就要咨询星占学，受命从事。

---

1 《玉历通政经》二卷，题“唐国师李淳风编撰”。

次看古人需要施行星占的场合，这通常都与军政大事的决策有关，对此前文所述及的若干事例已可略窥一斑。此外，有大量星占是“被动”进行的——因天上出现了异常（通常是不吉的）天象，这当然仍要归结到古代天人感应的宇宙观上去。为政者必须随时谨慎不懈地研究上天所呈示的征兆。对此前文已述之颇详。

欲了解古代中国星占学所占之事的具体情况，最直接的办法莫过于选择典型星占学著作对其占辞进行统计分析。以前刘朝阳曾对《史记·天官书》作过这样的工作。他选择《史记·天官书》而不选择别种著作，是有道理的。

传世的星占学著作有不少，除专著外，一些正史中的《天文志》也属此类。在传世专著中，如《乙巳占》十卷，《灵台秘苑》十五卷，《开元占经》更达一百二十卷之巨，篇幅都过于浩繁；敦煌卷子中的星占篇章又失之零碎不全，再往后的一些星占书则年代太晚，且典型性不够。而《史记·天官书》长久以来一直是确切可考的传世星占著作中年代最早的一种，加之篇幅不太大，结构却十分完整；虽有马王堆汉墓帛书《五星占》出土，年代稍早一些，但毕竟简略不全。故《史记·天官书》确属较好的选择对象。

然而刘朝阳对占辞的统计，似有不妥之处。他可能将“（太白）出高，用兵深吉，浅凶；庳，浅吉，深凶”这样的占辞算作两条或四条，还可能将“毕曰罕车，为边兵，主弋猎”这样的语句也计入占辞，以致占辞数目达到321条，与笔者统计的结果242条相差颇远。而按照占辞的通常定义和下文所用分类项目的名称含义来说，上引前一句应只算一条占辞，后一句则不能算占辞，因其中并不包含天象的变化及其与事件的联系（前一句中就含有这两个要素）。兹将笔者统计所得，分为二十类，据同类占辞数目之多寡依次列出如下：[1]

序号	分类项目	占辞数目
1	战争	93
2	水旱灾害与年成丰歉	45
3	朝代盛衰治乱	23
4	帝王将相之安危	11
5	君臣关系	10
6	丧	10
7	领土得失	8
8	得天下	7
9	吉凶（抽象泛指者）	7
10	疾	5
11	民安与否	4
12	亡国	4
13	土功	3
14	可否举事	3
15	王者英明有道与否	2

1　下列第二栏中的数据，可以因对原文文句的不同理解而有个别出入，但无关宏旨。

（续 表）

序号	分类项目	占辞数目
16	得女失女	2
17	哭泣之声	2
18	天下革政	1
19	有归国者	1
20	物价	1

这里可以看到两点特征。首先，前三类占辞竟占了全部二十类占辞总数的67%，表明战争、年成、治乱这类主题受到特殊重视的程度。其次，全部占辞中，没有任何一类、任何一条不属于军国大事的范围之内（"丧"通常指君主王侯之丧，"疾"常指疾疫流行，等等，都不是对个人事务而言）。对《史记·天官书》的这一统计结果具有普遍意义，如对其他经典星占学著作施以统计，具体数据自然会稍有不同，但上述两点特征不会改变。古代中国的军国星占学，其格局可以说一以贯之。

4. 所占之象：星占学的具体对象

综览传世各种古代中国星占学文献，可知被赋予星占学意义的天象极多。兹按天象的具体内容，分为七大类，依次考述如下：

（1）太阳类

日食本身

"蚀列宿占"（太阳运行至二十八宿中不同宿时而发生日食，其意义各

不相同）

日面状况（包括光明、变色、无光、有杂云气、生齿牙、刺、晕、冠、珥、戴、抱、背、璚、直、交、提、格、承及若干种实际不可能发生的想象或幻象共约五十种）

（2）月亮类

月食本身

“蚀列宿占”（与日食相仿）

“月蚀五星”（不是指月掩行星，而是指月与五大行星中某星处于同一宿时而发生月食，依行星之不同，其星占学意义亦各异）

月运动状况（运行速度及黄纬变化）

月面状况（包括光明、变色、无光、有杂云气、生齿牙爪足、角、芒、刺、晕、冠、珥、戴、背、璚、昼见、当盈不盈、当朔不朔及想象或幻象共数十种）

月犯列宿（月球接近或掩食二十八宿之不同宿，其意义不同）

月犯中外星官（月球接近或掩食二十八宿之外的星官，也各有不同意义）

月晕列宿及中外星官（与上两则相仿，但同时月又生晕，则意义又各不同）

（3）行星类

各行星之亮度、颜色、大小、形状

行星经过或接近星宿星官

行星自身运行状况（顺、留、逆、伏及黄纬变化等）

诸行星之相互位置

（4）恒星类

恒星本身所呈亮度及颜色

客星出现（新星或超新星爆发，有时亦将其他天象误为客星）

（5）彗流陨类

彗星颜色及形状

彗星接近日、月、星宿星官

数彗俱出

流星

陨星

（6）瑞星妖星类

瑞星（共六种，无法准确断定为何种天象）

妖星（有八十余种之多，亦很难准确断定为何种天象）

（7）大气现象类

云

气（颇为玄虚，有许多为大气光象）

虹

风

雷、雾、霾、霜、霄、雹、霰、露

古人赋予星占学意义的天象既有如此之多，再考虑到诸种天象的不同组合，数量必然更多，因此一年中任何一天夜晚，都必能看到许多种有星占学意义的天象。诸天象之意义又各不相同，究竟如何取舍、平衡、解释及调和，实为神秘玄奥之事。由于其间上下其手、灵活运用的余地极大，使得星占家们常能左右逢源——关键即在其占论之法高明与否。

5. 星占学占论之法

古人占论之法，大有高下。星占学著作中的占辞，作为占论的理论根据，固然必须熟读。但如果仅能就已出现的天象，依据有关占辞而论其吉凶，那只是最初级的水准。而此道高手，除了熟读、博览各家占辞占例，同时又精通历法，善于预推天象之外，还必须辅之以历史经验、社会心理、政治军事情报（因所论皆军国大事），并能巧妙地加以综合、解释甚至穿凿附会。故占论之法，各凭妙用，并无一定之规，唯一必须遵行的一点是：所作推论应能在星占学理论中找到依据（若各家之说互异，只取我所需亦可）。

本书所引述的若干著名星占事例，其中有些就很能从中看出占论之法。比如第二章所述郑人裨灶据“有星出于婺女”而预言晋君将死事，主要是借助于分野理论、古代传说等背景知识，通过一系列的联想与附会，也许还有政治情报（比如晋君病重），来完成占论的。又如第五章将述及崔浩据火星运行状况而预言后秦将灭事，主要表现为对行星运动的精确掌握，再与政治情报加以巧妙结合，遂获得极大成功。以下再剖析两例，以见古人占论之法如何不拘一格。一例见于《国语·晋语四》：

> 董因迎公于河，公问焉，曰：“吾其济乎？”对曰：“岁在大梁，将集天行，元年始受，实沈之星也。实沈之墟，晋人是居，所以兴也。今君当之，无不济矣。君之行，岁在大火。大火，阏伯之星也，是谓大辰。辰以成善，后稷是相，唐叔以封。瞽史记曰：‘嗣续其祖，如谷之滋，必有晋国。’……且以辰出而以参入，皆晋祥也，而天之大纪也。济且秉成，必霸诸侯，子孙赖之，君无惧矣。”

这一例中，董因在星占学理论方面主要是利用分野之说立论。由上文所述可知，“大梁”的分野为赵，“实沈”的分野为魏，但其时尚无赵、魏之国，地皆属晋，故谓“实沈之墟，晋人是居”。时为岁末，按岁星纪年之法，为岁在“大梁”，若公子重耳回晋即位，将使明年（岁在实沈）成为晋文公元年，故曰“元年始受，实沈之星也”。公子重耳在外流亡十九年，至此时方借秦军之力回国即位，由此时上推十九年，恰得岁在“大火”。至于由“大火”而大辰，而唐叔（晋国之祖），而“必有晋国”，则为董因穿凿附会之巧智。然而董因之说也深合星占学之旨，可举占辞为例，如李淳风《乙巳占·岁星占》云：

> 岁星所在处有仁德者，天之所佑也。不可攻，攻之必受其殃。利以称兵，所向必克也。

所谓“所在处”，正是靠分野之说来确定的，此处恰为晋国。而当时晋文公正是借秦国之力“称兵”夺权。由于古代中国星占学理论的继承性极强，故不难推断当时也有与上引《乙巳占》中占辞相去不远的说法，足为董因的占论提供依据。

最后还必须指出，董因作为晋国大夫，当然掌握着足够的背景知识和政治情报，公子重耳素有声望，手下文武诸臣皆一时之选，却始终忠心耿耿伴随他一起流亡。十九年间，重耳周游列国，政治阅历极其丰富，齐、楚、秦等大国的君王都与之结好，预计他日后必执掌晋国。现在乘晋国内乱之机，以秦军为后盾，回国入承君位，其成功是可想而知的，故董因的占论必然会得出成功的预言。如果这年岁星不在“大梁”，董因也必然会通过另一套附会之说，得出同样的结论。

当然，在古人看来，公子重耳恰于“岁在大梁”的年末回国入承君位，正是天意要他重振晋国的表现，倘若他别的年头回来，就不能成功，所以董因的预言只是将固有的天意阐明而已，这些预言后来全都应验了。

北魏名臣崔浩，以精通星占著称于世，此处先举一例，见于《魏书·崔浩传》：

> （泰常）三年，彗星出天津，入太微，经北斗，络紫微，犯天棓，八十余日，至汉而灭。太宗复召诸儒士问之曰：今天下未一，四方岳峙，灾咎之应，将在何国？朕甚畏之，尽情以言，勿有所隐。咸共推浩令对。浩曰：“古人有言，夫灾异之生，由人而起。人无衅焉，妖不自作，故人失于下，则变见于上，天事恒象，百代不易。《汉书》载王莽篡位之前，彗星出入，正与今同。国家主尊臣卑，上下有序，民无异望。唯僭晋卑削，主弱臣强，累世陵迟，故桓玄逼夺，刘裕乘权。彗孛者，恶气之所生，是为僭晋将灭，刘裕篡之之应也。”诸人莫能易浩言，太宗深然之。
>
> 五年，裕果废其主司马德文而自立。南镇上裕改元赦书。时太宗幸东南潟卤池射鸟，闻之，驿召浩，谓之曰：“往年卿言彗星之占验矣。朕于今日始信天道。”

彗星出现为不祥之兆，这在古代众所周知，此例中崔浩主要运用了他的政治预见能力。其时刘裕早将东晋军政大权集于一身，且又刚刚北伐获胜，攻灭后秦，并将末帝姚泓俘至建康处死（公元417年），功高震主，已被封为宋王，其篡晋自代已成不可阻挡之势，这一点崔浩当然看得出来。至于援引王莽篡汉前彗星出入云云，不过是占论中的技巧而已。

由以上所述两例，对于古代中国星占学中占论之法，已可略见一斑。简而言之，此中精义只在灵活运用，若机械刻板，照搬占经，即落下乘。

6. 天象记录及其伪造

古人既持天人合一之宇宙观，又笃信种种天象皆为上天对人间事务所呈示之警告或嘉许，将这些天象赋予星占学意义，则自然对天象的观察与记录极为重视。从理论上说，皇家天学机构应是不分昼夜、每时每刻都有人监视着天空，随时将各种天象记录下来并进行汇报。由于官营天学的强大传统，保证了天学活动的持续性及其所需的人力物力，这些作为星占学档案的天象记录中有相当大一部分得以流传至今。这种观天和记录的工作，至少持续进行了两千年之久，也可能还要长久得多（但先秦时代的天象记录未能系统保存）。

历代官史中的“天学三志”，本书第二章中曾经谈及。其中的《天文志》，有些以星占学理论为主，可视为不折不扣的星占学著作（如《史记·天官书》）；有些既有星占学理论，又有星占学档案（如《汉书·天文志》）。在诸《五行志》中，也常有星占天象记录，编入“天变”部分。此外在明、清两朝《实录》中也有大量星占天象记录，在“十通”[1]中也编有不少天象记录。最后，在大量地方志中也有一些天象记录。这些记录虽不是皇家星占学档

1　文史学者们将《通典》《续通典》《清朝通典》《通志》《续通志》《清朝通志》《文献通考》《续文献通考》《清朝文献通考》《清朝续文献通考》习称为“十通”。

案，却同样是在星占学思想影响下而编入的。

古代天学家当然不是出于现代天文学家记录资料的自觉科学意识而去记录天象的，他们这样做只是保留星占学档案，将天人之际所发生过的种种事件（这些事件在他们看来意义极为重大）记录在案而已。但他们哪里会想到，这些星占学档案千百年后竟会成为现代天文学家非常珍视的历史资料。

现代天文学研究的对象，在时间和空间上都是大尺度的。从现代天文学在欧洲诞生到如今的几百年时间，对于现代天文学研究中的时间尺度来说太短暂了，天文学家需要更古老的记录，而中国古代的星占学档案因其天象种类多、持续时间长而首膺其选。为此中国学者已于20世纪80年代末完成了一项浩大工程——将历代官史、明清《实录》、“十通”、地方志及其他古籍中的星占天象记录全面搜集考订，汇集成《中国古代天象记录总集》一书。[1]

其中计有：

日食记录一千六百余项，
月食记录一千一百余项，
月掩行星记录二百余项，
新星及超新星记录一百余项，
彗星记录一千余项，
流星记录四千九百余项，
流星雨记录四百余项，

1 北京天文台主编：《中国古代天象记录总集》，江苏科学技术出版社，1988年。

陨石记录三百余项，

太阳黑子记录二百七十余项，

极光记录三百余项，

其他天象记录二百余项。

谈到古人的天象记录，有一个问题不能不稍加讨论，即天象记录的伪造。天象记录本是星占学档案，星占学又是为政治服务的，而在封建专制极权统治的政治运作中，尔虞我诈，黑暗凶险，本属司空见惯，兹举两种天象为例略加讨论。

第一种称为“五星聚舍”，即五大行星同时出现在天空中一个小范围内。“舍”同宿，通常指五星聚于二十八宿之某一宿中，但各宿大小悬殊，故也未必能绝对精确，有时四星在同一宿，另一星在邻宿，仍被视为“五星聚舍”。这本是五大行星交错运行时自然呈现的各种景象之一，但古人认为此事非同小可，有着重大的星占学意义。“五星聚舍”通常被视为改朝换代的征兆，兹引占辞数则为证：

王者有至德之萌，则五星若连珠（郑玄注：谓聚一舍，以德得天下之象也）。（《开元占经》卷十九引《易纬坤灵图》）

五纬合，王更纪。（同上引《诗纬含神雾》）

五星若合，是谓易行：有德受庆，改立天子，乃奄有四方，子孙蕃昌；无德受罚，离其国家，灭其宗庙，百姓离去满四方。（同上引《海中占》）

正因为如此，古来流传着许多关于“五星聚舍”的记载，这些记载常被与改朝换代或“圣王”之兴起相联系。下面举数则为例：

> 元年冬十月，五星聚于东井，沛公至霸上。（《汉书·高祖纪上》）
>
> 历记始于颛顼上元太始阏蒙摄提格之岁，毕陬之月，朔日己巳立春，七曜俱在营室五度。（《新唐书·历志三上》引《洪范传》）
>
> 文王在丰，九州诸侯咸至，五星聚于房。（《开元占经》卷十九引《帝王世纪》）
>
> 今案遗文，所存五星聚者有三：周、汉以王，齐以霸。周将伐殷，五星聚房。齐桓将霸，五星聚箕。汉高入秦，五星聚东井。（《宋书·天文志三》）

然而这类记载，许多皆非实录。即以上引几则记载中涉及的四次“五星聚舍”天象而言，用现代天文学方法回推计算，就没有一次可以获得验证。[1]其中第一则还勉强有一点道理，在汉高祖二年（公元前205年）倒曾发生过一次类似的天象（四星在井宿，水星在参宿），史家将此事提前，以便与汉朝之代秦相附会。司马迁在《史记·天官书》中只含混地说“汉之兴，五星聚于东井”，算是比较圆通。至于文王、颛顼时的“五星聚舍”，年代遥远，事更玄虚。

又据研究，一方面汉朝以后关于“五星聚舍”的天象，见于史籍者共七次，其中两次完全不能验证，两次实际天象与记载出

1　黄一农：A Study on Five Planets Conjunction in Chinese History, *Exarly China*, vol.15 (1991).

入颇大，另外三次倒是非常真确，但此三次皆属五星齐聚于太阳附近的方向，故根本无法观测到（诸星入夜后即与太阳一同没入地平线之下），想是古人依据推算而得。

而另一方面，自汉代以降两千多年间，实际发生并且可观测到的“五星聚舍”有近二十次，其中十次左右观测条件非常好，却完全未见记载。由此可以推断，古人对于这类天象记载实际上并不详备，其见于记载者，又因常与祥瑞、符命之类的事情相附会，以致不惜牵合甚至伪造其记录。[1]

第二种天象即所谓“荧惑守心”（火星在心宿发生“留”）。本书第三章中曾谈到过，西汉末年丞相翟方进就是因一次谎报的“荧惑守心”天象而被迫自杀的。“荧惑守心”被视为极大的凶兆，稍举占辞数则为证：

> 荧惑犯心，天子王者绝嗣。（《开元占经》卷三一引《海中占》）
>
> 荧惑在心则缟素麻衣（宋均曰：荧惑在心，海内之殃。海内亡主，故素缟麻衣）。（同上引《春秋纬演孔图》）
>
> 荧惑乘心，其国相死。（同上引石氏）
>
> 荧惑守心，主死，天下大溃。（同上引《春秋纬说题辞》）

遍检历代官史，一方面，“荧惑守心”的记载共有23次，但以现代天文学方法回推，其中仅有6次真实，其余皆属虚构；而另一方面，自公元前289年至公元1638年近两千年间，另有32次

1　参见江晓原等：《回天——武王伐纣与天文历史年代学》，上海交通大学出版社，2014年，附录三。

真实发生的“荧惑守心”天象却未见记载。[1]在虚构的记载中，包括宋景公与子韦那场著名对话所谈论的一次，导致翟方进自杀的一次，以及本书导言所述黄权引“荧惑守心”而魏文帝崩逝事以说明正统所在的一次，等等。

以上仅举“五星聚舍”和“荧惑守心”两种天象记录为例。推而论之，别种天象的记录中，自然也无法完全排除虚构或牵合的可能。问题的严重性还在于：有许多天象是无法用现代天文学方法回推验证的，比如彗星、流星、陨星、太阳黑子等都属此类，因此今天人们对其就无法像对“五星聚舍”和“荧惑守心”那样验知其伪。

特别严重的是：可以回推验证的天象，如“五星聚舍”和“荧惑守心”，古人尚且敢如此虚构（回推此两种天象之法，古人在战国时代即已掌握，只是不及现代方法精确而已，但回推验证此两种天象不需很高的精度），则无法回推验证的天象记载，其中虚构的可能性或许还要大得多。故学者们欲将古代天象记录应用于现代天文学理论研究，实应慎之又慎。

古人之所以如此热衷于虚构或牵合天象记录，至少有两个原因：一是直接为具体的政治措施提供帮助，比如为打击翟方进而虚构“荧惑守心”；二是为配合政治伦理教化，比如宋景公与子韦对话的故事，这一点特别突出地表现在史书中所谓“史传事验”之说上——本书第三章已论及。

1 黄一农：《星占、事应与伪造天象——以“荧惑守心”为例》，《自然科学史研究》1991年第2期。

二、星象与神话及历史

1. 星官·星经·星图·步天歌

（1）星官

古人经常要做的一件大事情是“夜观天象”。早在上古蛮荒之时，文明初诞之际，先民中的巫觋——女巫曰巫，男巫曰觋，他们已掌握了一些最初步的天文学知识——就必须庄严肃穆地观天，因为他（她）们负有沟通天人的神圣使命，对此本书第二章中已经论及。既要观天，就必定需要对天象进行指称，以便陈述观天所得的内容。于是就要对恒星加以命名。由于天空广大，恒星众多，古人遂将若干相近的恒星用想象联系在一起，组成“星官”。这些星官自然也需要加以命名。

有些人可能将中国古代的星官想当然地视为西方天文学中“星座”的等价物，认为两者只是名称和划分有所不同而已。其实这是不正确的。因为中国古代的“星官”和西方天文学所谓的“星座”是两个不同的概念。

准确地说，“星官”只是对一组恒星的称呼，并不是对一片天区的称呼；而“星座”则是用来指称一片天区的，有着明确的边界。

正因为是不同的概念，所以两者也不能采用相同的用法。比如，西方人可以说：某颗超新星“出现在仙后座”，或者说某颗大彗星“进入白羊宫”；而中国古代同样是记载超新星的出现，则说客星“出天关东南，可数寸”，或说“客星晨出东方守天关”，这里“天关”是一个星官的名称（有些星官只有一颗恒星，“天关”也是如此），所以只能说超新星出现在它东南方，或是停留在它附近（守）。总之，“星官”绝不意味着一片划定了边界的天区，而是一组（或一颗，从数学上说这只是一组的特例）恒星的名称。

现今传世的关于古代星官的系统记载，其年代确实可靠者以《史记·天官书》为最早。其中记载着92个星官，约500余颗恒星。这92个星官又被分为东、西、南、北、中五个“宫”。不过这里的“宫”仍不能与西方的星座或黄道十二宫等量齐观——“宫”仍然没有明确的边界，故只能视为“星官”的二级划分，即星官群。对于后面将谈到的“三垣二十八宿”，也可作如是观（“宿”只在经度方面有边界）。

星官的组建和命名，早在先秦时代即已开始。20世纪40年代吴其昌曾作《汉以前恒星发现次第考》，统计得38官，约200星。但因所据文献都不是星象方面的专门著作，故不能视为全面的统计。[1]

而对这方面史料的进一步探讨，将把我们引入关于“星经”的神秘历史线索之中。

（2）星经

所谓“星经”，即星占学秘籍，这在古代是非同小可之物，天人之际的奥秘正在其中。从它们被称为“经”这一点，即可略窥其重要性。

研究天文学史的现代学者之所以对它们感兴趣，主要是因为星经中载有各恒星的位置坐标。将这些位置坐标与现代星表进行比较并用现代天文学理论进行分析，可以获得大量信息，如当时的观测精度、观测时代，乃至使用何种观测仪器等，由此可以

1　吴其昌：《汉以前恒星发现次第考》，《真理杂志》1944年第3期。

了解当时的天文学水平。至于星经与中国古代文化的关系及其意义，详细深入的讨论尚不多见。

说到星经，今人常见“甘石星经”之名，不妨就从它谈起。

相传战国时楚国星占学家甘德著有《天文星占》八卷，魏国星占学家石申（一名石申夫）著有《天文》八卷，不过现今这些著作都已失传。学者们相信在唐代以前，这些著作还流传于世，因为《隋书·经籍志》子部中还著录着一些归于甘、石两氏名下的天文／星占学著作。自汉代以降，甘、石一直是各自独立的两家，所谓“甘石星经”之名，始自宋、明诸儒。比如北宋邵雍《皇极经世》卷十一称“五星之说，自甘公石公始”，又如明末顾炎武《日知录》卷二十二谓“今天官家所传星名，皆起于甘石”。现代学者通过对史料的分析，一般都认可“甘石星经”这一含混名称。

不过稍微令人奇怪的是，《史记·天官书》虽然在“昔之传天数者”的14人名单中提到了“甘公”（列为齐人）和“石申”，却完全没有提到甘、石两人的著作。因此在《史记·天官书》中未能提供关于此前星经的线索，但它本身是一部星经的同类著作，而且它与先秦星经显然是有传承关系的。接下去必须谈到一个在今天名声远小于司马迁，但在星经的历史上却极为重要的人物——陈卓。

陈卓生卒年月已不可考，在正史中也没有他的传记材料。但从《晋书·天文志》和《隋书·天文志》的记载中，我们知道陈卓原是三国时东吴的太史令。西晋灭吴后，他大约和许多吴国上层人物一样，出仕于西晋朝廷。晋武帝在位期间（公元265—290年）他已成为晋朝的太史令。这一事实足以说明他在当时的影响是不小的，因为西晋朝廷早已接收了曹魏和蜀汉的两套宫廷天学家班子，这方面的人才不至于很匮乏，如果陈卓艺业平庸，未必轮得到他来当负责人。

有趣的是，永嘉之乱后，中原人士纷纷南渡，陈卓看来也故地重游了。公元317年，在西晋灭亡后，晋元帝即位于建康，建立东晋王朝，此时陈卓以太史令的身份参与了登基大典吉日的选择。再往后就见不到关于陈卓活动的记载了。

陈卓在任太史令期间，搜集了古代甘氏、石氏和巫咸氏三家的星官和星图——这些都属于星经中的内容，并加以汇总。《晋书·天文志》说：

> 武帝时，太史令陈卓，总甘、石、巫咸三家所著星图，大凡二百八十三官，一千四百六十四星，以为定纪。

《隋书·天文志》对此记载更详一些：

> 三国时，吴太史令陈卓，始列甘、石、巫咸三家星官，著于图录。并注占赞，总有二百五十四官，一千二百八十三星；并二十八宿辅官附坐一百八十二星，总二百八十三官，一千五（显系“四”之误，只要对前两个星数做加法即可知）百六十五星。

这里提到的“巫咸”，也在《史记·天官书》所列“昔之传天数者”名单之中。需要我们注意的是，陈卓显然直接研究了先秦的星经，并将它们整理汇总。在《隋书·经籍志》中，还著录有“《石氏星经》七卷”，注明为“陈卓记”。

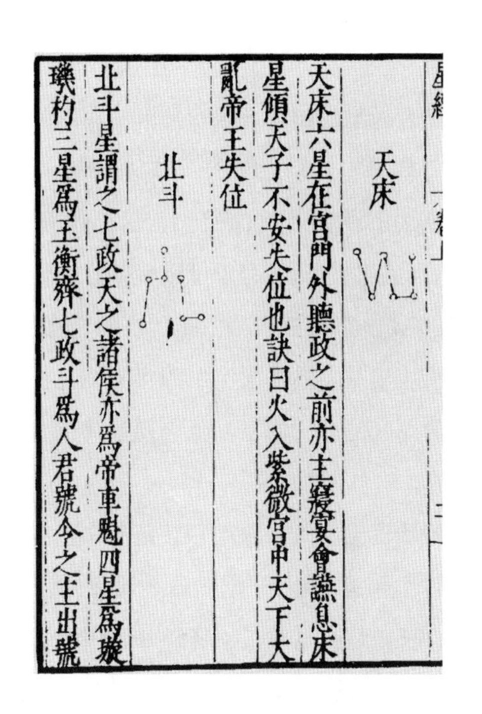
天床

天床六星在宮門外聽政之前亦主寢宴會讌息床星傾天子不安失位也訣曰火入紫微宮中天下大亂帝王失位

北斗

北斗星謂之七政天之諸侯亦爲帝車魁四星爲璇璣杓三星爲玉衡齊七政斗爲人君號令之主出號

明人刊行《星经》所载星官图形及描述

然而，陈卓所整理汇总的这些文献，连同他自己编、著的四部星占学著作《天文集占》十卷、《四方宿占》一卷、《五星占》一卷、《天官星占》十卷，后来全都失传了。

此外，在明人刊行的《汉魏丛书》中，也收有一种《星经》，题为“汉甘公石申著”，分上下两卷。其中载有167个星官及其简单图形，也有星占占文，有些星还给出了坐标。据这些坐标数据，用现代天体力学中的岁差理论进行推算，可知它们并非秦汉时代所测。因而此书很可能是唐代以后的伪作。有人甚至怀疑连《开元占经》中所引的《石氏星经》也是伪作。

（3）星图

从星官、星经出发，很自然又会联系到星图。谈到星图，首先要将“星图”与“星象图”加以区别。在传世的文物资料中，许多汉墓中的壁画、画像砖上，就已绘有星象图案。但这些图案都只是示意图，只具有象征或装饰意义，故夏鼐称之为“星象图”[1]，确实是一个比较妥当的措辞。而“星图”则必须有足够多的星数，并且按照各星在天空中的实际相互位置绘出——能做到多大的准确程度是另一回事，但必须是为反映、辨识星空的实际景象而作的。

这种严格意义上的星图，在记载中至少可以追溯到汉代。东汉张衡曾作《灵宪图》，据言这是可靠的星图，但已失传。此后陈卓汇总石、甘、巫咸三家星经，《隋书·天文志》说他曾“著于图录”，则应该也是有图的。有的学者甚至猜测先前石、甘、巫咸三氏就应有星图。这当然是可能的，但所有这些星图都未能传世。

在《史记·天官书》之后，《开元占经》之前，尽管星占学著作大量涌现，但流传至今的却极少。其中有一部是北周太史令庾季才撰写的《灵台秘苑》，据《隋书·经籍志》子部著录称“《灵台秘苑》一百一十五卷，太史令庾季才撰”，此书全本今已不可见，现在传世的是北宋王安礼（王安石之弟）等人重修的删节提要本，共十五卷。在此书的第一卷中，载有星图多幅。但其书既经宋代重修，则这些图是出于北周还是北宋，就大有疑问了。

尽管如此，石、甘、巫咸三氏的星经既能于千百年后重现神

1 夏鼐：《洛阳西汉壁画墓中的星象图》，《考古》1965年第2期。

龙之迹，则星图作为一件与星经平行的工作，能否也有一个类似的奇遇呢？后来居然天从人愿，奇遇真的发生了。不过这次是远出于海外英伦。

20世纪50年代，李约瑟为编撰《中国科学技术史》一书中的天文学部分而搜集资料，与友人陈士骧在大英博物馆发现了一卷完整的星图。这是敦煌卷子中的唐代抄本，编为斯3326号。此图一经发现，经中外学者研究确认，石、甘、巫咸三家星图的神龙之迹竟然也重现了。

这份敦煌星图按照每月太阳所在的位置，将黄道／赤道带上的恒星分为12段，依次画出来，最后再将北极附近的群星另画一幅圆形的图。这种做法已和现代星图很相似了。图上有1350颗星。但我们这里需要注意的不是天文学专业方面的问题，而是下面几点惊人之处：

首先，图中十二次（即上面说的12段天区）的起止度数和《晋书·天文志》所载陈卓的度数完全一样。这就透露出该图与陈卓汇总三家工作的传承关系。每段星图旁都附有说明文字，这些文字完全取自《开元占经》卷六十四上所载的“分野略例”。

其次，特别重要的一点是：图是彩色的，图中的星分别用三色绘出。这是为什么呢？我们必须转而向此前的历史记载中寻求解答。《隋书·天文志上》记载说：

> 三国时，吴太史令陈卓始立甘氏、石氏、巫咸三家星官，著于图录……宋元嘉中，太史令钱乐之所铸浑天铜仪，以朱黑白三色，用殊三家，而合陈卓之数。高祖（隋文帝）……乃命庾季才等，参校周、齐、梁、陈及祖暅、孙僧

化官私旧图，刊其大小，正彼疏密，依准三家星位，以为盖图。

于是可知如下线索：刘宋太史令钱乐之，在陈卓汇总工作的基础上铸浑仪（性质与现代的天球仪相同），用红、黑、白三色来区分甘、石、巫咸三家之星，后来北周庾季才等又依照这个原则绘制了“盖图”。不过“盖图”是一种更为古老的绘法，不太科学。敦煌星图不是“盖图”。前述《灵台秘苑》第一卷中的星图也不是盖图，倒是与敦煌星图有相似之处。

这样我们就知道，星分三色绘出是为了区分三家之星：甘氏用红色，石氏用黑色，巫咸氏用白色。但巫咸氏的星在唐代已改用黄色。这一改变是不难用常理来解释的：我们不应忘记最先钱乐之开始用三色是标在铜铸的浑仪上的，白色不会与铜色混淆。后来改为绘在纸或绢、帛上，则白色将与书写材料的本色混淆，故改为黄色。

用三色绘星以区别三家的做法，直到南宋仍有保存，这可以从宋人笔记中获得旁证。叶绍翁《四朝闻见录》甲集“词学”条记徐子仪考试事云：

徐试《三家星经序》，备记甘公、巫咸、石申夫岁星顺逆与今红、黄、黑所圈，主司惊异，已置异等……

这里巫咸氏之星也用黄色，且甘、石两家之色与前述完全一致。但徐能备记三家三色之说，就令“主司惊异”，说明此时这一传统已渐趋消失。事实上，此后三家之星就不再区别了，例如

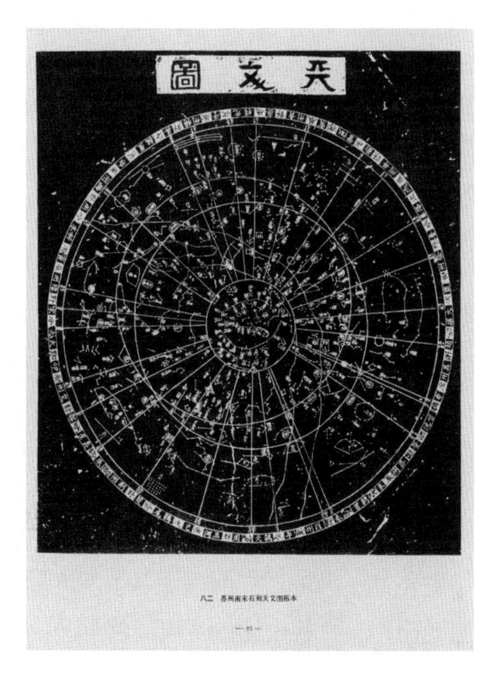

苏州南宋石刻天文图拓本

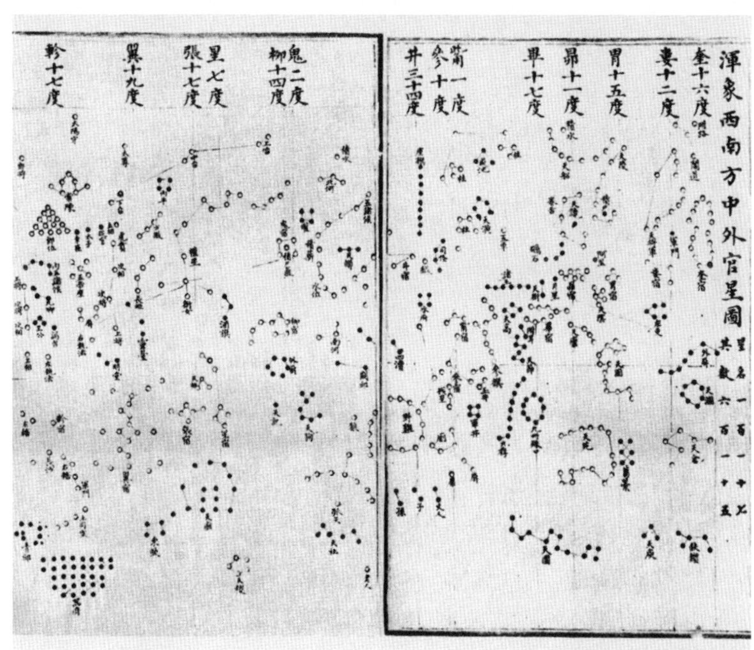

《新仪象法要》星图（局部）

现在尚保存完好、成于公元1193年（与徐子仪考试的年代约略相同）的苏州石刻天文图上，就未对众星作任何区分。

用三色区分三家之星的目的何在？国内学者似乎还从未有人加以探讨。对此，著名汉学家马伯乐（H. Maspero）倒有过一个颇具手眼的意见。他在《汉代之前的中国天文学》一文中认为，古人这样做并不是出于对科学史有什么兴趣（例如，想分清是谁的观测成就），而是由于相信三家星占之法不同，因而必须弄明白星是属于哪一家体系的。他的看法当然也只是猜测，但他从星占的重要性着眼还是大有道理的。[1]

宋代以后，传世的星图并不如人们想象的那样应该随着年代变近而增多。其中比较重要而值得一提的恐怕只有两幅：即前面提到的苏州石刻天文图，以及苏颂《新仪象法要》一书中所附的星图。

（4）步天歌

关于《步天歌》为何人所作，学者们争议颇多。在《新唐书·艺文志》子部著录有“王希明《丹元子步天歌》一卷”。关于《步天歌》来源最重要的史料，见于宋代郑樵《通志·天文略》卷六：

> 隋有丹元子者，隐者之流也，不知名氏，作《步天歌》，见者可以观象焉。王希明纂汉、晋志以释之，《唐书》误以为王希明也。

1 ［法］马伯乐：《汉代之前的中国天文学》，*T'oung Pao*, Vol.26 (1929)。

对于郑樵之说，学者们也有不同意见。有些人还是主张将《步天歌》列为唐代作品。

《步天歌》按陈卓所定的星官，用浅近的七言韵语历叙天上1464颗恒星的位置。有些人将其视为秘宝，认为只能在灵台传诵，不可传入民间。这种主张显然是上古遗风，认为凡属“天文”的知识，都涉及天人之际的大奥秘，关系到王朝统治权是否旁落的大问题。但实际情况是，由于《步天歌》通俗易记，后来在民间流传颇广。下面是其中关于北极附近星空“紫微垣”的一段：

> 中元北极紫微宫，北极五星在其中。大帝之座第二珠，第三之宫庶子居，第一号曰为太子，四为后宫五天枢。左右四星是四辅，天一太一当门路。左枢右枢夹南门，两面营卫一十五。上宰少尉两相对，少宰上辅次少辅。上卫少卫次上丞，后门东边大赞府。门西唤作一少丞，以次却向前门数。阴德门里两黄聚，尚书以次其位五。女史柱史各一户，御女四星五天柱。大理两星阴德边，勾陈尾指北极颠……

这些句子看起来毫无天文色彩，倒像是一份古代职官表，这正是中国古代星官命名的特点。这一特点具有深厚的思想根源和广泛的文化背景，绝非偶然。

《步天歌》把星空分成“三垣二十八宿”共31个部分。这种划分法从此成为古代星空划分的标准方法，沿用约一千年，直到明末西方天文学大举输入中国，情况才发生变化；直到现代天文学在中国出现，它才最终被废弃。所谓三垣是：

紫微垣、太微垣、天市垣。

二十八宿是：

东方七宿：角亢氐房心尾箕，
北方七宿：斗牛女虚危室壁，
西方七宿：奎娄胃昴毕觜参，
南方七宿：井鬼柳星张翼轸。

二十八宿的起源问题，是中外学者长年聚讼纷纭的热门，涉及范围之广，远非外人所能想象，古今中外，诸如天文学、地理学、考古学、民俗学、年代学、宗教学、古代中亚交通、印度梵文典籍、巴比伦泥板文书、中国甲骨文……都有涉及。关于此问题迄今仍有供各种奇情异想驰骋的广阔余地，几乎不可能得出确定的答案。实际上此问题已成为“学术操练”的经典课题之一。本书第六章会述及这一问题上引人入胜的各家之说。

明末耶稣会士来华传教，他们大多对中国传统文化已有相当造诣。其中利玛窦曾仿照《步天歌》的形式撰《经天该》，也是供记忆星象之用。后梅文鼐（梅文鼎之弟）编有《中西经星同异考》，其中载有“古歌”和“西歌”两种，“古歌”即《步天歌》，“西歌”即《经天该》。

在依次讨论过星官、星经、星图和步天歌之后，不妨再回顾一下前面提到过的北周庾季才撰、北宋王安礼等人重修的《灵台秘苑》。此书本身当然可列于星经之中，其中的星官也是完全按“三垣二十八宿”排列的，其卷一中有类似敦煌卷子斯

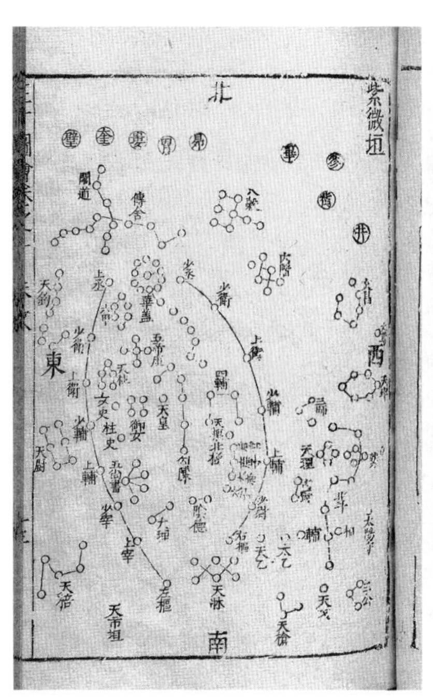

◥ **紫微垣**

《三才图会》，槐荫草堂藏

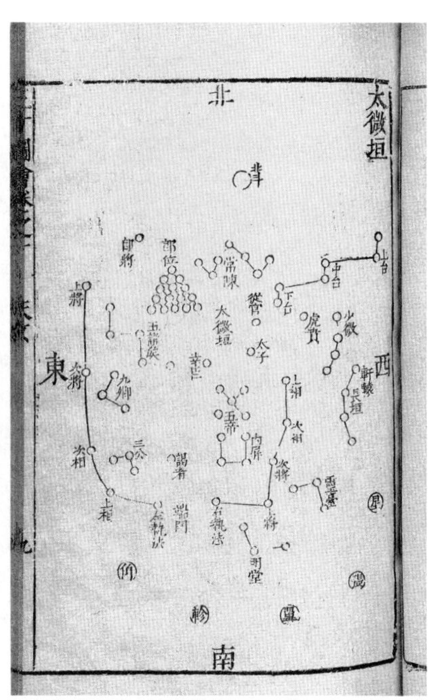

◥ **太微垣**

《三才图会》，槐荫草堂藏

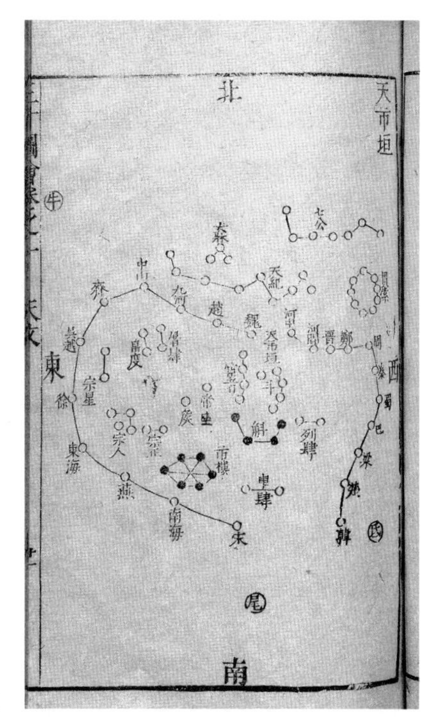

◥ **天市垣**

《三才图会》，槐荫草堂藏

3326号的星图，而且，在各幅星图旁边，还录有相应的《步天歌》内容。因此，此书堪称“四美俱全”，是中国古代星象文献的集中代表。

2. 人间在天上的投影

中国古代星官与星的名称，与人间生活靠得很近。古希腊人用神话中的人（神）、动物和器物为天上的星座命名，这一命名系统仍被现代天文学沿用，在全世界通行。为了便于与中国古代的命名比较，并从这两者的差异中分析其文化含义，也许有必要耗费一点篇幅，将现今仍在全世界通用的80余个西方星座名称先录出如下（有少数系后加者）：

仙女　唧筒　天燕　宝瓶　天鹰　天坛　白羊　御夫　牧夫　雕具　鹿豹　巨蟹　猎犬　大犬　小犬　摩羯　船底　仙后　半人马　仙王　鲸鱼　蝘蜓　圆规　天鸽　后发　南冕　北冕　乌鸦　巨爵　南十字　天鹅　海豚　剑鱼　天龙　小马　波江　天炉　双子　天鹤　武仙　时钟　长蛇　水蛇　印第安　蝎虎　狮子　小狮　天兔　天秤　豺狼　天猫　天琴　山案　显微镜　麒麟　苍蝇　矩尺　南极　蛇夫　猎户　孔雀　飞马　英仙　凤凰　绘架　双鱼　南鱼　船尾　罗盘　网罟　天箭　人马　天蝎　玉夫　盾牌　巨蛇　六分仪　金牛　望远镜　三角　南三角　杜鹃　大熊　小熊　室女　飞鱼　狐狸

上面那些带有近代色彩的星座名，如望远镜、显微镜、印第安等，都是南天星座——当年位于北半球的古希腊人所不知道的。除此之外，我们可以感受到强烈的神话气息，熟悉希腊罗马神话的读者当然更是如此。不管怎么说，这些星座名称既远离人间的日常生活，也没有任何“官气”。

再来看中国古代星官的名称。我们不妨仍以《开元占经》卷六十五至七十所记录的石、甘、巫咸三家星官为准，这些星官可分成如下几类：

甲　帝王贵族及有关者：

帝座　侯　五诸侯　五帝内座　四帝座　天皇　大帝　太子　内五诸侯　诸王　女御　宗人　帝席

乙　文武官职：

宦者　宗正　天将军　郎将　郎位　骑官　四辅　柱下史　女史　尚书　三公　谒者　三公内座　九卿内座　从官　幸臣　骑阵将军　土司空　土公吏　大理　天相　虎贲　相　车骑

丙　机构设施及建筑：

房　营室　东壁　东井　神宫　天市　军井　阁道　附路　天关　南北河戌　屏　三台　天牢　库楼　南门　羽林　垒壁阵　天仓　天囷　天廪　天苑　玉井　厕　军市　天理　内厨　内阶　天厨　传舍　车府　市楼　亢池　渐台　辇道　天田　天门　平道　明堂　灵台　军南门　天潢　盖屋　天街　天溷　外屏　天庾　天园　天庙　长垣　阳门　天社　军门　列肆

车肆　屠肆　天垒城　天厩　器府

丁　日用器物：

角　箕　南斗　毕　轸　大角　女床　贯索　河鼓　旗　瓠瓜　天船　五车　积薪　败臼　参旗　弧　华盖　北斗　天床　内杵　臼　河鼓　左旗　斛　周鼎　酒旗　天罇　座旗　砺石　阵车　糠　铁锧　刍藁　天节　九游　东瓯　天辐　钩　天籥　天箭　虚梁　天钱　天纲　玄戈　天枪　天棓　六甲　天弁　策　扶筐

戊　动物、植物、山川：

牵牛　柳　梗河　天江　天津　螣蛇　龟　鱼鳖　野鸡　狼　天鸡　天乳　尾　八谷　天阿　青丘　狗　狗国　天狗　翼　积水　咸池　天渊　稷　阙邱　天柱

己　人物：

女　织女　王良　造父　傅说　老人　人　农　丈人　丈人　子孙　奚仲

庚　神怪：

鬼　轩辕　文昌　天一　太一　司命　司禄　司危　司非　司怪　八魁　离珠

辛　与人类有关的事物：

卷舌　积尸　屎　哭　泣

壬　国名：

齐　赵　郑　越　周　秦　代　晋　韩　魏　楚　燕

以上九类只是初步的划分。还有少数星官之名因意义不明，未曾列入，已列入的也可能有归类不当之处。但我们已经可以明显看出：人间万物和社会组织几乎全部照搬到天上了。这与西方星座名称的超然性形成鲜明对比。古代中国人为什么要这样做？是出于何种思想的指导？且看东汉张衡《灵宪》中的一段话：

星也者，体生于地，精成于天，列居错跱，各有归属。紫宫为皇极之居，太微为五帝之廷。明堂之房，大角有席，天市有坐。苍龙连蜷于左，白虎猛踞于右，朱雀奋翼于前，灵龟圈首于后，黄神轩辕于中。六扰既畜，而狼蚖鱼鳖，罔有不具。在野象物，在朝象官，在人象事，于是备矣……庶物蠢蠢，咸得系命。

张衡认为，地上万物皆有“精”，这些“精”就在天上成为星。因此“在野象物，在朝象官，在人象事”，万物毕备于天。特别是“庶物蠢蠢，咸得系命”二语，形容极确，竟连人间的“厕”和“屎”都没有遗漏！不过张衡之论与其说是古人命名星官的指导思想，不如说更像是在星官已有命名之后，理论对现实的附会。

至于“苍龙连蜷于左……”云云，则是古人五行学说在天文学／星占学方面的表现，这里顺便将与此关系较密切的一组列出如下：

东	木	青	春	苍龙	东方七宿左
西	金	白	秋	白虎	西方七宿右
南	火	红	夏	朱雀	南方七宿前
北	水	黑	冬	玄武	北方七宿后
中	土	黄			中

张衡文中所说的左、右、前、后、中，是假定人面南背北而立所见。面南背北是古代的“标准朝向”，天子面对群臣就是这个朝向，拳术行话也是据此来对应的，如“面朝东”指向左，“向北一步”指后退一步，等等。张衡所说的“灵龟”，即玄武，但它的形象经常是一只龟与一条蛇的结合体。

张衡的解释虽不十分令人满意，但实际上我们只要回忆前文所讨论的内容，考虑到天人合一的宇宙观在中国古代是如何源远流长，深入人心，就不难理解古人在为星官命名时为何会这样细致、全面地将人间投影到天上了。除了星官，许多星也有自己单独的名称，但情形与星官之名一样，仍是人间事物的投影。

3. 星官和星的神话

中国古代虽不像西方那样大量引用神话题材去命名星座，但众多星官和星的名称中，也有一些中国古代神话中的人物和事物。至于是星官据神话而命名，还是神话据星名而创作，则因年代久远，文献不足，在大多数情况下很难确切区分。下面我们选择若干则关于星官之名的神话略加分析。对于像“牛郎织女”这类众所周知的神话，这里当然不再赘述。

（1）奚仲

传说中车的发明人。清代王谟辑《世本·作篇》云“奚仲作车”，又《管子·形势》有云：“奚仲之为车器也，方圆曲直，皆中规矩准绳，故机旋相得，用之牢利，成器坚固。”明代陈耀文《天中记》卷二则谈到奚仲如何上天为星：

> 《观象赋》云：奚仲托精于津阳。注：奚仲四星在天津北，近河傍。太古时造车舆者，死而精上为星。

我们看到，这和前述张衡“星也者，体生于地，精成于天”的思想是完全一致的。另有一种说法认为奚仲之子才发明了车，见于《山海经·海内经》：

> 帝俊生禺号，禺号生淫梁，淫梁生番禺……番禺生奚仲，奚仲生吉光，吉光是始以木为车。

郭璞注对此采取折中解释：“明其父子共创作意，是以互称之。”

（2）傅说

殷王武丁的宰相。据《史记·殷本纪》记载，傅说原是筑城的刑徒，武丁梦中知道他是圣人，就找他来当宰相：

> 武丁夜梦得圣人，名曰说。以梦所见视群臣百吏，皆非也。于是乃使百工营求之野，得说于傅险中。是时说为胥靡，筑于傅险。见于武丁，武丁曰是也。得而与之语，果圣人，举以为相，殷国大治。故遂以傅险姓之，号曰傅说。

傅说之所以成为天上之星官名，也很有趣。《楚辞·远游》说“奇傅说之托辰星兮”，洪兴祖补注引陆德明《庄子音义》云：“傅说死，其精神乘东维，托龙尾。今尾上有傅说星。”这里“尾”指二十八宿中的尾宿，它被古人认为是“东方苍龙”之尾，由九颗星组成一条尾巴形状。九星之末，另有一星，即傅说。所谓“托龙尾”即指此。

（3）王良

古之善驭者。《淮南子·览冥训》云：

> 昔者，王良造父之御也，上车摄辔，马为整齐而敛谐，投足调均，劳逸若一。

此处高诱注云：

> 王良，晋大夫邮无恤子良也，所谓御良也。一名孙无政，为赵简子御，死而托精于天驷星，天文有王良星是也。

照此看来，王良在历史上实有其人的可能性比傅说还大些。王良是晋国大夫邮无恤之子，号“御良”，又名孙无政，是晋执政大臣赵简子的御者。《晋书·天文志》云：

王良五星在奎北，居河中，天子奉车御官也。其四星曰天驷，旁一星曰王良，亦曰天马。

也就是说，名为王良的星官由五颗星组成，其中四颗是驾车的四匹马，另一颗可以理解为王良的“精”。

（4）造父

传说中周穆王的御者。《史记·赵世家》云：

造父幸于周缪王。造父取骥之乘匹，与桃林盗骊、骅骝、绿耳，献之缪王。缪王使造父御，西巡狩，见西王母，乐之忘归。而徐偃王反，缪王日驰千里马，攻徐偃王，大破之。乃赐造父以赵城，由此为赵氏。

盗骊、骅骝、绿耳等，都是古代传说中的绝世骏马，屡见于后代诗文歌咏中。造父能识骏马，所以又被说成与伯乐是同一人，见于《晋书·天文志》：

传舍南河中五星，曰造父，御官也。一曰司马，或曰伯乐。

（5）离珠

又作“离朱”，传说中的三头人。《山海经·海内西经》云：

服常树，其上有三头人，伺琅玕树。

这个三头人，据《艺文类聚》卷九十引《庄子》说，即名离珠：

南方有鸟，其名为凤，所居积石千里。天为生食，其树名琼枝，高百仞，以璆琳琅玕为实。天又为生离珠，一人三头，递卧递起，以伺琅玕。

不过这段话在现今流传的《庄子》中并未出现。又，离珠又名离瑜，两者是同一物。

（6）天门

天界的门户。《楚辞·九歌·大司命》有“广开兮天门”之句，洪兴祖补注云：“天门，上帝所居紫微宫门也。”古人常有“天门九重”之说，比如《楚辞·招魂》之“虎豹九关”，谓天门九重由虎豹看守。又如《晋书·陶侃传》说陶侃“梦生八翼，飞而上天，见天门九重，已登其八，惟一门不得入”。

天门被认为在西北方。《周礼·大司徒》疏引《河图纬括地象》云：“天不足西北……西北为天门。”《文选》注谢惠连《雪赋》引《诗纬含神雾》云：“天不足西北，无有阴阳，故有龙衔火精以照天门中也。”说得最详明者见于《神异经·西北荒经》：

西北荒中有二金阙，高百丈……二阙相去百丈，上有明月珠，径三丈，光照千里。中有金阶，西北入两阙中，名天门。

（7）天柱

撑天的柱子。人们比较熟悉的一种说法见于《淮南子·天文训》：

> 昔者共工与颛顼争为帝，怒而触不周之山，天柱折，地维绝。

这是将不周山视为天柱。但又有一些说法，认为天共有八柱，如《楚辞·天问》“八柱何当?”王逸注云:“言天有八山为柱，皆何当值。”又如唐高祖李渊之祖李虎，在北周时与另外七位重臣“功参佐命，当时称为八柱”，多半也是从天有八柱的观念而来。

又有以昆仑山为天柱之说，《神异经·中荒经》云：

> 昆仑之山，有铜柱焉，其高入天，所谓天柱也，围三千里，周圆如削。

这样的天柱，看来大约只有一根。天有柱的观念，在中国古代流传甚广，比如旧小说中形容某人之伟大不凡，常用“擎天白玉柱，架海紫金梁”之类的套语。天柱的观念与古人天地相通的观念很可能是相辅相成的。

（8）天鸡

在扶桑之树上的神鸡。其鸣声会得到日中三足乌的呼应。《玄中记》云：

> 蓬莱之东，岱舆之山，上有扶桑之树。树高万丈，树颠常有天鸡为巢于上。每夜至子时则天鸡鸣，而日中阳乌应之；阳乌鸣，则天下之鸡皆鸣。

李白诗《梦游天姥吟留别》中有“半壁见海日，空中闻天鸡”之句，即用这一神话为典。

天鸡在传说中又被认为是一种巨鸟。《太平御览》卷九二七引《神异经》云：

> 北海有大鸟，其高千里……左足在海北涯，右足在海南涯。其毛苍，其喙赤，其脚黑，名曰天鸡，一名鷖……或时举翼飞，其两羽切，如雷如风，惊动天地。

这些文句，倒很像《庄子》的模拟品，但模拟得不算高明。

与星官名或星名有关的神话，总的来说颇为零散，相互间不成体系。上面仅顺手举了八则为例，以见其一斑。其余的情形，大体也是如此。相比之下，古希腊人和古罗马人面对星空，可以叙述出整套的神话故事。这一差别显然和中西神话体系本身直接有关。

三、天文历史年代学：星象与史学谜案

历史学家经常苦于无法确知某些重大历史事件发生的准确年代。有时他们绞尽脑汁，反复考证，仍然得不到答案。但在有些情况下，天文学可以为他们提供帮助。

古人由于有天人感应的思想，对于记录天象极其重视，而对于重大事件发生时的天象，更是记录得颇为详细。严格地说，星象只是天象中的一类，不过古人在使用这两个词汇时并不太讲究。对现代天文学而言，由于掌握了天体力学，千百年前天空的

景象，许多都可以往前逆推而令其重现。因而，如果历史文献对于某重大历史事件虽未记载其年月，但记载了当时的某种天象，则天文学家就有可能通过逆推该天象出现的时间来推断事件发生的年代。下面选择几则中外闻名的有趣例子，略作介绍和讨论。

1. 武王伐纣的年代及日程

依据早期史籍中关于武王伐纣时的各种天象记载，以天文学方法来求解武王伐纣之年代，并设法重现武王伐纣时之日程表，是一件相当复杂的工作。笔者领导的团队，在完成这一工作的过程中设计了几种不同的方案，非常令人惊异的是：这几种方案所得出的结果，全都导向一个完全相同的结论！[1]

史籍中涉及武王伐纣事件年代信息的文本，共有16项，经过考证和推验，能够为武王伐纣年代提供有效信息的有7条，其中最重要的是《国语·周语下》伶州鸠对周景王所述武王伐殷时的天象：

> 昔武王伐殷，岁在鹑火，月在天驷，日在析木之津，辰在斗柄，星在天鼋。星与日辰之位，皆在北维。

先对此段提及的天象逐一解释：

岁在鹑火　意为木星在鹑火之次。

月在天驷　从字面上理解，当然是指月球运行至天驷所在之

1　关于此事的详细史料及研究情况，参见江晓原等：《回天——武王伐纣与天文历史年代学》，上海交通大学出版社，2014年。

处。“天驷”者，星名也，即天蝎座π星（π Sco），这颗星也正是二十八宿中房宿的距星。故此处韦昭注云“天驷，房星也”。[1]

日在析木之津　《左传》《国语》提到“析木”时总跟着“之津”两字，说明“析木”所指的天区位于黄道上横跨银河之处，“析木之津”所占天区，公元前1100—前1000年间的黄经范围在223°—249°之间。

辰在斗柄　韦昭注：“辰，日月之会（即太阳和月亮运行到黄经相等之处）；斗柄，斗前也。”“斗”可以指北斗，也可以指南斗，即二十八宿中的斗宿，但“辰”既然是“日月之会”，就完全排除了北斗的可能——太阳和月亮只能在黄道附近运行，它们永远不可能跑到北斗那里去。所以“斗柄”只能是指南斗。这样，“辰在斗柄”的唯一合理释读就是：日、月在南斗（斗宿）合朔。

星在天鼋　韦昭注：“星，辰星也。”辰星即水星，水星常在太阳左右，与太阳的最大角距离仅28°左右。天鼋，韦昭注：“次名，一曰玄枵。”故“星在天鼋”意为“水星在玄枵之次”。

星与辰之位，皆在北维　此句没有独立信息——当太阳和水星到达玄枵之次时，它们就是在女、虚、危诸宿间，这些宿皆属北方七宿，此即“北维”之意也。

然后对上述天象逐条进行验算：

岁在鹑火　前贤几乎全都将目光集中在“岁在鹑火”的天象上，此天象看似简单，其实大有问题。在一些先秦文献中，“岁在某某”（后世又多用“岁次某某”）是一种常见的天象记载。这类天

1　有人认为也可指中国古代的“天驷”星官（由包括天蝎座π星在内的四颗黄经几乎完全相等、与黄道成垂直排列的恒星组成，古人将之比附驾车之四匹马）。

象记载的真实性，前贤很少怀疑。有不少学者在处理先秦年代学问题时，还将岁星天象记载作为重要的判据来使用。然而，先秦文献中的此类记载其实大可怀疑。我们曾对《左传》《国语》中有明确年代的岁星天象记载进行地毯式的检索，共得9项；然后针对此9项记载，用专业天文学软件DE404进行回推计算，结果发现竟无一吻合！因此用“岁在鹑火”作为确定伐纣之年的依据，是不可靠的。所以我们先不使用“岁在鹑火”——但考虑到伶州鸠所述天象的特殊性，不妨将其用作辅助性的参证。

月在天驷·日在析木之津　这个初看起来似乎每月都可以发生的天象，实际上要10年左右才能见到一次，主要有两个原因：一是月球轨道与黄道之间有倾角，只有当月球黄纬在负5°左右时，月球才会恰好紧挨着天驷，位于其正上方或正下方，甚至掩食天驷。这才是真正的“月在天驷”。二是这种天象通常都发生在清晨周地地平线附近，往往还未升上地平线就已天亮，或在天亮后才发生。

东面而迎岁　古籍中所保留的武王伐纣时天象记录中，关于岁星（即木星）天象，除前述伶州鸠“岁在鹑火”之外，另有三条，皆极重要：[1]

> 武王伐纣，东面而迎岁。（《淮南子·兵略训》）
>
> 武王之诛纣也，行之日以兵忌，东面而迎太岁。（《荀

1　以往对武王伐纣之年的研究中，有涉及天象记录者，往往仅取一二条立论，故言人人殊，难有定论。而实际上正确的原则，应该对所有记载逐一考察，不可用者应证明其何以不可用，而所得武王伐纣年代日程应与所有可用者同时吻合。对此笔者另有专文详细论述。

子·儒效》)

武王征商，隹甲子朝，岁鼎克昏，夙有商。(利簋铭文)

前两条表明周师出发向东行进时见到“东面而迎岁”的天象。后一条表明牧野之战那天的日干支是甲子，而且此日清晨在牧野见到“岁鼎”——即木星上中天。[1]

周师出发之日，依韦昭注日干支为戊子，谓“武王始发师东行，时殷十一月二十八日戊子，于夏为十月”，其说应本于刘歆《三统历·世经》(《汉书·律历志下》)“师初发，以殷十一月戊子”之说。刘歆之说可信与否，原可怀疑，但除此之外，并无别说，则此处先以此为假设，由此出发进行推理，若结果与其他文献不能吻合，自可疑之；若处处吻合，则自应信其为真也。

计算表明，公元前1045年12月3日日干支为丁亥，次日就是戊子。[2]非常奇妙的是，偏偏只有这一天真正符合“东面而迎岁”的天象！至此我们可以初步设定，武王伐纣之师于公元前1045年12月4日出发。

《武成》《世俘解》之历日　出兵之日既定，则另两条史料就可发生重大作用：其一为《汉书·律历志下》引《尚书·周书·武成》(以下简称《武成》)：

1　“上中天”是指天体运行到当地子午线上，或者说在正南方达到最大地平高度。太阳上中天时就是当地正午。关于利簋铭文，这里必须提到李学勤在1998年12月20日撰写的一篇文章：《利簋铭与岁星》(提要)，指出张政烺在1978年第1期《考古》发表《利簋释文》一文，最先提出利簋铭文中的“岁”应释为岁星，李学勤认为：“张政烺先生首倡的这一说法，能照顾铭文全体，又可与文献参照，应该是最可取的。”

2　处理这类问题时，学者们从来都假定纪日干支是自古连续至今而且从不错乱的。这虽是一个有点无奈的假定，但一者没有这个假定一切都将无从谈起，二者也确实未发现过决定性的反例。

惟一月壬辰，旁死霸，若翌日癸巳，武王乃朝步自周，于征伐纣。

粤若来三（当作二）月，既死霸，粤五日甲子，咸刘商王纣。

其二为《逸周书·世俘解》（以下简称《世俘解》）：

惟一月丙午旁生魄，若翼日丁未，王乃步自于周，征伐商王纣。越若来二月既死魄，越五日甲子朝，至，接于商，则咸刘商王纣。

上述两条史料通常被认为同出一源。其中“死魄”指新旧月之交，此时月亮完全看不见——理解为朔亦无不可。“生魄”指望。对于此类月相术语之定义，多年来“定点”“四分”等说聚讼纷纭，迄无定论。1998年李学勤先生发表论文，证明在《武成》《世俘解》等篇中，依文义月相只能取“定点说”，一言九鼎，使武王伐纣之年研究中的一个死结得以解开。[1]《武成》《世俘解》历日可以为我们提供一个伐纣战役日程表，与这个日程表结合起来考察，就能揭示出伶州鸠所述一系列天象的真正面目。

岁鼎克昏 现在只剩下最后一项验证：公元前1044年1月9日这天早上是否有木星上中天的天象可见？这一点是利簋铭文

1 李学勤：《〈尚书〉与〈逸周书〉中的月相》，《中国文化研究》1998年第2期（夏季号）。

所要求的。以SkyMap3.2软件演示之，结果令人惊奇！

下图中显示的是公元前1044年1月9日甲子清晨，在牧野当地时间4:55向正南方所见的实际天象：岁星恰好上中天，地平高度约60°，正是最利于观测的角度，而且南方天空中没有任何其他行星。此时周师应已晨兴列阵，正南方出现“岁鼎”天象，非但太史见之，大军万众皆得见之。设想此时太史指着天象说“岁鼎佳兆，正应克商”，则军心振奋，此正星占学之妙用也。

公元前1044年1月9日清晨上中天的木星（岁鼎）

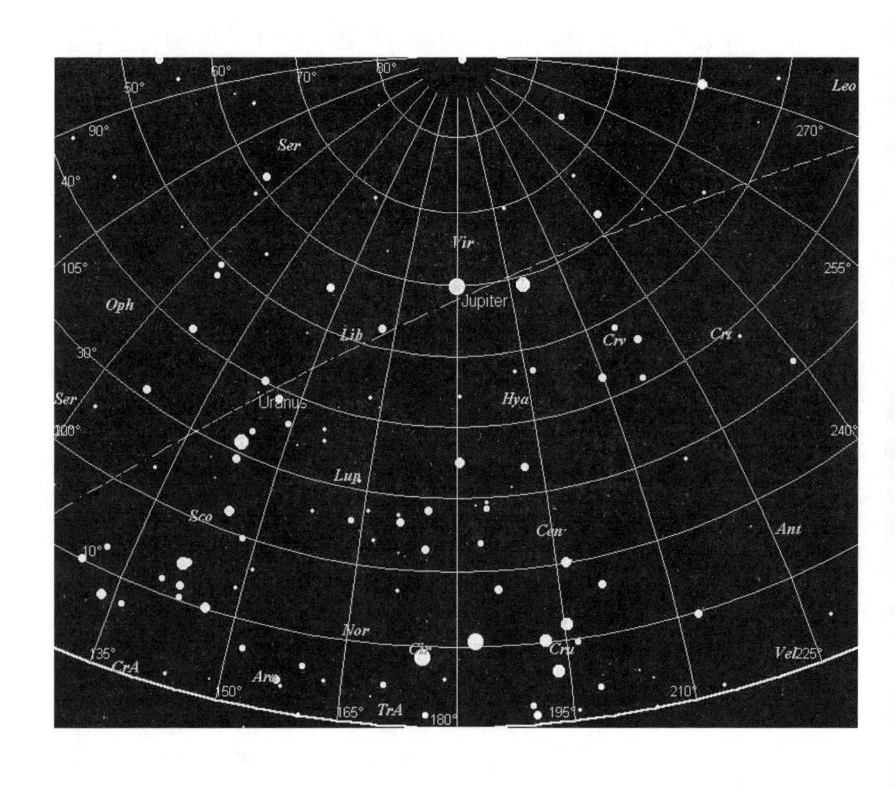

至此已经清楚看到：伶州鸠所述武王伐纣时一系列天象能够与《武成》《世俘解》所载日程及《淮南子》等文献所述岁星天象一一吻合。更重要的是，根据《武成》“粤五日甲子，咸刘商王纣”及利簋铭文，牧野之战的日期就此可以确定：

公元前1044年1月9日甲子

现在可以再来讨论“岁在鹑火”问题了。尽管前贤都对此大感兴趣，但如上所述，对于确定武王伐纣的年代和日程来说，“岁在鹑火”的条件是完全不必要的。不过此项记载既然甚得学者们厚爱，我们也可以有所交代。

伶州鸠对周景王所说的伐纣天象中，实际上包括四条独立的信息：岁在鹑火、月在天驷、日在析木之津、星在天鼋。后三条经过上面的推算及多重验证，表明它们皆能与《武成》《世俘解》及利簋铭文等相合，可见伶州鸠之说相当可信。

“武王伐纣”是一个时间段的概念。它应有广、狭二义。就狭义言之，是从周师出发到甲子克商。若取广义言之，则可视为一个长达两年多的过程——就像我们说抗日战争进行了14年、解放战争进行了3年一样，“武王伐纣”的战争进行了2年，以牧野克商而告胜利结束。《史记·周本纪》这样记载：

九年，武王上祭于毕，东观兵，至于盟津。……是时，诸侯不期而会盟津者八百诸侯。诸侯皆曰：“纣可伐矣！”武王曰：“女未知天命，未可也。”乃还师归。居二年，闻纣昏乱暴虐滋甚……

在牧野之战的前两年，武王已经进行了一次军事示威，表明了反叛的姿态，八百诸侯会孟津，这完全可以视为“武王伐纣”的开始。这一年，按照我们推算的伐纣年代，应该是公元前1047年。用DE404计算的结果表明，这一年岁星的运行范围在黄经68°—107°之间，而此时鹑火之次的黄经范围在96.63°—129.91°之间，下半年大部分时间岁星都在鹑火之次！[1]这样，我们完全有理由认为，伶州鸠所说的“昔武王伐殷，岁在鹑火”也是正确的。但这当然不能用来证明《左传》《国语》中其他岁星记载的正确性。

一个特别引人注目之处，是伶州鸠所述各项天象，其顺序大有文章——它们实际上是按照伐纣战役进程中真实天象发生的先后顺序来记载的。这样看来，说伶州鸠所述天象是武王伐纣时留下的天象实录，实不过分。

最后，综合《武成》《世俘解》《国语》《淮南子》《荀子》《史记》等史籍中对武王伐纣之天象及史事的全部重要记载，可以重现的武王伐纣精确日程之一览表如下：

日期（公元前）	干支	天　象	天象出处	事　件	事件出处
1047		岁在鹑火（持续半年）	国语	孟津之会，伐纣之始	史记·周本纪

1 《汉书·律历志下》刘歆《三统历·岁术》记载了十二次与二十八宿之对应，其中的鹑火之次是“初柳九度……终张十七度”，柳、张距星在当时的黄经很容易以岁差推算而得，据此可求出鹑火之次的黄经范围。周初是否已有十二次，此处不必肯定，因为关键是传下来的数据，而不是表达数据的方式——方式可以随时代而改变。

（续表）

日期（公元前）	干支	天象	天象出处	事件	事件出处
1045.12.3	丁亥	月在天驷，日在析木之津	国语		
1045.12.4	戊子	东面而迎岁，后多日皆如此	淮南子	周师出发	三统历、世经
1045.12.7	辛卯	（朔）			
1045.12.8	壬辰	壬辰旁死霸	武成		
1045.12.9	癸巳			武王乃朝步自周	武成
1045.12.21	乙巳	星在天鼋，可见5日	国语		
1045.12.22	丙午	丙午旁生魄（望）	世俘解		
1044.1.3	戊午			师渡孟津	史记·周本纪
1044.1.5	庚申	既死霸	武成		
1044.1.6	辛酉	（朔）			
1044.1.9	甲子	岁鼎，木星清晨4:55上中天	利簋	牧野之战，克商	利簋、武成、世俘解
1044.2.4	庚寅	星在天鼋，可见20日。又朔	国语		
1044.2.19	乙巳	既旁生霸（望）	武成		

（续 表）

日期（公元前）	干支	天　象	天象出处	事　件	事件出处
1044.2.24	庚戌			武王燎于周庙	武成
1044.3.1	乙卯			乃以庶国祀馘于周庙	武成

2. 武王伐纣与哈雷彗星

关于武王伐纣时的天象，有一条记载见于《淮南子·兵略训》：

> 武王伐纣，东面而迎岁，至汜而水，至共头而坠，彗星出而授殷人其柄。当战之时，十日乱于上，风雨击于中。然而前无蹈难之赏，而后无遁北之刑，白刃不毕拔，而天下得矣。

大意是说：武王伐纣时，黄昏在东面（进军方向）看到木星（即古人所言之岁星），到汜地遇到大雨水，到共头山时遇到山崩，还出现彗星，像扫帚一样，将帚尾对准西方（即周人所在之地）而将把柄授予殷人。到双方交战时，天上有十个太阳的混乱，天地之间有大风雨的袭击。所有这些征兆都对武王方面不利。而且武王的军队前进没有鼓励的赏赐，败逃没有惩戒的刑罚。然而尽管如此，武王却在白刃未全拔出的转瞬之间就击溃了殷纣的军队，平定了天下。

按后世流传的星占学理论来看，这是一个不利于周武王军事行动的天象，因为“时有彗星，柄在东方，可以扫西人也”。就是说，周武王的军队在向东进发时，在天空见到一颗彗星，它像一把扫帚，帚柄在他们要进攻的殷人那一边（东边）。但是对于天文学家来说，这条记载给出了彗头彗尾的方向，不失为一个宝贵信息。

已故紫金山天文台台长张钰哲，曾计算太阳系大行星对哈雷彗星轨道的摄动，描述哈雷彗星3 000年轨道变化的趋势，在此基础上，对中国史籍中可能是哈雷彗星的各项记录进行了分析考证。从秦始皇七年（公元前240年）起，下至1910年，我国史籍上有连续29次哈雷彗星回归的记载；秦始皇七年之前还有3次回归的记载。当然，记载了哈雷彗星的出现，并不意味着发现了哈雷彗星，因为古代中国人并不知道这32次记录的是同一颗彗星。

不过，张钰哲发表在《天文学报》1978年第1期上的论文《哈雷彗星的轨道演变的趋势和它的古代历史》中，最引人注目的，是他详细探讨了中国史籍中第一次哈雷彗星的记载，即公元前1057年的那次。它至少引出了一段持续40年的学术公案。

张钰哲在论文中，详细讨论了哈雷彗星公元前1057年的回归和前述《淮南子·兵略训》中“武王伐纣……彗星出而授殷人其柄”记载的相关性，最后他得出结论：“假使武王伐纣时所出现的彗星为哈雷彗，那么武王伐纣之年便是公元前1057—1056年。”

张钰哲这个结论，从科学角度来说是无懈可击的，因为他的前提是“假使武王伐纣时所出现的彗星为哈雷彗”——也就是说，他并未断定那次出现的彗星是不是哈雷彗星。或者也可以说，张钰哲并未试图回答“周武王见过哈雷彗星吗”这个问题。

但是，到了历史学家那里，情况就出现了变化。例如，历史学家赵光贤在张钰哲论文发表的次年（1979年），在《历史研究》杂志上撰文介绍了张钰哲的工作，认为“此说有科学依据，远比其他旧说真实可信”。然而，在赵光贤的介绍中，张钰哲的“假使”两字被忽略了，结果文科学者普遍误认为“天文学家张钰哲推算了武王伐纣时出现的彗星是哈雷彗星，所以武王伐纣是在公元前1057年。”

这里需要注意的是，文科学者通常不会去阅读《天文学报》这样的纯理科杂志，而《历史研究》当然是文科学者普遍会阅读或浏览的，所以赵光贤的文章，使得无意中被变形了的“张钰哲结论”很快在文科学者中广为人知。尽管中外学者关于武王伐纣的年代仍有种种不同说法，但公元前1057年之说，挟天文科学之权威，加上紫金山天文台台长之声望，俨然占有权重最大的地位。一位文科学者的话堪称代表：“1057年之说被我们认为是最科学的结论而植入我们的头脑。”

1998年“夏商周断代工程”开始，笔者负责的两个专题中，“武王伐纣时的天象研究”是工程最关键的重点专题之一，因为武王伐纣的年份直接决定了殷周易代的年份，而这个年份一直未能确定，所以古往今来有许多学者热衷于探讨武王伐纣的年代——前人已经先后提出了44种武王伐纣的年份！这些年份上下有大约100年的时间跨度。在这44种伐纣年份中，公元前1057年当然是最为引人注目的，也是我们首先要深入考察的。

前面说过，后世流传武王伐纣时的天象共有16条之多。这些天象记录并非全都可信，而且其中有不少是无法用来推定年份的。我们用电脑进行地毯式的回推计算检验，发现只有7条可以用来定年，而《淮南子·兵略训》中的那条居然未能入选。

因为只要回到张钰哲1978年《天文学报》论文的原初文本，就必须直面张钰哲的“假使”——我们必须解决这个问题：武王伐纣时出现的那颗彗星，到底是不是哈雷彗星？

张钰哲对哈雷彗星轨道演变的结论是可以信任的，所以我们可以相信哈雷彗星在公元前1057年确实是回归了；但由于武王伐纣年份本身是待定的，我们必须先对伐纣年份“不持立场”，所以伐纣时出现的那颗彗星是不是哈雷彗星，先不能通过年份来判断。

我们的办法，是对武王伐纣年份所分布的100年间，哈雷彗星出现的概率进行推算。[1]

在天文学上，将回归周期大于200年的彗星称为“长周期彗星”，这样的彗星无法为武王伐纣定年，先不考虑。周期小于200年但大于20年的彗星，称为“哈雷型彗星”，这样的彗星在我们太阳系中已知共有23颗（哈雷彗星当然也包括在内）。利用1701—1900年的彗星表，可以发现在此期间，有彗尾的彗星共出现80次（“彗星出而授殷人其柄”表明这颗彗星是有彗尾的），其中哈雷型彗星的占比是6%。如果将彗星星等限制到3等（考虑到过于暗淡的彗星肉眼难以发现），这个占比就下降到4%。以目前的理论而言，可以认为近4 000年间太阳系彗星出现的数量是均匀的，因此可以认为上述比例同样适合于武王伐纣的争议年代。

目前已知的23颗哈雷型彗星中，有6颗的周期大于100年，这意味着，在公元前1100—前1000年间，至少会有其中的17颗出现，其中某颗是哈雷彗星的概率已小于1/17；再与前面统计所

1　卢仙文等：《古代彗星的证认与年代学》，《天文学报》1999年第3期。

得哈雷型彗星的占比4—6%相乘，就降到了0.24—0.35%以下，或者说武王伐纣时的彗星为哈雷彗星的概率约为0.3%——考虑到任何周期长于100年的彗星也都可能出现在这100年中，这个概率实际上还要更小。

也就是说，武王伐纣时出现的那颗彗星，是哈雷彗星的可能性只有0.3%左右，将结论建立在如此微小的概率上，显然是不可能的。

而当我们从另外的7条天象记录得出武王伐纣之年是公元前1044年的结论之后，则哈雷彗星既然出现在公元前1057年，就反过来排除了武王伐纣时所见彗星为哈雷彗星的可能性。所以结论是：周武王伐纣时没有见过哈雷彗星。

3. 孔子诞辰与日食

并不是所有历史人物的诞辰都可以用天文学方法推算，但孔子的诞辰恰好可以。这是因为在有关的历史记载中，孔子诞辰碰巧与一种可以精确回推的周期天象——日食——有明确的对应关系。

在此之前，孔子诞辰历来就有争议，前人也尝试推算过。但是当我们注意到日食之后，这个推算工作就可以变得相当“投机取巧”了。具体的推算过程笔者已经于1998年在海峡两岸同时发表。此事虽然不算复杂，但涉及一些大众不太熟悉的约定。

关于孔子的出生，一共只有三条历史记载传世：

> 鲁襄公二十二年而孔子生。(《史记·孔子世家》)
>
> (鲁襄公)二十有一年，……九月庚戌朔，日有食之。冬

十月庚辰朔，日有食之。……十有一月，庚子，孔子生。(《春秋公羊传》)

（鲁襄公）二十有一年，……九月庚戌朔，日有食之。冬十月庚辰朔，日有食之。……庚子，孔子生。(《春秋穀梁传》)

第一条没有月、日的记载，无法提供诞辰的准确信息；第二条自己有矛盾——“十月庚辰朔”之后20天是庚子，则整个十一月中根本没有“庚子”的日干支。只有第三条自洽而且提供了月份和日期，因此当然只能依据这一条来推算孔子诞辰。

很多人以为，要推算以中国夏历记载的历史事件日期，就必须知道该历史事件当时所使用的历法。这在一般情况下是对的，前人推算孔子诞辰也全都遵循这一思路。但公元前6世纪时中国所用历法的详情，迄今尚无定论，前人推算孔子诞辰之所以言人人殊，主要原因就在这里（因为各家都要对当时的历法有所假定和推测）。

其实推算孔子诞辰问题非常幸运，根本不必遵循上述思路。因为在上述第3条记载中，有日食记录，而且已经分别提供了日食那天和孔子诞生那天的纪日干支（历史学界一致约定中国古代的纪日干支数千年来连续并且没有错乱），这就使我们可以借助天文学已有的成果，一举绕过历法问题而直取答案。

这些已有的天文学成果包括：

一、对历史上数千年来全部日、月食时间的精确回推计算。

二、对公元前日期表达的约定：即公元前日期用儒略历（格里历的前身）表达。所谓“公元前”，是我们对公元纪年的向前延伸，延伸自然应该连续，不能设想让公元16世纪才开始使用的格里历向前跳跃一千五百多年去延伸。格里历虽比儒略历精确些，但天文学家推算历史日期时，其实并不使用这两种历法中的任何一种，而只是约定使用儒略历来表达——这只是为了方便公众理解而已。

三、“儒略日”计时系统：这是一种只以日为单位（没有年和月），单向积累的计时系统，约定从公元前4713年1月1日（儒略历）起算。这可以使天文学家在推算古代事件时，避开各古代文明五花八门的历法问题，获得一个共同的表达系统。中国古代连续不断的纪日干支系统实际上与“儒略日”计时系统异曲同工。

四、中国古代纪日干支与公历日期的对应。

基于以上成果，鲁襄公二十一年是公元前552年，这年8月20日（儒略历），在曲阜确实可以见到一次食分达到0.77的大食分日偏食，而且出现此次日食的这一天，纪日干支恰为庚戌，这就与“九月庚戌朔，日有食之”的记载完全吻合（至于“冬十月庚辰朔，日有食之”的记载则无法获得验证，这次日食实际上并未发生）。然后，从“九月庚戌”逐日往下数50天，就到十月“庚子”，这天就是孔子的诞辰——事情就这么简单！

从下面这个表可以看得更清楚：

儒略日	史籍记载历日	天象与事件	公历日期（公元前）
1520037	襄公二十一年九月庚戌朔	日食	552年8月20日
1520067	襄公二十一年十月庚辰朔	日食（实际未发生）	552年9月19日
1520087	襄公二十一年十月庚子	孔子诞生	552年10月9日
1546536	哀公十六年四月己丑	孔子去世	479年3月9日

《史记·孔子世家》说“鲁襄公二十二年而孔子生”，但下文叙述孔子卒年时，却说“孔子年七十三，以鲁哀公十六年四月己丑卒”，鲁哀公十六年即公元前479年，551减479，只有72岁，这个问题只能用“虚岁”之类的说法勉强解释过去。

所以结论是：

孔子于公元前552年10月9日诞生，公元前479年3月9日逝世。

这个结果与《史记》中“孔子年七十三”的记载确切吻合。

另外，在上面的推算中，不需要对公元前6世纪的中国历法作任何假定和推测，事实上，我们根本不需要知道当时用的是什么历法。

顺便指出，邮电部在1989年发行“孔子诞辰2 540周年”纪念邮票，是依据孔诞为公元前551年而发的，这就在年份上出了差错，因为1 989＋（551–1）＝2 539年。这是一个低级错误，并不存在一个“公元0年”，所以公元前的年数必须减去1。

还有的人可能出于“国粹”之类的考虑，对于“阳历的孔子生日”极为反感，其实也无必要——在推算出正确的孔子诞辰之后，我们完全可以用对应的农历日期来表达孔诞，只是这样的话，每年对应的农历日期就要浮动了，不方便记忆。

目前国家有关部门和孔子家族尚未正式接受笔者所推算的结果（已有不少学者接受）。他们可能有他们的考虑。关于伟人诞辰之类的问题，以前有一位学者说得非常好：确定孔子哪天诞生是科学问题，而在哪天纪念孔子则是政治问题。

4. 释迦牟尼生年与月食

佛祖释迦牟尼其人的真实性，一般没有疑问（也有少数说法怀疑释迦牟尼究竟是否实有其人)，但对于他的生年，因史籍缺乏明确记载，只能依据佛教典籍中的有关记载作间接推算，于是也成为一个类似二十八宿起源问题那样的“学术操练”经典课题。据统计，关于释迦牟尼的生年，目前已出现60种不同说法。诸说中所主张的最早和最迟生年之间，相差竟达数百年之久。

东南亚各国通常以佛祖诞生于公元前624年之说为准。西方学者颇有主张佛祖生于公元前5世纪之初者，但渥德尔(A. K. Warder)的《印度佛教史》则采用佛祖生于公元前566年之说，与中国近代学者的结论仅差一年。日本学者又有几种说法，主张佛祖生于公元前5世纪下半叶。藏传佛教中推定的佛祖生年则要早得多，比如格鲁派的一种说法认为，佛祖诞生于公元前1041年。

佛祖生年虽难以确定，但对于他29岁出家，35岁“证道成佛”，典籍中的记载却很一致。据说他35岁那年在印度今名菩提伽耶的地方的一棵毕钵罗树(即菩提树)下悟道，其时当地适逢一次月食。于是出现了一条推算佛祖生年的途径：设法计算出该次月食的时刻，由此上推35年。

这个方法在理论上貌似可行。因为关于佛祖生年的说法虽然出入数百年之多，但现代天文学理论证明：两次完全相同的月食，即在同一地点见食，并在同一时刻发生，而且食的方位、食分等情形也绝对相同，要相隔约13个世纪才会重现。后者的时间跨度远远超出佛祖生年问题中出入的年数，故而按理可以获得唯一的答案。

但问题在于，这需要知道该次月食的精确细节，而佛教典籍中的记载却未能提供足够的细节，这是在意料之中的。即使释迦牟尼“证道成佛”时适有月食真有其事，当时的天文学发展水平也不可能记下足够的细节。这样一来，问题的不确定性就大大增加了。不过进行尝试的仍大有人在。下面以藏传佛教中的一个推算结果为例，以见一斑。

据藏文《大藏经》记载，释迦牟尼是在35岁那年的“氐宿月”月圆之日（望）拂晓时“证道成佛”的，当时适逢月食。事件的地点如前所述，在印度的菩提伽耶（地理经度为东经85°）。藏族历算专家们据此推算这次月食的年代，有数种不同结果，五世达赖喇嘛介绍其中的浦派之说称：

> 义成王子，三十五岁，木马之年，氐宿之月，望日拂晓，现证妙智。经云：是日罗睺蚀月，甘露饭子……此诸数值，犹如莹镜，准确显示，出现月食，清楚无误。

有的学者用现代天文学方法推算，认为这次月食发生于公元前927年4月16日，是一次月全食，从当地时间下半夜开始，在16日拂晓前复圆。由此上推35年，则得出如下结论：佛祖释迦牟尼生于公元前962年。

上述结论比占主导地位的佛祖生年之说早了几百年。其说虽然也有相当的根据，并且能够言之成理，但与通过系列天象确定武王伐纣之年，或通过日食确定孔子诞辰相比，其可靠程度显然要逊色不少。这主要是由于“证道月食”的细节不够充分和准确，导致了太多的不确定因素。

5.《尚书·尧典》与“四仲中星”

《尚书》是儒家最重要的经典之一，《尧典》是其中的第一篇，相传是帝尧将禅位于舜时所作。对这篇重要的政治文献．根据本书前面的讨论，我们已经不陌生了。《尧典》谈帝尧的天学勋业，其中有如下四句话：

> 日中星鸟，以殷仲春。
>
> 日永星火，以正仲夏。
>
> 宵中星虚，以殷仲秋。
>
> 日短星昴，以正仲冬。

对于这四句话，古今学者有过许多不同的猜测和解释，现在大体已有一个比较一致的理解，就是：春分（昼夜等长，故言“日中”）、夏至（白昼最长，故言“日永”）、秋分（夜昼等长，故言“宵中”）、冬至（白昼最短，故谓之“日短”）四个节气到来之日，可分别以被称为鸟、火、虚、昴的四颗恒星在黄昏时升到正南方的天空为标志。比如说，当看到鸟星在黄昏时升到了正南方天空（天文学术语称为“上中天”），就可知道这天已是春分了，其余类推。

现代天体力学表明，由于岁差的作用，恒星在天球坐标系中的位置并非恒定不动，而是在缓慢地改变着，这种改变有严格的数学规律可循。因此，如果古代记载了某些恒星星象，现代学者就有可能根据岁差原理去逆推这些星象是什么年代的星象。由此再进一步，如果某种年代已不可确考的古籍中记载了某些星象，就有可能通过逆推这些星象的年代来判断该古籍的成书年代，或其中材料来源的年代。

而《尚书·尧典》正是这样的一篇古籍，“四仲中星”又正是这样的一些星象。由于尧、舜、禹这些上古帝王到底是否实

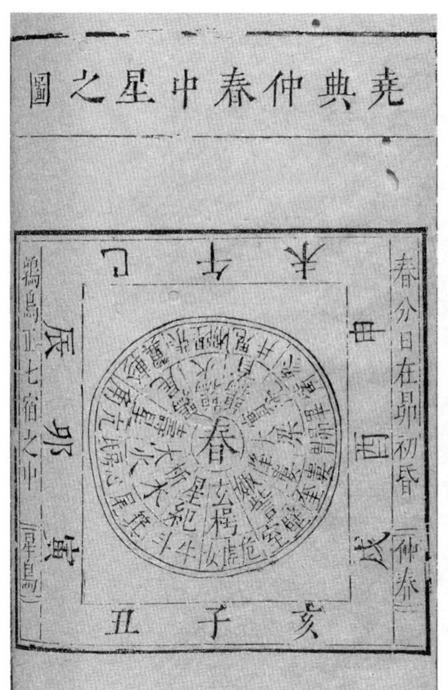

◥ 尧典仲春中星之图

《三才图会》，槐荫草堂藏

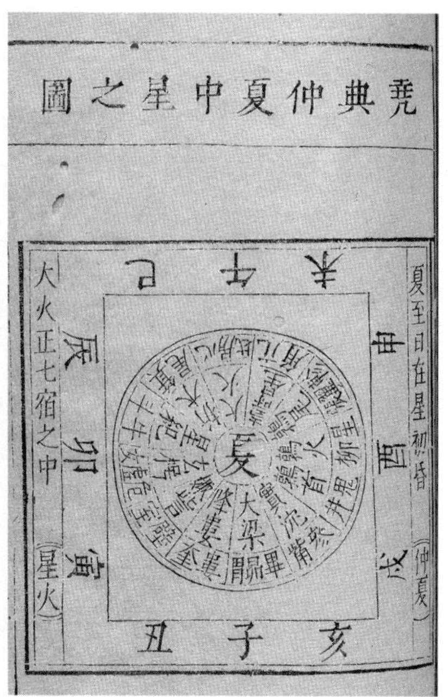

◥ 尧典仲夏中星之图

《三才图会》，槐荫草堂藏

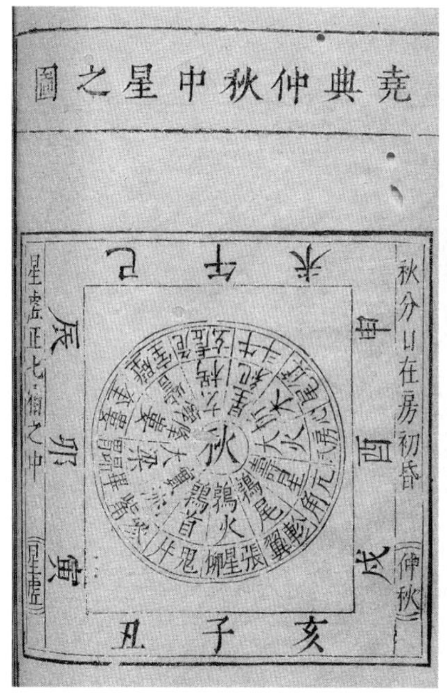

◥ 尧典仲秋中星之图

《三才图会》，槐荫草堂藏

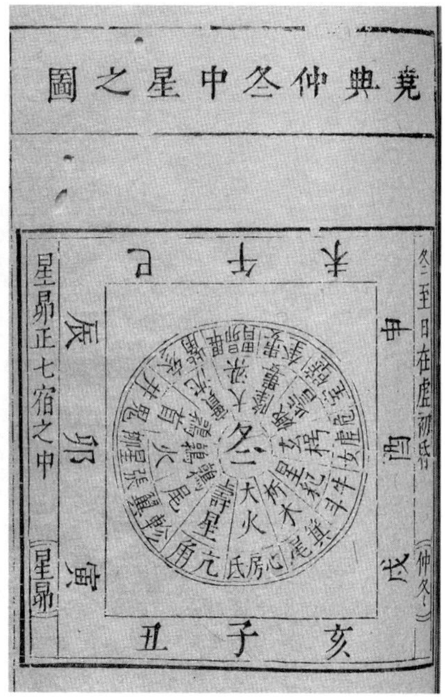

◥ 尧典仲冬中星之图

《三才图会》，槐荫草堂藏

有其人，如果实有其人的话又在什么年代，都是迄今无法定论的问题。在许多历史论著中，还将尧、舜、禹的时代称为“传说时代”。因此，推断《尚书·尧典》的年代，其意义自然就不限于这篇古籍本身，而是对于整个中国上古史都有重大影响了。

在现代中国学者中，最早从“四仲中星”论及《尚书·尧典》年代者，或当推梁启超。他在《中国历史研究法》中认为：

> 如《尚书·尧典》所记中星，“仲春日中星昴，仲夏日中星火”等，据日本天文学者所研究，西纪前二千四五百年时确是如此。因此可证《尧典》最少应有一部分为尧、舜时代之真书。[1]

认为帝尧是公元前2400年左右时人，这种看法曾长期流行。从近年的大量考古发现来看，可能并非无稽之谈。一度极为盛行的疑古之风，已有明显转变。不过梁启超所据之“日本天文学者”及其研究，他并没有明确指出。而其时研究中国古代天文学史名声很大的日本学者饭岛忠夫，却认为《尚书·尧典》中的“四仲中星”是战国初期（公元前400年左右）时的天象。

梁启超、饭岛忠夫等人的论述发表之后不久，竺可桢（后来成为中国科学院副院长）于1926年发表《论以岁差定尚书尧典四仲中星之年代》一文。竺可桢的文章，可以说奠定了这一课题的“研究规范”——他的结论后人不一定赞成，但此后的研究者却

1　梁启超：《中国历史研究法》，上海古籍出版社，1987年，第94页。

仍不得不沿着他的路径走。[1]

用现代天文学方法推算“四仲中星”的年代，并不是一件容易的事。这倒不是因为天文学理论本身的复杂，理论虽在外人看来至为抽象复杂，但对天文学家来说，也只是套用一项公式而已。困难在于，在使用天文学有关岁差的公式之前，先必须确定以下三个问题：

第一，鸟、火、虚、昴到底是今天的哪些星？要是弄错了，所有的推算再准确，也只能是无的放矢。

第二，“四仲中星”在黄昏时升上正南天空，这里的“黄昏”——即当时人们观测“四仲中星”的时刻，到底是几点几分？时间上要是差1小时，天空的群星就要移动15°，那就差远了。

第三，古人观测“四仲中星”，到底是在什么地方？因为我们必须知道观测地点的地理纬度，否则仍然无法推算。

上面这三个问题，在《尚书·尧典》文本中当然都无法得到解答。为此必须参证大量旁的古籍，对上面的问题作出必要的假设，在此基础上方能进行推算。

但问题也正出在这里：推断“四仲中星”是今天的哪几颗星、推断古人在几点几分进行观测、推断帝尧时的皇家天学家（星占学家）在什么地方设立他们的观测点，都难免聚讼纷纭，言人人殊，迄今也没有谁的说法能够一言九鼎，成为定论。所以这个谜案也成为“学术操练”的典型课题。

竺可桢的方案，正是先对上述几个问题作出推断，而后再进行计算。他的结论是：

1　竺可桢：《论以岁差定尚书尧典四仲中星之年代》，《科学》1926年第12期。

要而言之……则《尧典》四仲中星，盖殷末周初之现象也。

对于这个结论，有人表示怀疑。又有学者重新尝试，得出“四仲中星”为公元前2100年左右天象的结论。[1]当然这也只是一家之言。

6. 诗经日食

“诗经日食”和“书经日食”都是中国古今学者、西方汉学家和日本学者热衷于研讨的历史谜案，这里先讨论“诗经日食”。《诗经·小雅·十月之交》中（以下简称《十月之交》）有句云：

十月之交，朔月辛卯，日有食之。

中国古代用干支纪日，六十干支周而复始，所以上面这短短十二个字，已经交代出颇多信息：在十月份发生一次日食，这天的日干支是辛卯。于是就有现代学者试图推算出此次日食的确切年代，但问题却比最初想象的要复杂。

和彗星回归之类的问题不同，对于日食，中国古代很早就会推算，当然也可逆推。早在梁代（公元502—557年），天文学家虞劇就作过推算，他认为“诗经日食”发生于周幽王六年，换算到公历，即公元前776年9月6日。近代学者朱文鑫根据《奥泊尔子食典》推算，也得到同样结论。而近代日本学者平山清次、能田忠亮则论证“诗经日食”发生于周平王三十六年（公元前735年）11

1 赵庄愚：《从星位岁差论证几部古典著作的星象年代及成书年代》，《科技史文集》第10辑，上海科学技术出版社，1983年。

月30日。于是形成“幽王说”与“平王说”两派，长期论战不已。近年国内学者大多倾向于“平王说”。

日食是一种很特殊的天象，每次日食发生的时候，在地球上只有很小一部分地区可以看见；在可见区域内，不同地段中所见的食分等情况也不相同。“平王说”的主要理由正是基于这一点，紫金山天文台张培瑜教授的论述可以作为例子。他分析了周代厉、宣、幽、平、桓、庄六王在位期间共200年内的全部日食，其中发生于十月且发生之日的日干支又是辛卯的共有4次，这4次中有两次在中国全境都看不到，另两次即前述争议中的。其中幽王六年那次在今内蒙古西部、宁夏北部一带才可看到小偏食，而在周朝首都看不见。只有平王三十六年的那次符合条件。[1]

两说各有道理，也各有困难，所以争论或许还会继续下去。不过笔者个人倾向于“幽王说”。理由如下：

对于“平王说”而言，存在着一个致命问题，即此说与《十月之交》的诗意不合。我们毕竟不能将一首诗与一项天象记录等量齐观。换句话说，我们不能将片言只语从整首诗中抽出来，并将这些诗句视为天象实录而据此大加考证，却不考虑这些诗句在原诗中的上下文及整体诗义。《十月之交》原诗前两章如下：

> 十月之交，朔月辛卯，日有食之，亦孔之丑。彼月而微，此日而微，今此下民，亦孔之哀。
>
> 日月告凶，不用其行，四国无政，不用其良。彼月而食，则维其常，此日而食，于何不臧？

1　张培瑜：《〈春秋〉〈诗经〉日食和有关问题》，《中国天文学史文集》第三集，科学出版社，1984年。

诗人把日食和月食都看成不祥的征兆，认为这是由于政治黑暗，所以上天示警。所谓“今此下民，亦孔之哀”，所谓“四国无政，不用其良”，皆为乱世光景，所以上天让“日月告凶”。这与古人“天垂象，见吉凶”的传统观念是完全一致的。《诗小序》说“《十月之交》，大夫刺幽王也”，认为此诗是大臣为讽刺周幽王而作，确实合理。

此诗第三章还有“百川沸腾，山冢崒崩。高岸为谷，深谷为陵。哀今之人，胡憯莫惩”等语，诗人所见的乱亡之兆，还不仅仅是日食月食，又旁及山川，哀叹当政之人，何以还不警惕省悟。

周幽王正是西周的亡国之君，他死后平王东迁，建立东周，方才稍有振作，有了一些新气象。《十月之交》的诗义，与《诗小序》“大夫刺幽王”之说及幽王时的史实都很吻合，诗人又怎么可能在诗中咏叹起几十年后的天象？如果要确认诗人所咏为平王三十六年的日食，那就必定要将此诗的写作年代后移40年，这样一来，整首诗的内容和情调就完全与史实不合，变得难以索解了。

况且，公元前776年9月6日那次日食，虽然在周朝首都看不到，但在西北边疆毕竟是看得到的。诗人所咏，会不会是得诸传闻呢？从《尚书·尧典》所述分命天学官员去四方观测的传统来看，日食既然是中国古代极受重视的天象，如果边疆得见，也大有向中央报告的可能。官员（大夫）闻而知之，见诸吟咏，甚合情理。

第五章　天学与历法

一、历：性质的疑问

1. 历谱·历书·历法

日常生活中所见的月份牌之类，即历谱。此物古已有之，比如山东临沂银雀山汉墓出土竹简中有汉武帝元光元年（公元前134年）的历谱。历谱初时仅排有每月日期、每日干支及个别历注，后来由简趋繁，于每日下加注大量吉凶宜忌等内容，篇幅数十倍于最初的历谱，遂演变为历书。典型的历谱与历书（如元光元年历谱与宋宝祐四年会天历书）之间区别极为明显，不会产生概念上的混淆。

问题出在"历法"一词身上。这是今人常用的说法。从表面上看，该词应是指编制历谱、历书之法，但这样理解只有部分正确。今人通常将历代官史中《律历志》或《历志》所载内容（"律"部分自然除外）称为历法，而这些内容中的大部分，可以说与历谱或历书的编制并无关系，或者说，这些内容中的大部分并非编制历谱、历书所需要。

此外，今人又常将历谱、历书也称为历法，使情况变得更为复杂。古人往往将历法、历谱或历书统称为"历"或"历术"，虽较含混，从概念上来说反而无懈可击。

为了便于有针对性地进行讨论，本书仍按今人的习惯意义使用"历法"一词，即用"历法"指称历代官史中《律历志》或

《历志》中所记载的有关内容。但需要特别指出，它与现代日常生活中所见月份牌之类的东西是相去绝远的不同概念。

至于历谱与历书，则由上所述，可以作明确区分。在以下的讨论中，将具注历称为历书，而将历日、干支等简单的表格成分称为历谱。一份历书中必含有历谱成分，而一份历谱则还不足以称为历书。

2. 古今所论历法性质的迥异

在现代的流行论述中，古代中国的历法似乎是一项纯粹科学活动的产物，被称为"数理天文学"（这是一个现代词汇），与被斥为迷信的星占学对立起来。有时星占学这条线更被淡化到可以忽略不计的地步，从而历法这条线得到强调，比如有论者称：

> 古人观测天象的主要目的在于洞察自然界的现象，发现它的规律，从而决定一年的季节，编成历法（注意此处即为用"历法"混指历谱之例——引者注），使农事能够及时进行。……中国古代天文学史，实际上可以说就是历法史。[1]

这段论述是古代中国历法为农业服务之说的典型代表。关于此说，将在本章下文深入剖析。至于古人观天的"主要目的"究竟为何，本书前几章中已有论述，此处仅注意上述引文中所表达的对古代中国历法性质的论断即可。

如果说古代历法在今人心目中是一种为农业生产服务的科学

1 陈遵妫：《中国天文学史》第3册，第1394页。

活动的话，那它在古人看来则具有完全不同的性质和功能，稍举古代有代表性之论述数则为例：

盖黄帝考定星历，建立五行，起消息，正闰余，于是有天地神祇物类之官，是谓五官，各司其序，不相乱也。民是以能有信，神是以能有明德。民神异业，敬而不渎，故神降之嘉生，民以物享，灾祸不生，所求不匮。（《史记·历书》）

尧复遂重黎之后，不忘旧者，使复典之，而立羲和之官。明时正度，则阴阳调，风雨节，茂气至，民无夭疫。年耆禅舜，申戒文祖，云"天之历数在尔躬"。舜亦以命禹。由是观之，王者所重也。（同上）

历谱者[1]，序四时之位，正分至之节，会日月五星之辰，以考寒暑杀生之实。故圣王必正历数，以定三统服色之制，又以深知五星日月之会。凶厄之患，吉隆之喜，其术皆出焉。此圣人知命之术也。（《后汉书·艺文志》"数术略"历谱类跋）

夫历有圣人之德六焉：以本气者尚其体，以综数者尚其文，以考类者尚其象，以作事者尚其时，以占往者尚其源，以知来者尚其流。大业载之，吉凶生焉，是以君子将有兴焉，咨焉而以从事，受命而莫之违也。（《后汉书·律历志下》）

然则观象设卦，扐闰成爻，历数之原，存乎此也。……至乎寒暑晦明之征，阴阳生杀之数，启闭升降之纪，消息盈虚之节，皆应躔次而无淫流，故能该浃生灵，堪舆天地。（《晋书·律历志中》）

1　班固此处所云"历谱"，即历法之意，观其下文可知。

其中虽有不少套话虚文，将真义掩映，但是不难看出，这些论述的见解颇为一致：历法是预知“凶厄之患，吉隆之喜”的“圣人知命之术”。而且还能上格天心，邀神降福，以致“该浃生灵，堪舆天地”。“堪舆”一词，早见于《淮南子·天文训》：“堪舆徐行。”《汉书·艺文志》“数术略”五行类列有《堪舆金匮》十四卷，颜师古注引许慎云：“堪，天道；舆，地道也。”可知“该浃生灵，堪舆天地”即前述董仲舒《春秋繁露》“取天地与人之中以为贯而参通之”之意。[1]故而古人心目中的历法，与前引班固对“天文”的看法（“圣王所以参政也”）一样，仍是通天通神的手段。

由此可知，对于古代历法的性质及功能，古今学者之见大相径庭。孰是孰非，并非“厚古薄今”“古为今用”之类的价值判断所能轻易解决。结论只能在心平气和、摈除成见偏见的研究讨论之后得出。

同时，对于古今论述的权重，也应有清醒的认识。上引五则古人历论，其作者本身大多为当时著名学者，又是精通历学之人，如果说他们对自己熟悉的事物之性质都毫无认识，而千百年后置身于完全不同之文化氛围中的现代人，倒反而能轻易正确地把握这些事物的性质，恐怕无论如何不能算持平之论。

今人而欲探讨古代事物，总不免处于勉为其难的境地，救之之道，在于尽可能广泛了解先哲的有关论述及见解，并尊重而理解之、再进而分析之。如果已有先验的结论存于胸中，为证成此一结论，不惜将先哲之论断章取义，或加曲解，撷取片言只语以

1　后世以“堪舆”名风水之术，不过偏取“舆，地道也”之意。

勉强立论，则正如陈寅恪昔日所云“其言论愈有条理统系，则去古人学说之真相愈远”，[1]更何况其立论之法又等而下之者乎！

二、历法性质与功能的探讨

1. 典型历法的内容

将历法理解为“判别节气，记载时日，确定时间计算标准等的方法”，即编制历谱之法，在现代大体正确，但对古代中国历法而言，并非如此。因为编制历谱是颇容易完成的课题，比如阳历，只要初步掌握太阳周年视运动即可；阴历（纯阴历，如伊斯兰教之《圣历》），则只需了解月相盈缺规律；阴阳合历稍复杂一点，也只要基本掌握日、月运动规律即可。但古代中国的历法，上述内容只占很小一部分，而绝大部分内容与编制历谱无关。对此可取有代表性之典型历法以考察之。

中国传统历法的历史可以上溯到很早，但第一部留下完整文字记载的历法为西汉末年之《三统历》，这被认为系刘歆根据《太初历》改造而成。就基本内容而言，《三统历》实已定下此后两千年中国历法之大格局。故不妨先对《三统历》的结构、内容略作考察。该历载于《汉书·律历志下》，大体可分为六章，依次如下：

第一章为数据，称为“统母”。共有数据87个，其中三分之二左右与行星运动有关。这些数据都是后面各章中运算时需要

1　陈寅恪：《冯友兰〈中国哲学史〉上册审查报告》，《金明馆丛稿二编》，上海古籍出版社，1980年，第247页。

用到的。许多数据都被附会以神秘主义之意义，比如“十九年七闰”之“十九”，是“合天地终数”而来（《易·系辞上》：天一，地二，天三，地四，天五，地六，天七、地八，天九，地十），而“朔望之会百三十五”则是“参天数二十五，两地数三十”而得（《易·系辞上》：天数二十有五，地数三十），等等。

第二章曰“五步”。依次描述五大行星在各自会合周期中的视运动规律，将每星分为“晨始见”“顺”“留”“逆”“伏”“夕始见”等不同阶段，给出每阶段的持续时间，以及每阶段中行星之平均运动速度。

第三章曰“统术”。推求朔日、节气、月食等与日、月运动有关之项目。此章与编制历谱有关。

第四章曰“纪术”。系与前两章有关的补充项目。

第五章曰“岁术”。推算太岁纪年及有关项目，将十二次与二十四节气进行对应，给出二十八宿之每宿度数等资料。

第六章曰“世经”。是据《三统历》对上古至西汉末诸帝王所作之年代学研究。这部分实际上已不属历法范围，至多只能算历法之应用而已。

可知在《三统历》中，与编制历谱直接有关的，主要只是第三章中的一部分内容，在整部历法中所占比例甚小，位置也不是最重要的。

再以著名的《大衍历》为例考察之。《大衍历》于唐开元十五年（公元727年）由释一行编成，此为中国历史上最重要的几部历法之一。由于该历的结构成为此后历代传统历法之楷模，考察该历结构更易收举一反三之效。

《大衍历》在结构上对前代历法作了改进和调整，划分为七部分，兹据《旧唐书·历志三》所载（《新唐书·历志四上》亦载，但较简），依次略述如次：

步中朔第一。步发敛术第二。此两章篇幅特别短小，步中朔6节，步发敛术仅5节。前者主要推求月相之晦朔弦望等内容，后者推求“七十二候”（二十四节气与物候、卦象之对应）、“六十卦”“五行用事”等项。该两章为编制历谱及历注所需要。

以下五章，则为该历之主体：

步日躔术第三，共9节。专门讨论太阳视运动，其深入程度及所追求之精度，皆已远远超出编制历谱之需要，主要为研究交食预报服务。

步月离术第四，共21节。因月运动远较日运动复杂，故节数篇幅亦远过于上章。此章专门研究月球运动，其目的与上章同，主要亦是为预报交食提供基础。

步轨漏术第五，也有14节之多。专门研究与授时有关之各类问题。

步交会术第六，多达24节。专门讨论日食、月食及与此有关之种种问题。这是需要以第三、四两节所讨论之知识及方法为基础的。

步五星术第七，也多达24节。研究五大行星运动，篇幅繁多，其深入、细致程度及所用方法，皆已远过于《三统历》中的“五步”。

由对《三统历》与《大衍历》结构内容之观察，可知其主要成分为对日、月、五大行星运动规律之研究，其主要目的，就是解决古代世界的“天文学基本问题”——在任意给定的时间、地点，推算出日、月、五大行星这七个天体在天球上的位置，历法要给出解决上述问题的普适方法及公式。至于编制历谱，特其余事而已。这一结论对于古代中国历法而言，可以普遍成立。

2.“历法为农业服务”说质疑

古代中国“历法为农业服务”的说法，在近代长期广泛流传，几至众口一词，毫无疑问。前文已引述过一则有代表性的说法，兹再引述一则有国际影响的说法为例：

> 对于农业经济来说，作为历法准则的天文学知识具有首要的意义。谁能把历法授与人民，他便有可能成为人民的领袖。……这一点对于在很大程度上依靠人工灌溉的农业经济来说，尤为千真万确。[1]

这样的说法初听起来似乎颇有道理，但实际上很难经得起推敲。问题首先就出在对历法内容想当然的假定上——想当然地将古代的历法与今天的月份牌（历谱）混为一谈。月份牌上有着日期和季节、节气，而农民播种、收割是要按照时令的，所以历法是为农业服务的。理论上的逻辑似乎就是这么简单。

然而，传统历法的内容既已如上节所述，则讨论历法与农业之关系已有了合理的基础。历法是研究日、月、五星七大天体之运行规律及其预推之法的，故只须考察此七大天体与农业之关系，问题即可明白。

先看月球与行星，这两类天体的运行情况与农业生产有无关

---

1 ［英］李约瑟：《中国科学技术史》第四卷，第45页。

系？如果这里的“关系”是指物质世界中确实存在的、或者说是物理性质的联系，那显然迄今为止还只能作出完全否定的回答。如果说在未来某一天随着人类科学知识的高度发展，或许会发现其间有联系，那么以古代的知识水平而论，当然不可能发现这种联系。除非在古代星占学理论中，人们才能找到行星与农业之间的虚幻关系，不妨举一例如下，《开元占经》卷二十引石氏云：

> 太白与岁星合于一舍……岁星出左，有年；出右，无年。合之日以知五谷之有无。

但这种联系，显然不是现代“历法为农业服务”说的主张者所愿意引以为据的，可以置之不论。

再看七大天体中余下的一个——太阳与农业生产的关系如何？两者之间确实有关系，但以上文所述著名历法《大衍历》为例，共七章103节，其中与编排历谱有关的内容不过5%；如果说“历法为农业服务”之说还有正确成分的话，那这种正确成分所占的比例也就是5%而已。

在此基础上，古代历法中研究太阳运动的部分与农业生产的关系，仍有进一步申论的必要。以下分五点述之：

其一，中国是农业古国，因此“历法为农业服务”“天文历法起源于农业生产的需要”之类的说法听起来似乎颇为顺理成章，然而从迄今所知的史料证据来看，关于太阳运动的研究恰恰在古代中国历法诸成分中发展得极为迟缓。例如，古希腊天文学家就已能以太阳运动表为基准，以月球为中介来测定恒星坐标，而中国在十几个世纪之后，却还要以恒星为基准，借助月球和行星为中介来测定太阳位置。[1]又如，与古代巴比伦相比，中国对太阳周年视运动不均匀性的掌握可能迟了一千年以上。[2]值得注意的是，中国在月运动和行星运动理论方面的发展却不那么迟缓。仅仅这一情况，就已对“历法为农业服务”说构成了严重威胁。

中国古代历法中唯一与农业生产有关的部分，是对二十四节气的推求，这是根据太阳在黄道上的周年视运动而来。完整的二十四节气名称，迄今所知最早见于西汉初年的《淮南子·天文训》，其中部分名称则已见于先秦典籍。但何时出现某些节气名称，并不足以证明此时对太阳运动规律已有很好的掌握。

而在秦汉时代，农业生产早已发生并进行了好几千年之久——中国的农业生产早在新石器时代早期就已达相当水准，[3]那时当然不存在历法。有的学者指出：有了节气之后，“各种生物、气候现象都可以用节气作标准，它们的发生、活动等时间就有了相对的固定”[4]，但反过来也不难设想，根据生物、气候现象同样可以大致确定某些节气。现今所见二十四节气名称中，有二十个直接与季节、气候及物候有关，正强烈暗示了这一点。

无论如何，太阳周年视运动是一个相当复杂、抽象的概念，即使到了今天，也还只有少数与天文学有关的学者能够完全弄明白。顾炎武虽有“三代以上，人人皆知天文”的著名说法，但他所举的例证都只是星名而已，况且即使嘴里会吟诵某一星名，并

---

1 江晓原：《中国古代对太阳位置的测定和推算》，《中国科学院上海天文台年刊》1985年第7期。

2 江晓原：The Solar Motion Theories of Babylon and Ancient China, *Vistas in Astronomy*, Vol.31 (1988)。

3 杜石然等：《中国科学技术史稿》，科学出版社，1982年，第10—11页。

4 中国天文学史整理研究小组编著：《中国天文学史》，科学出版社，1981年，第94页。

不等于能在星空中将其指认，至于太阳周年视运动这样的抽象概念，自然更毋论矣。

其二，一方面，专职的司天巫觋们当然掌握着远为高深的天学知识，但他们的知识也必须有足够的时间来培育积累（以千百年计），不能靠“天启”而得。而另一方面，初民们直接观察物候，显然要容易得多，这对巫觋或妇人小儿都不例外。在传世的历法中，逢列有二十四节气表时，常将“七十二候”与之对应，附于每节气之下，比如《大衍历》中就是如此。这也暗示了二十四节气的来源与先民观察物候大有关系。

其三，二十四节气体系成立之后，固然有指导农时的作用，但对节气推求之精益求精，则又与农业无关了。古人开始时将一年的时间作二十四等分，每一份即为一个节气，称为“平气”。后知如此处理并不能准确反映太阳周年运动——此种运动有不均匀性，乃改将天球黄道作二十四等分，太阳每行过一份之弧，即为一节气。因太阳运行并非匀速，故每一节气的时间也就有参差，不再如“平气”那样为常数了，此谓之“定气”。但指导农时对节气的精度要求并不高，精确到一两天之内已经完全够用。事实上，即使只依靠观察物候，也已可以大体解决对农时的指导，故“定气”对指导农时来说意义已经不大。至于将节气推求到几分几秒的精度，对农业来说更是毫无意义。

其四，自隋代刘焯提出“定气”，此后一千年间的历法皆用“定气”推求太阳运动，却仍用“平气”排历谱，这一事实又一次有力地说明对节气的精密推求与农业无关。节气对农时的指导作用，当然必须通过历谱来实现，历学家在“定气”之法出现之后仍不用其排历谱，说明日常生活（包括农人种地）中无此必要。

其五，西汉初年出现了完整的二十四节气体系（姑认为全部名称的出现标志着该体系的形成），隋代又将节气推求之法发展到“定气”，至清初用“定气”注历，使一般民众对节气的了解更臻精确。但是迄今为止，研究中国古代农业史的专家们却从未发现汉、隋或清代的农业生产有过任何因历法发展而呈现的飞跃。这也说明“历法为农业服务”之说中，即令是真有其事的二十四节气部分，以往对其作用也在很大程度上言过其实了。

综上所述，情况已非常明白：古代中国历法中对月运动、行星运动的大量研究与农业完全无关；对太阳运动的研究，与农业生产的关系也极其有限。古人对日运动之深入研讨，目的在于精确推算和预报交食——这是古代中国大多数历法中最受重视的部分。因为一部历法的精确程度，往往通过预推交食来加以检验；而交食（尤其是日食）的星占学意义在各种天象中也是极为重要的。

3.“观象授时”与“四时大顺”

“历法为农业服务”说多年来虽然被视为天经地义，但论述此说的学者们却始终只能在浩如烟海的中国古籍中找到一句话来作证据，即所谓“观象授时”。对这样一个重要问题的论断只能靠如此一句话来支撑，已经够虚弱了；更何况对这句话的理解也大成问题，实际上根本无法构成对“历法为农业服务”说的支撑。

“观象授时”语出《尚书·尧典》:“历象日月星辰，敬授人时。”多年来，“敬授人时”一直被想当然地解释成“安排农事活动，于是成为“历法为农业服务”的证据。但是，这样的解释有什么根据呢？却从未见有指出者。

通观《尚书·尧典》全篇，无一语提及农业生产，因此将“敬授人时”解释为“安排农事”，至少在上下文中就完全没有根据。再退一步看，整部《尚书》中有没有哪一篇讨论了农业生产或农事安排呢？也没有。《尚书》是一部上古政治文献集，讲的都是天命转移、立国为政之事，农事安排之类的事务根本就不在这一层次之中，自然不会被谈到。因此将“敬授人时”解释为“安排农事”，也无法与《尚书》整体所呈现的文献背景氛围相吻合。

所谓“敬授人时”的“人时”，正确的理解应是“人事之时”，即重大事务日程表。

在古代，统治阶级最重要的“人事”是宗教、政治活动，农事安排纵然在“万机”之中有一席位置，也无论如何不可能重要到凌驾于一切别的事务之上，以至可以成为“人时”的代表或代名词。为了说明古代统治者们的“人时”之大致情况，以及此“人时”何以需要历法知识来加以“敬授”，可于古籍中引述两则有代表性的材料以考察之：

第一则见于《礼记·月令》。《礼记·月令》逐月记载了天子一年之中应该按时参加的活动及下令进行的活动。从形式上看，可能稍有理想化色彩，未必完全是古代情形的实录，但类似的“人时”记载也见于《吕氏春秋》十二纪及《淮南子·时则训》等古籍中，故至少仍可代表秦汉间流行的看法。为节省篇幅，下面仅录出这些活动中最重要的那部分——天子亲自参加者：

孟春　立春之日，天子亲帅三公、九卿、诸侯、大夫以迎春于东郊。

天子乃以元日祈谷于上帝。

仲春　（玄鸟）至之日，以太牢祠于高禖，天子亲往，

天子乃鲜羔开冰，先荐寝庙。

上丁，命乐正习舞，释菜，天子乃帅三公、九卿、诸侯、大夫亲往视之。

季春　天子乃荐鞠衣于先帝、

荐鲔于寝庙，乃为麦祈实。

择吉日，大合乐，天子乃帅三公、九卿、诸侯、大夫亲往视之。

孟夏　立夏之日，天子亲帅三公、九卿、大夫以迎夏于南郊。

天子乃以彘尝麦，先荐寝庙。

天子饮酎，用礼乐。

仲夏　天子乃以雏尝黍，羞以含桃，先荐寝庙。

季夏　无

孟秋　立秋之日，天子亲帅三公、九卿、诸侯、大夫以迎秋于西郊。

天子尝新，先荐寝庙。

仲秋　（天子）以犬尝麻，先荐寝庙。

季秋　天子乃厉饰、执弓挟矢以猎。

天子乃以犬尝稻，先荐寝庙。

孟冬　立冬之日，天子亲帅三公、九卿、大夫以迎冬于北郊。

天子乃祈来年于天宗。

仲冬　无

季冬　天子亲往，乃尝鱼，先荐寝庙。

天子乃与公、卿、大夫共饬国典，论时令，以待来岁之宜。

严格地说，“农事安排”在上面所列的事务中并无地位。“为麦祈实”“尝黍”“尝稻”之类，虽然可以说在概念上和农业沾了一点边，但显然绝不能等同于“农事安排”。

在古代统治者的“人时”中，祭祀是一项极重要的事务，且与日期有密切关系，确实需要用到历法知识（不止于历谱）。对此可引《钦定协纪辨方书》卷十二所列皇家祭祀项目及日期为例。这是清代整理的文献，但与前代相比，并无很大不同，取此为例，不过因其较为详尽，且已经过整理，比较真实可靠而已。全部项目如下：

正月上辛日：　祈谷于上帝。

冬至：　大祀天于圆丘。

夏至：　大祀地于方泽。

春分卯时：　祭大明于朝日坛。

秋分酉时：　祭夜明于夕月坛。

四孟月朔时：　享太庙。

孟春月朔日：　祭太岁、月将之神。

岁暮：　祫祭太庙，祭太岁、月将之神。

仲春、仲秋上丁日：祭先师孔子。

仲春、仲秋上戊日：祭社稷坛。

仲春、仲秋择日：　祭关帝庙、黑龙潭龙神、昭忠寺、定南武庄王、恪禧公、勤襄公、文襄公、贤良祠。

仲春、仲冬上甲日：祭三皇庙。

季春巳日：祭先蚕祠。

季春亥日：祭先农坛。

清明霜降前：祭历代帝王庙。

六月二十三日：祭火神庙。

季秋择日：祭都城隍庙。

大部分祭祀项目都规定了明确日期，这当然要按照历谱，有几项是“择日”，未定具体哪一天，则更需要用到“选择”之术。

上引两则材料，实际上可以说已为“观象授时”的真义作了相当形象、同时也相当准确的注解。

除了上述较为具体的层面之外，“敬授人时”还有另一层面，即所谓“为政顺乎四时”，亦即司马谈所论阴阳家的“序四时之大顺”。这类说法较早见于《礼记·月令》、《吕氏春秋》十二纪、《淮南子·时则训》等篇中，三者文字大同小异，姑引《吕氏春秋》卷一《孟春纪》为例：

孟春行夏令，则风雨不时，草木早槁，国乃有恐；行秋令，则民大疫，疾风暴雨数至，藜莠蓬蒿并兴；行冬令，则水潦为败，霜雪大挚，首种不入。

一年十二月，每月皆有类似说法。对于此种说法的含义，高诱注云：

春，木也。夏，火也。木德用事，法当宽仁，而行火令，火性炎上，故使草木槁落，不待秋冬，故曰天气不和，国人惶恐也。

木仁，金杀而行其令，气不和，故民疫病也。金生水，与水相干，故风雨数至，荒秽滋生，是以“藜莠蓬蒿并兴”。

春阳，冬阴也而行其令，阴乘阳故“水潦为败，雪霜大挚”，伤害五谷。春为岁始，稼穑应之不成熟也，故曰“首种不入”。

依五行立说，其理论不难理解。但四时之令究竟何指，高诱并未详说，因为这种观念在汉代广泛流行，高诱显然认为众所周知，无烦多讲。对此可举董仲舒之言以说明之，《春秋繁露·四时之副》云：

天之道，春暖以生，夏暑以养，秋清以杀，冬寒以藏。……圣人副天之所行以为政，故以庆副暖而当春，以赏副暑而当夏，以罚副清而当秋，以刑副寒而当冬。庆赏罚刑，异事而同功，皆王者之所以成德也。庆赏罚刑与春夏秋冬以类相应也，如合符。故曰王者配天。……四政者，不可以易处也，犹四时不可易处也。故庆赏罚刑有不行于其正处者，《春秋》讥也。

又《春秋繁露·阴阳义》云：

天人一也，……与天同者大治，与天异者大乱。故为人主之道，莫明于在身之与天同者而用之，使喜怒必当义乃出，如寒暑之必当其时乃发也。

所谓“当义乃出”，义作“合时”讲。天时之寒暑与人主之喜怒，在董仲舒笔下是密切对应的，故为人主者不可“喜怒无常”，否则政令不当，国家就要陷于混乱。《春秋繁露·天容》又云：

人主有喜怒，不可以不时。可亦为时，时亦为义。喜怒以类合，其理一也。故义不义者，时之合类也，而喜怒乃寒暑之别气也。

所有这类说法，通常都强调政令与寒暑季节的对应，而这仍属“敬授人时”的范畴。

综上所述，所谓“观象授时”或“敬授人时”，其本义绝不是指安排农事，而是指依据历法知识，安排统治阶级的重大政治事务日程。至于将“观象授时”引作“历法为农业服务”之说的证据，实际上可以说是因为后者已成先入之见，由此造成对前者的误释，再将此已被误释之前者引为后者的证据。这事实上已落入循环论证。

三、历法与星占：历法的主要用途

古代中国历法致力于研究日、月和五大行星的运动规律，远远超出了编制历谱、历书的需要，而且其中绝大部分内容与农业无关，俱如上述。这样就产生了一个重大问题：历法究竟有什么用途？

这个问题对于“历法为农业服务”说的主张者而言，似乎是不存在的。但有些天文学史专家已经隐约感觉到“为农业服务”尚不足以解释历法的用途，于是试图提出一些别的解释，例如：

> 我国古代的历法还包含更丰富的天文学内容，例如，有关日、月食和五大行星运行的推算等。这些天象的推算不但是由于我国古代对天文学的重视，而且也是由于它们是验证历法的准确性的一个重要手段。[1]

上面这段论述提出的解释有两条：一、中国古代重视天文学；二、历法推算七政运行是由于七政运行乃验证历法准确性的重要手段。然而不难发现，这两条解释都是极为勉强的，实际上并不能有效解释历法的用途。

“重视天文学”是一个非常重大的断言，它首先需要做大量社会学和文化史的论证才能成立，而这些论证比解释历法用途这一问题处在更广泛的层次上，应该是解释了历法用途之后的后续问题。

第二条解释虽然从纯逻辑的角度看是可通的，但实际上仍是循环论证：历法有某某内容是因为这些内容可用以验证历法，但并未解释这些内容在历法之外的用途。人们怎么可能接受这样的

---

1 中国天文学史整理研究小组编著：《中国天文学史》，第71页。

解释：历法搞出这么一大堆数理天文学内容，是为了验证历法自身的准确性？

面对历法的用途问题，理论上有两种选择：

第一种，承认历法没有什么用途，或者说没有什么服务对象，仅仅出自探索自然奥秘的好奇心。这种情况在古代希腊科学及现代科学中固然常见，但在古代中国却迄今未发现类似的传统，同时在史料上也找不到支持这种选择的证据。相反，学者们倒是早就注意到古代中国各种知识的强烈的致用性。

第二种，承认历法有实际用途，或者说有一个服务对象。如果找到了这样的对象，自然也就否定了前一种选择，这类似于数学上的“存在性证明”。事实上，古代中国历法的确存在着这样一个服务对象。

古代中国历法全力研究日、月、五大行星这七个天体的运行规律，最根本的目的可归结为如下两项：

推算、预报交食（日食、月食）；

推算、预报行星运动。

以下先考察古代对交食和行星运动两类天象之重视，次略述古代中国经典星占学理论中该两类天象星占意义之重大，最后结合史事实例说明推算交食及行星运动对于星占活动之必不可少，由此揭示“历法为星占服务”这一历史事实，从而对历法的用途问题作出合理解答。

1. 交食在星占学中的重要性

古人重视交食天象，最著名的例证之一见于《尚书·胤征》：

惟时羲和颠覆厥德，沉乱于酒，畔官离次，俶扰天纪，遐弃厥司。乃季秋月朔，辰弗集于房。瞽奏鼓，啬夫驰，庶人走。羲和尸厥官罔闻知，昏迷于天象，以干先王之诛。《政典》曰："先时者杀无赦，不及时者杀无赦。"今予以尔有众，奉将天罚。

此即著名的"书经日食"。关于《胤征》的年代以及这次日食的真实性，历来多有争论。想要以现代天文学手段回推此次日食来确定年代作为验证，也因不确定因素太多而无法定论。但对于由此事来讨论古代对日食之重视而言，这些问题显然都无关紧要。羲和（其身份及性质已见本书第二章）因沉湎于酒，未能对一次日食作出预报，这一失职行为竟有杀身之罪！况且还援引古之政典，有"先时者杀无赦，不及时者杀无赦"之语。若古时真有此典（预报日食发生之时太早或太迟就要"杀无赦"），未免太可怕。虽然从后代有关史实来看，这两句话大致是言过其实的，但古人对日食之重视却无疑问。

如认为"书经日食"属于传说时代，尚难信据，则还可举较后的史事为例。比如《汉书·文帝纪》所载汉文帝《日食求言诏》（诏已见本书第三章），汉文帝相信日食是上天对他为政还不够修明所呈示的警告（"文景之治"已是后人经常称道的楷模了），因此诏请天下臣民对自己进行批评，指出缺点过失。

此事承前启后，这里仅先述古人将日食视为上天示警的观念，这一观念在古代中国普遍为人们所接受。所谓示警，意指呈示凶兆，如不及时挽救（挽救之法详见下文），则种种灾祸将随后发生，作为上天对人间政治黑暗的惩罚。以下姑引述经典星占文献中的有关材料若干则为例：

日为太阳之精，主生养恩德，人君之象也。……日蚀，阴侵阳，臣掩君之象，有亡国。(《晋书·天文志中》)

(日食)又为臣下蔽上之象，人君当慎防权臣内戚在左右擅威者。(《乙巳占》卷一日蚀占)

凡薄蚀者，人君诛之不以理，贼臣渐举兵而起。……其分君凶，不出三年。(同上)

无道之国，日月过之而薄蚀，兵之所攻，国家坏亡，必有丧祸。(同上)

日蚀，必有亡国、死君之灾。(同上)

人主自恣，不循古，逆天暴物，祸起，则日蚀。(《开元占经》卷九引《春秋纬运斗枢》)

君喜怒无常，轻杀不辜，戮无罪，慢天地，忽鬼神，则日蚀。(同上引《礼纬斗威仪》)

日蚀所宿，国主疾，贵人死。(同上引《河图纬帝览嬉》)

日蚀之下有破国，大战，将军死，有贼兵。(同上引《荆州占》)

类似的占辞极多，不必多引。需要指出的是，上述占辞中所反映的观念(以及所有星占学著作中所反映的类似观念)，并非仅限于星占家、天学家或方术之士持有，而是广泛为古代中国的知识阶层所坚信。上引汉文帝《日食求言诏》即为例证之一，这种观念当然是深深植根于天人合一与天人感应的哲学之中的。

日食既为上天示警之凶兆，天子臣民自然不能束手以待，而是要采取挽救措施去“回转天心”。《史记·天官书》所言最能说明问题：

> 日变修德，月变省刑，星变结和……太上修德，其次修政，其次修救，其次修禳，正下无之。

“修德”是最高境界，较为抽象，且不是朝夕之功，等到上天示警之后再去“修”就嫌迟了，《乙巳占》卷一“日蚀占”有云：

> 犹天灾见，有德之君，修德而无咎；暴乱之王，行酷而招灾。

可为“太上修德”作脚注。“其次修政”就较切实可行一些，汉文帝因日食而下诏求直言，可以归入此类。再其次的“修救”与“修禳”，才是为中人以下说法，有完全切实可行的规则可循。

故每逢日食，古人的当务之急是进行禳救。在天子，有撤膳、撤乐、素服、斋戒等举动；在臣民，则更有极为隆重的仪式。而且，即使有昏君自居“有德”，通常也不敢忽视这些举动和仪式——“正下无之”，连禳救也不修，那就坐等亡国，自己死于非命。

对于古人为日、月交食而举行的禳救仪式，如果不稍作考察，就无法真正理解：古代的历法为何不惜花费如此之多的篇幅和精力，去研究交食规律？为此引述有关史料若干则，并稍加分析：

> 日有食之，天子不举，伐鼓于社；诸侯用币于社，伐鼓

于朝，礼也。(《左传·昭公十七年》)

汉仪，每月旦，太史上其月历，有司侍郎尚书见读其令，奉行其正。朔前后二日，牵牛酒至社下以祭日。日有变，割羊以祠社，用救日变。执事者长冠，衣绛领袖缘中衣、绛袴袜以行礼，如故事。(《晋书·礼志上》)

自晋受命，日月将交会，太史乃上合朔，尚书先事三日，宣摄内外戒严。挚虞《决疑》曰："凡救日蚀者，着赤帻，以助阳也。日将蚀，天子素服避正殿，内外严警。太史登灵台，伺候日变，便伐鼓于门；闻鼓音，侍臣皆着赤帻，带剑入侍。三台令史以上皆各持剑，立其户前；卫尉卿驱驰绕宫，伺察守备，周而复始。亦伐鼓于社，用周礼也。又以赤丝为绳以系社，祝史陈辞以责之。社，勾龙之神，天子之上公，故陈辞以责之。日复常，乃罢。(同上)

各府设阴阳学正术，州设典术，县设训术，……率阴阳生，主申报雨泽、救护日月诸务。(《续文献通考》卷六十)

由以上各条、特别是《晋书》所载可知，为日食而进行的禳救活动十分盛大隆重，而且不止京师如此，各地也要举行(当然简单一些)。这样的活动，如果等到日食在天上呈现时再组织进行是根本不可能的，所以必须获得预报，在日食发生前三日就要开始准备和安排。考虑到地方上也要进行禳救活动(救护日月)，这种预报很可能还要事先传达到各地。

至此，已不难理解古代历法为何要致力于精确预报交食，历法中“步交会术”(以及为此服务的“步日躔术”“步月离术”)部分的服务对象也已找到。由此还可从一个重要侧面体会到古代中国历法广泛的文化功能。

关于古人之预报日食，还可举一个较为生动的例子进一步说明之，事见于《太平广记》卷七六：

> 唐太史李淳风，校新历，太阳合朔，当蚀既，于占不吉。太宗不悦曰："日或不食，卿将何以自处？"曰："如有不蚀，臣请死之。"及期，帝候于庭，谓淳风曰："吾放汝与妻子别之。"对曰："尚早。刻日指影于壁，至此则蚀。"如言而食，不差毫发。

此为小说家言，不过用以说明预报日食在古人心目中何等事关重大，还是十分生动有力的。李淳风是唐代的传奇人物，他在唐太宗、高宗时任太史令，曾著《法象志》七卷，《晋书》及《隋书》的《天文志》《律历志》《五行志》也全出于李淳风之手。上面故事中所云"校新历"，指李淳风所造的《麟德历》。至于"如有不蚀，臣请死之"的说法，则显然是小说家的言过其实了。事实上，古人对于预报了日食而届时又未发生这种情况的处理方式，是大出于今人意想之外的（参见本书第三章所论）。

这里附带谈一下月食。与日食相仿，月食也被视为上天示警的凶兆，只是不如日食那样严重而已。比如《乙巳占》卷二"月蚀占"云：

> 月蚀尽，光耀亡，君之殃。
>
> 月生三日而蚀，是谓大殃，国有丧。……十五日而蚀，国破，灭亡。

春蚀，岁恶，将死，有忧。夏蚀，大旱。秋蚀，兵起。冬蚀，其国有兵、丧。

又如同书卷二“月蚀五星”及“列宿中外官占”云：

月在危蚀，不有崩丧，必有大臣薨，天下改服，刀剑之官忧，衣履金玉之人有黜。

类似占辞有很多。

月食也有禳救之说，姑引几条记载为例：

鼓人掌教六鼓、四金之音声。……救日月，则诏王鼓（郑注：救日月食，王必亲击鼓者，声大异）。（《周礼·地官司徒》）

男教不修，阳事不得，谪见于天，日为之食；妇顺不修，阴事不得，谪见于天，月为之食。是故日食则天子素服而修六官之职，荡天下之阳事；月食则后素服而修六官之职，荡天下之阴事。（《礼记·昏义》）

锣筛破了，鼓擂破了，谢天地早是明了。若还到底不明时，黑洞洞、几时是了？（元孔克齐《至正直记》卷三载无名氏咏月食小令）

最后一条反映的是元代地方上对月食的“救护”情形。总的来说，月食发生的频率较日食为高，推算也较日食容易不少，其星占学意义也不象日食那样凶险重大，故针对月食的禳救之举，也不象日食那样受重视而成为朝廷与天子的重大事务。

2. 星占学需要预先推算行星天象

交食天象仅被视为上天示警的凶兆，古人在历法中大力推算交食，主要是为了及时安排禳救活动。而五大行星运行状况的重要性则远远超过交食。作为上天所呈示的征兆，行星天象不仅仅是示警凶兆，在古代中国人心目中，它们对人间的许多重大事务都有着直接的指导作用，确实能够左右政治、军事等的运作。古代中国的行星星占学，几乎可以说是张光直"'天'是智识的源泉，因此通天的人是先知先觉的"之说最直接、最具体、最生动的例证，由此也就不难领悟古人何以会极端重视对行星运动进行描述与推算了。

如仅从表面上看，预推天象似乎不是必要的，星占学家只要针对已经出现的天象进行解释、预言即可，其实不然。仅能依据已见天象进行星占学解释或预言，那只是平庸的星占学家。真正的星占学大师，还必须掌握更高的技巧，以臻于古人所谓"运用之妙，存乎一心"的境界。为此可剖析一则著名史例以说明之，事见于《魏书·崔浩传》：

> 初，姚兴死之前岁也，太史奏：荧惑在匏瓜星中，一夜忽然亡失，不知所在。或谓下入危亡之国，将为童谣妖言，而后行其灾祸。太宗闻之，大惊，乃召诸硕儒十数人，令与史官求其所诣。
>
> 浩对曰："案《春秋左氏传》说神降于莘，其至之日，各以其物祭也。请以日辰推之，庚午之夕，辛未之朝，天有阴云，荧惑之亡，当在此二日之内。庚之与未，皆主于秦，辛

为西夷。今姚兴据咸阳，是荧惑入秦矣。”

诸人皆作色曰：“天上失星，人安能知其所诣，而妄说无征之言！”

浩笑而不应。

后八十余日，荧惑果出于东井，留守盘游，秦中大旱赤地，昆明池水竭，童谣讹言，国内喧扰。明年，姚兴死，二子交兵，三年国灭。于是诸人皆服曰：“非所及也。”

为了完全理解此事的意义，先须解释两点技术性的细节。其一，据古代星占学中的分野理论，东井（即井宿）属鹑首之次，正是秦的分野；其二，火星出现于井宿，就其星占学意义而言，正是后秦此后两年中种种事变的先兆，姑引三则星占占辞为例：

荧惑入东井，兵起，若旱，其国乱。（《开元占经》卷三四引石氏）

荧惑入东井，留三十日以上，既去复还居之，若环绕成勾己者，国君有忧，若重，有丧，（同上引《海中占》）

荧惑出入留舍东井，三十日不下，必有破国死王。（同上引郗萌）

在崔浩的那次星占中，火星正是在东井“留守盘游”（根据现代天文学的行星运动理论，发生这种现象并不奇怪），与《海中占》所述完全一样。结果是当年（公元415年）大旱，次年皇帝死，第三年后秦被东晋攻灭，末帝姚泓被押送建康处死。

再回过头来看崔浩的预言，其中最令诸“硕儒”惊异的是，他能在火星“亡失”时预言其去向，而八十余日之后竟然真的应验。而其间的奥妙，实际上就在于崔浩正确掌握了火星的运行规律。他知道火星当时正进入“伏”的阶段，即处在与太阳很接近的方向上，因此天黑后即没入地平线而无法看见；他又知道火星在这一阶段之后将运行至井宿区域，而井宿在分野上正对应秦。

当然崔浩的能事还不止于此。他除了掌握火星运动规律，并熟知星占学理论之外，还因“恒与军国大谋，甚为宠密”而了解到许多后秦政权的情况，而他的历史知识和社会经验又使他能够从这些情况中判断出，姚秦政权已到末日。他后来还曾根据彗星出现而成功地预言了刘裕篡晋，用的也是同样的方法。

反观其余诸“硕儒”，与崔浩最关键的区别在于，他们对行星运动规律茫然无知，也就是说，他们不懂历法，因而他们无法预知火星出没的时间和位置。所以，即使他们也曾读过《海中占》或《郗萌占》之类的星占学著作，仍不可能作出任何高明的星占预言。

崔浩这次著名星占预言有力地说明：一次成功的、高水平的星占，除了需要星占学理论、政治情报、历史经验、社会心理等知识之外，历法——其中最主要的部分是对日、月和五大行星运动的推算——也是必不可少的。特别是，行星星占学在中国星占学中是最重要的部分，这更加强了历法在星占学中的作用。

崔浩之事并非孤立的事例，只是此事对于星占学需要历法知识提供了颇为生动有力的说明而已。前述刘歆在政变计划中要“当待太白星出乃可”，也不是被动地等待太白出现。刘歆也是历法大家，他的《三统历》是现今传世最早的完整历法，其中正文第一章就是“五步”，他完全知道金星会在什么时候出现，也许他认为那时才是动手的适当时机——恰为南阳军队破城的前夜。王涉起先几次向他提出政变之事，他都“不应”，可以说明此点。

至此，古代中国历法中绝大部分内容——对交食和五大行星运动的推算——的服务对象已经找到。这对象正是古人经常与历法并称的星占学。也就是说，历法的用途问题已获得明确答案：星占学需要历法。

四、历书性质与功能的探讨

在古代中国人的宇宙图像中，时间与空间是紧密联系在一起的。人生天地之间，凡百行事，都必须选择在合适的时空点上进行，方能吉利有福，反之则有祸而凶。所谓“敬天之纪，敬地之方”，正是此意。而堪舆、择吉（选择）、占卜等种种方术，极而言之，皆不外选择合适时空点以行事而已。就时间而言，则为探讨何时可行何事，不可行何事，即各种吉凶宜忌之说。而历书（具注历）之性质与功能，也正须从此处着手去理解。

1. 历书的起源

所谓具注历，通常指敦煌卷子中所见的唐宋历书，以及传世的明代《大统历书》、清代《时宪书》等，亦即旧时所谓“黄历”。唐宋历书中，历注详略稍有不同，传世宋宝祐四年会天历书一卷（有清代抄本）所注较详，可视为典型代表，以之与出土汉简中所见诸历谱相比较，前者详细而后者简略，判然可分。

然而，就历注本身而言，其起源极早。现今所见最早的古历实物，为山东临沂银雀山二号汉墓1972年所出土之《元光元年历谱》(公元前134年)，其中已有历注。

历注又可分广、狭二义。为日常行事选择合适之时点，即各种吉凶宜忌，属于择吉之术者，可称为狭义历注；若将干支、节气、物候，甚至政治宣传等内容也算入，则可称为广义历注。本章所论，以狭义历注为主。

历注之旨，既在选择合适行事之时点，则除已见汉简历谱中少数历注外，其思想尚可追溯至更早。以汉代典籍中记载考之，即可见其端倪，略引数则为例：

> 于是帝尧老，命舜摄行天子之政，以观天命。舜乃在璇玑玉衡，以齐七政。……揖五瑞，择吉月日，见四岳诸牧，班瑞。(《史记·五帝本纪》)
>
> 太阴元始，建于甲寅。……岁徙一辰，立春之后，得其辰而迁其所顺。前三后五，百事可举。(《淮南子·天文训》)
>
> 太阴所居辰为厌日，厌日不可以举百事。(同上)

若《史记》所言不虚，则择吉之术竟可追溯至尧舜传说时代，此固不足视为信史，但择吉思想早在汉代之前就已流行，却有出土文献提供了极强有力的证据。

这项证据即著名的长沙子弹库战国墓出土楚帛书。[1]帛书文字部分分为三篇，《丙篇》是现今所见最早的择吉专门文献。因

1　此帛书的收藏之处，各种学术著作中所述互有不同，其中只有现藏于纽约大都会博物馆(Metropolitian Museum)说是正确的。笔者1988年访美时，曾去大都会博物馆考察了此物原件。帛书原件被置于一小型专室中央的透明柜中，该室墙上有巨幅放大复制绘作。

其珍贵且流传不广，全文又不长，特将《丙篇》全文引录如次：[1]

取于下

曰：取，云则至，不可以□杀。壬子、丙子凶，作□北征，率有咎，武□□其□。

如必武

曰：如，可以出师筑邑，不可以嫁女取臣妾，不火得不憾。

秉司春

曰：秉，□□……□妻、畜牲、分女□。

余取女

曰：余，不可以作大事。少旱其□，□龙其□，取女为邦笑。

欱出睹

曰：欱，䖵率□得以匿。不见月才在□□，不可以享祀，凶。取□□为臣妾。

虘司夏

曰：虘，不可出师。水师不复，其败其覆，至于其□□，不可以享。

仓莫得

曰：仓，不可以川□，大不，顺于邦，有鸟入于上下。

臧杢□

曰：臧，不可以筑室，不可以乍，不脨不复，其邦有大乱。取女，凶。

1　释文据李零：《长沙子弹库战国楚帛书研究》，第74—80页。

玄司秋

曰：玄，可以筑室，……□□徙，乃□……

昜□义

曰：昜，不毁事，可以……折，除去不义于四（方）。

姑分长

曰：姑，利侵伐，可以攻城，可以聚众，会诸侯，刑首事，戮不义。

荼司冬

曰：𢻊，不可以攻……

关于帛书内容，数十年来中外学者反复考释，虽然在细节上仍有争议，但对于三篇文意大旨，基本上见解已趋一致。就《丙篇》而言，情形比较明显，为一年中逐月吉凶宜忌之说，属于择吉之术无疑。关于其文意，诸家考释具在，此处无须赘述，[1]仅对《丙篇》应置于何种背景框架中去认识略加讨论。

《丙篇》所用十二月之名颇为怪异，其意义很难索解；此外，每月文字旁边又各绘有一奇诡神像，一般认为这些神像即为每月之神。此十二月名，与《尔雅·释天》中所列者属同一系统。下面将月名及神像类型列述出来，以便考察。左起第一栏为帛书《丙篇》月名，第二栏为《尔雅·释天》月名，第三栏为帛书怪神图形简述：

1　关于各家考释情况之综述，参见李零：《长沙子弹库战国楚帛书研究》，第1—28页。

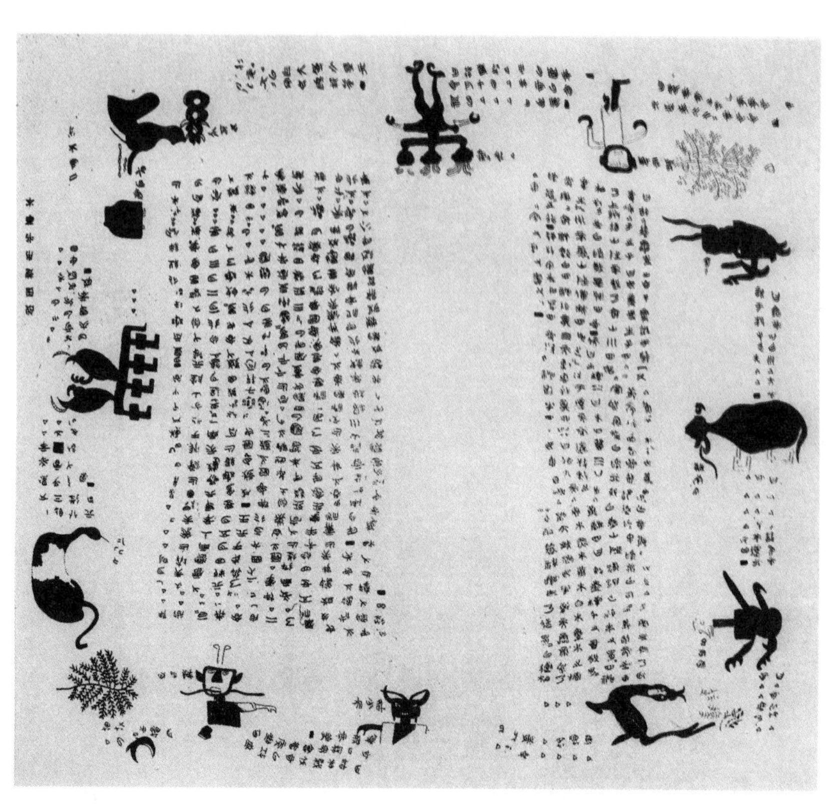

十二月神

长沙子弹库楚帛书局部。图中十二个半人半兽的神怪，表示十二月

《丙篇》月名	《尔雅·释天》月名	帛书怪神图形简述
取	陬	蛇首鸟身之物
如	如	四首双身连体鸟形
秉	寎	方首怪兽
余	余	双尾相绞之蛇形
欱	皋	三首人形

（续 表）

《丙篇》月名	《尔雅·释天》月名	帛书怪神图形简述
虘	且	长臂猕猴
仓	相	人首有角而鸟身独爪之怪物
臧	壮	吐舌两足长毛兽
玄	玄	双首龟
阳	阳	歧冠鸟之形
姑	辜	牛首人身怪物
敓	涂	头有羽饰之长舌人

《尔雅》月名之义同样难以索解，郭璞注云“皆月之别名……其事义皆所未详通，故阙而不论”，邢昺疏也毫无建树，看来只能存疑。有人认为帛书十二月之神与后世式盘上的十二神有关，但这也只是猜测而已，因为式盘上十二神之名与帛书十二月名之间实在看不出有什么相似或承传的痕迹。[1]故帛书《丙篇》中十二月名或月神之名的问题，恐怕只能搁置待考。

另有一些学者将帛书《丙篇》与《礼记·月令》《吕氏春秋》十二纪之首章、《淮南子·时则训》《管子·幼官（玄宫）》等文献联系起来，猜测它们可能属于同一类典籍。但实际上，《礼记·月令》等文献属于本书上文所论“敬授人时”一类，讲的是何时应该做何

1　式盘上十二神之名，据沈括《梦溪落谈》卷七所记为：征明、天魁、从魁、传送、胜先、小吉、太一、天罡、太冲、功曹、大吉、神后。对于其意义，沈括也有所论述。此十二神名在王充《论衡·难岁》已提及两个，在传世汉代式盘实物上也可见到，文字小有出入。

事；而帛书《丙篇》属于吉凶宜忌一类，讲的是何时可以做何事及不可做何事。两者在性质上有着明显区别，其具体功用也明显不同。故李零认为帛书《丙篇》“其性质当与古代的历忌之书相近”[1]。

所谓“历忌之书”，直接与具注历的起源问题联系在一起。历忌之书并非只讲忌，而是宜、忌兼讲，其内容正是具注历中大量历注的来源和根据，钱大昕《十驾斋养新录》卷十四“三历撮要”条颇有参考价值：

> 吴门黄氏有宋椠《三历撮要》，凡五十七叶，不题撰人姓名，又无刊印年月，而纸墨极精。考《直斋书录解题》载此书一卷。又一本名《择日撮要历》，大略皆同。建安徐清叟云，其尊人尚书公应龙所辑，不欲著名，即是书也。其书每日注天德、月德、月合、月空所在，次列嫁娶、求婚、送礼、出行、行船、上官、起造、架屋、动土、入宅、安葬、挂服、除服、词讼、开店库、造酒曲酱醋、市买、安床、裁衣、入学、祈祷、耕种吉日（凡廿二条），盖司天监用以注朔日者。其所引有《万通历》《百忌历》《万年具注历》《万年集圣历》《会要历》《会同历》《广圣历》，大率皆选择家言也。郑樵《(通志·)艺文略》有《太史百忌历图》一卷、《太史百忌》一卷、《广济阴阳百忌历》一卷（吕才撰）、《广圣历》一卷（晋苗锐集）、《万年历》十七卷（杨惟德撰）、《集圣历》四卷（杨可撰），今皆不传。此书又引刘德成、方操仲、汪德晤、倪和父诸人说，盖皆术数之士，今

1　李零：《长沙子弹库战国楚帛书研究》，第46页。

无有举其姓名者矣。

其中所引各种“今皆不传”之古籍，即历忌之书，而自嫁娶至耕种之各项择吉名目，大体皆为传世具注历中所见历注之通常项目。

历忌之书的历史，显然还可自宋代再往前追溯。《隋书·经籍志三》子部五行类中，著录有如下多种，显然与上引钱大昕所述各书有承传关系：

《杂忌历》二卷（魏光禄勋高堂隆撰）

《百忌大历要钞》一卷

《百忌历术》一卷

《百忌通历法》一卷（梁有《杂百忌》五卷，亡）

《历忌新书》十二卷

《太史百忌历图》一卷（梁有《太史百忌》一卷，亡）

《二仪历头堪余》一卷

《堪余历》二卷

《注历堪余》一卷

《堪余历注》一卷

《大小堪余历术》一卷（梁《大小堪余》三卷）

《四序堪余》二卷（殷绍撰。梁有《堪余天赦书》七卷、《杂堪余》四卷，亡）

“堪余”即堪舆。这类历忌之学的历史，还可再往前追溯，大约在东汉时已经十分盛行。《论衡·讥日篇》云：

世俗既信岁时，而又信日。举事若病、死、灾、患，大则谓之犯触岁月，小则谓之不避日禁。岁月之传既用，日禁之书亦行。世俗之人，委心信之；辩论之士，亦不能定。是以世人举事，不考乎心而合于日，不参于义而致于时。时日之书，众多非一。

所谓“时日之书”，分为两类：一类讲每日各种举事之吉凶宜忌，即王充所说之“日禁”，后世习见的在《黄历》《通书》中选“黄道吉日”也属此类，这比较容易理解。另一类则据节令、月份或年份而言各种举事之宜忌，即王充所言之“岁月”，又称为“月讳”，子弹库帛书《丙篇》即属此类。这一类历忌在古时也很常见，例如《荆楚岁时记》中有云：

五月，俗称恶月，多禁。忌曝床荐席，及忌盖屋……俗人月讳，何代无之？但当矫之归于正耳。

两类历忌，合之皆为选择家言。

王充在上引论述之后，接着具体讨论了六种历忌之书（他对此大都持拒斥态度）：

葬历，专讲举行葬事之择日；

祭祀之历，讲祭祀活动之择日；

沐书，专讲洗头的各种时日吉凶宜忌；

裁衣之书，讲裁衣的时日吉凶；

工伎之书，讲造房、装车、治船、挖井等事之择日；

堪舆历，亦为择吉之术。

特别值得注意的是，这些历忌之书中所讲论的种种内容，正是后世历注中的典型内容。关于这类内容的历史还可再往前追溯，比如，一个著名的事例发生在汉武帝时代，见于《史记·日者列传》末附褚先生所记：

> 孝武帝时，聚会占家问之，某日可娶妇乎？五行家曰可，堪舆家曰不可，建除家曰不吉，丛辰家曰大凶，历家曰小凶，天人家曰小吉，太一家曰大吉。辩讼不决。以状闻。制曰："避诸死忌，以五行为主。"

娶妇的择日也是后世历注中的典型内容。

历忌之学的历史再往前追溯，就与子弹库帛书《丙篇》会合了。《丙篇》是月讳之书。后世历注中的娶妇、筑室等内容也已见于其中。而约略同时之云梦秦简《日书》，更可说是一部历忌专书。由此可得大致线索如下：

历忌之学至迟在战国时已颇具规模，自两汉而下，至六朝，再至唐宋以降，一直流传不绝；而其发展之终结，则大体可以清代集大成之《御定星历考源》六卷和《钦定协纪辨方书》三十六卷为标志。

接下来的问题是：历忌之学与历谱的结合，或者说，历忌之学被吸收为历注的内容而形成具注历，是由于怎样的契机？此进程又开始和完成于什么时代？这两个问题都不易明确回答。

如将现今已发现之全部古历实物（包括汉简历谱十余种、以敦煌卷子为主的唐宋历书约40种、保存大体完整的明清历书及零星的若干种）按时间顺序加以考察，可以发现历注的形式大致是由简趋繁，至宋代可以说已大体定型（以宋宝祐四年会天历书为典型）。但这并不是说具注历晚至唐宋才形成，因为历注早在汉代已经发端。汉简历谱中虽然历注甚少，然而这少量历注中却有后世具注历内标准的历注项目。下面略述其中三项为例。

（1）反支

在《钦定协纪辨方书》卷九“立成”中，反支被作为“日神按月朔取日数者”，单独立为一类。反支属凶煞类，由每月朔日的纪日干支中之地支决定。出土汉简中，本始四年（公元前70年）及永元六年（公元94年）残历谱都注有“反支”，最引人注目的是银雀山出土元光元年（公元前134年）全年历谱，其中所有反支之日全部注出。

反支在汉代已经流行。学者经常提到的记载有两条，一条见于《汉书·游侠传》：

> 及王莽败……（张）竦为贼兵所杀。

颜师古注引李奇曰：

> 竦知有贼当去，会反支日，不去，因为贼所杀。桓谭以为通人之蔽也。

这是因相信反支日不利出走，结果误了性命。所以颜之推《颜氏家训·杂艺》说“至如反支不行，竟以遇害；归忌寄宿，不免凶终：拘而多忌，亦无益也”。另一条见于《后汉书·王符传》引述王符《潜夫论·爱日》云：

明帝时，公车以反支日不受章奏，帝闻而怪曰："民废农桑，远来诣阙，而复拘以禁忌，岂为政之意乎！"于是遂蠲其制。

李贤注引《阴阳书》云：

凡反支日，用月朔为正。戌、亥朔一日反支，申、酉朔二日反支，午、未朔三日反支，辰、巳朔四日反支，寅、卯朔五日反支，子、丑朔六日反支。

反支日不受章奏，与张竦反支日不出行相似，都是讲求、相信历忌之说的表现。

关于反支日的推求之法，前人多引李贤注中所说为据。但近年已发现远较李贤注更早的文献证据，云梦秦简《日书》甲种有"反枳"章（简742—743反面）：

反枳：子丑朔，六日反枳；寅卯朔，五日反枳；辰巳朔，四日反枳；午未朔，三日反（枳）；申酉朔，二日反枳；戌亥朔，一日反枳。复卒其日，子有复反枳。一月当有三反枳。

以汉简《元光元年历谱》考核之，与李贤注引《阴阳书》及上引《日书》之说都完全一致。其实由《元光元年历谱》即可看出反支日出现的规律，其推求之法非常规则，可排列表示如下：

朔日地支　　　　子丑寅卯辰巳午未申酉戌亥

第一反支日日期	六六五五四四三三二二一一
反支日地支之一	巳午午未未申申酉酉戌戌亥
反支日地支之二	亥子子丑丑寅寅卯卯辰辰巳

由此可知秦简《日书》“一月当有三反枳”之语，应是指一月中连头带尾遇到三次地支循环，而不是指一月中有三个反支日（一月中最多可有五个）。

反支之说起源于先秦，在汉代历谱中已经出现，而此后一直沿用下来，直至清末历书。且两千余年之间，其推求之法与吉凶含义都无改变。

（2）血忌

汉简永元六年残历谱有血忌历注：

> 十一日甲午破血忌天李。

“破”及“天李”也属历注项目，俟下文再论。所谓血忌，顾名思义为忌见血，其说在汉代已有之，王充《论衡·讥日篇》云：

> 祭祀之历，亦有吉凶。假令血忌、月杀之日固凶，以杀牲设祭，必有患祸。

杀牲设祭，自然要见血，而在血忌日行之，即有祸患。又唐韩鄂《四时纂要》卷一正月有云：

> 丑为血忌，不可针灸、出血。

大宋寶祐四年丙辰歲會天萬年具注曆

太歲在丙辰 幹火 枝土 納音屬土 凡三百五十四日

歲德在東南丙位 合在辛 丙辛上取合 土及宜修造 大將軍在子

太陰在寅 歲刑在辰 歲破在戌

歲殺在未 黃幡在辰 豹尾在戌

碧白赤太歲已下諸神其地各有所忌如有聽壞

白白黑事須修營擇其日與歲德月德歲德合

黃綠紫月德合天恩天赦母倉併者修營無妨

正月大 二月小 三月大 四月小 五月小 六月大

七月小 八月小 九月大 十月大 十一月大 十二月小

大宋宝祐四年丙辰岁会天万年具注历手抄本

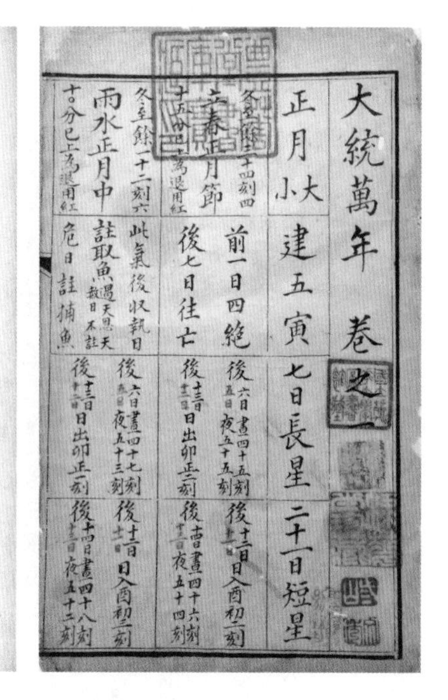
大統萬年 卷之一

正月大小 建五寅 七日長星 二十一日短星

立春正月節

前一日四絶 後七日往亡

雨水正月中

此氣後收執日

危日註捕魚

丰华堂旧藏明抄本《大统万年历》清华大学图书馆藏

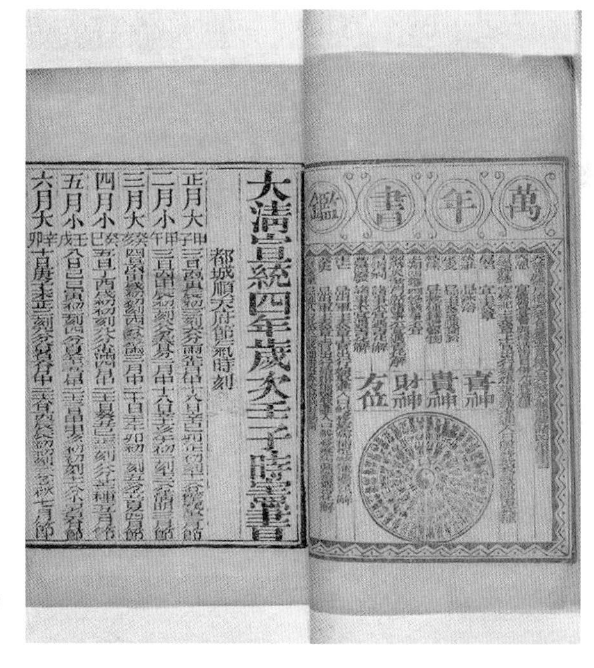
大清宣統四年歲次壬子時憲書

都城順天府節氣時刻

正月大

二月小

三月大

四月小

五月小

六月大

萬年書鑑

宣统四年时宪书内页

汉元光元年历谱二一–三二简局部

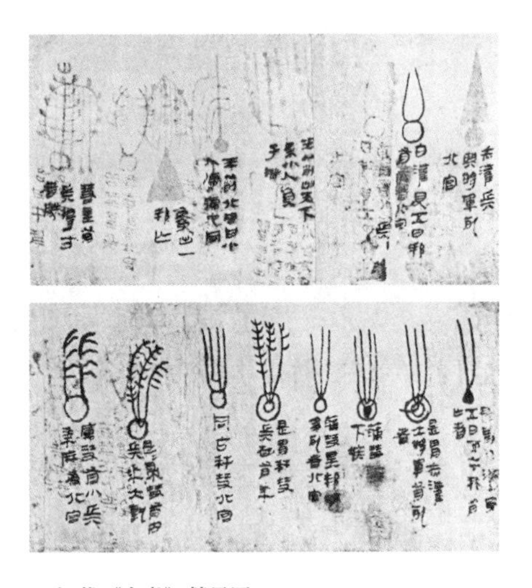

汉代《帛书》彗星图

丑是指纪日干支中的地支，正月中日地支为丑之日为血忌；据《四时纂要》各卷所载，每月血忌之日的日地支可排列如下：

正月	丑	二月	未
三月	寅	四月	申
五月	卯	六月	酉
七月	辰	八月	戌
九月	巳	十月	亥
十一月	午	十二月	子

血忌在唐宋历书中仍作为历注项目，后世因之，直至清末历书，都是如此。但是，看来并不是所有上表所列的日地支之日都注血忌，比如，宋宝祐四年会天历书全年逐月注有血忌之日如下表，其中阿拉伯数字表示该月注有血忌之日的日期，括弧中的日期为符合血忌安排规则但未注血忌者，依序列于右侧三栏：[1]

正　月	(9)	(21)	
二　月	9	21	
三　月	11	23	
四　月	11	23	
五　月	(1)	(13)	25
六　月	(2)	(14)	26
七　月	(3)	15	(27)

1　所据为《宛委别藏》所收朱彝尊抄本。

（续表）

八　月	(4)	16	28
九　月	(6)	18	(30)
十　月	(6)	18	30
十一月	(7)	19	
十二月	(7)	19	

其中正月的历注部分似有残缺，情况不明，姑置不论。自五月至十二月，每月第一个合于规则之日都未注血忌，七、九两月还出现第三个可注的日子，也未注。何以如此，未能确知。可能另有附加的推求细则，姑存疑于此。

（3）建除十二直

已出土的汉简历谱中，永元六年、本始四年、元康三年（公元前63年）及建平二年（公元前5年）四种残谱上，都有建除十二直（以下简称“十二直”）的历注。永元六年谱已将十二直逐日注出，后三种则仅逢“建”日注明。

十二直起源甚早。《淮南子·天文训》中已有论述，且将十二直归为八类：

> 寅为建，卯为除，辰为满，巳为平，主生；
> 午为定，未为执，主陷；
> 申为破，主衡；
> 酉为危，主杓；
> 戌为成，主少德；
> 亥为收，主大德；

子为开，主太岁；

丑为闭，主太阴。

对于这段话，传世的两种古代《淮南子》注本（习见的高诱注本及收于《道藏》中的许慎注本）都无说明。所谓主生、主陷云云，语涉玄虚，姑置不论。而将十二直即建、除、满、平、定、执、破、危、成、收、开、闭与十二地支对应，则有其义理。其义理两千年相传不绝，数术家多能言之。但近年却发现，在出土秦代简书中，已有关于十二直之推求法则及吉凶含义的详细说明。

近几十年来先后出土了两部内容相仿的秦简《日书》，一为湖北云梦睡虎地出土，一为甘肃天水放马滩出土。两《日书》又各分为甲、乙两种。在相隔千里之遥的华中和西北先后发现相似的文献已足令人惊异，而更奇巧的是，两《日书》皆有论十二直的专章，并且其论十二直之推求法则的部分竟然文字完全相同！睡虎地《日书》此章原有标题曰“秦除”（甲种，简743—754），放马滩《日书》此章无标题（甲1—12），兹举前者为例：

正月：建寅、除卯、盈辰、平巳、定午、挚未、柀申、危酉、成戌、收亥、开子、闭丑。

二月：建卯、除辰、盈巳、平午、定未、执申、柀酉、危戌、成亥、收子、开丑、闭寅。

凡十二月。其中盈即满，挚（摰）同执，柀同破。其含义为：正月从纪日干支中地支为寅之日起，依次排为建、除、满、平……，十二日一循环；二月则以地支为卯之日为建，依次排列；其余各月顺十二地支之序依次类推。

但此处所言之正月、二月等，并非历谱上的月份，而是所谓"星命月份"，其法以二十四节气中的十二节气（另十二为中气）为计算起讫之点，比如正月从立春之日起算，二月从惊蛰之日起算，其余类推。如此推得的"星命月份"实际上是依据太阳周年视运动而来，因此不可能与历书中反映朔望月情况的历月重合。十二直在循环排列时，逢到交节气之日，则重复该日之直一次。这样做可以使一年中十二直比纪日地支少循环一轮，以便次年正月仍回到寅日为建。[1]由此又可知前引《淮南子·天文训》中"寅为建，卯为除……"之说，所指即正月（"星命月份"）中十二直之排列之法。

十二直和反支、血忌一样，都属古代历忌之学中王充所说的日禁一类。关于十二直所主之吉凶宜忌，睡虎地秦简《日书》"秦除"章已有详细记述，因其颇富参考价值，特引录如下，其中一些明显的通假字已代以正字：

> 建日，良日也。可以为啬夫，可以祠，利早不利暮，可以入人、始冠、乘车。有为也，吉。
>
> 除日，臣妾亡，不得，有肿病，不死，利市积、彻□□□除地、饮乐。攻盗，不可以执。

---

1 有关细节可参阅张培瑜：《出土汉简帛书上的历注》，《出土文献研究续集》，文物出版社，1989年。

盈日，可以筑闲牢，可以产，可以筑宫室、为啬夫。有疾，难起。

平日，可以娶妻，入人、起事。

定日，可以藏，为官府、室祠。

执日，不可以行。以亡，必执而入公而止。

破日，无可以有为也。

危日，可以责执、攻击。

成日，可以谋事、起众、兴大事。

收日，可以入人民、马牛、禾粟，入室娶妻及它物。

开日，亡者，不得。请谒，得。言盗，得。

闭日，可以劈决池，入臣徒、牛马、它牲。

这些吉凶宜忌之说，到唐宋历书中又有所不同。

十二直之说在先秦历忌之书中已如此完备，至汉代又进入历注，又由前引《史记》所载汉武帝时七家辩论娶妇吉凶事有“建除家”，可知那时其说十分流行显赫。《日书》之“秦除”章，即“建除家”之学说也。此后从唐宋历书直到明清历书，都逐日注出十二直，与汉简永元六年残历谱相比，两千余年未有改变。

2. 从历谱到历书

以上所论反支、血忌和建除十二直三种，是迄今所见汉简历谱十余种历注中较突出者。考察汉简历谱中的所有历注，并与唐宋以降各历书中的历注对比，我们可以发现，尽管从两汉至唐宋，历注由简至繁，似乎是一个连续演变的过程，但对于历谱与历书之间的区别而言，竟然存在着一条明确的分界。这一点对于历书的起源与演变来说至关重要，值得稍详论之。

先从典型样品之对比入手。汉简永元六年残历谱是汉简历谱中历注最繁的一种，敦煌卷子后唐同光四年（公元926年）历书是敦煌历书中历注较简的一种，宋宝祐四年会天历书是历注较繁的样本，以下将此三种依次各录四日以资比照：

永元六年历谱（《疏勒河流域出土汉简》437号）：

七月　廿七日壬午开天李
　　　廿八日癸未闭反支
　　　廿九日甲申建□
　　　卅日乙酉除

同光四年历书（罗振玉《贞松堂藏西陲秘籍丛残》所刊部分）：

（十二月）六日丁亥土开　治病吉
　　　　　七日戊子火闭　野雉始鸲　符镇吉
　　　　　八日己丑火建　上弦　裁衣吉
　　　　　九日庚亥木除　嫁娶吉

宝祐四年会天历书（《宛委别藏》朱跋本）：

（七月）　十七日　丙午水开参　寒蝉鸣
　　　　　　　　　天火白虎黑道天棒黑星天狱不举
　　　　　　　　　不宜临政、举官、苫盖舍屋

人神在气冲　日游在房内东

十八日　丁未水闭井

吉日　岁前小岁对玉堂黄道天玉明星神在月德合兵吉金堂母仓

宜阅教军师、修建邸第、补理墙壁、祭祀神祇血支

人神在股内　日游在房内东

十九日　戊申土建鬼

小时天牢黑道土府五离

不宜穿凿动土、扫舍、安床、远出、还家、受田、破券

人神在足　日游在房内中

二十日　己酉土除柳　沐浴

吉日　岁前天恩吉期兵吉兵宝官日阴德鸣吠大明七圣神在

宜行恩、释禁、修饰邸第、举官荐贤、祀神请福、安葬坟墓

昼五十五刻　夜四十五刻

人神在内踝　日游在房内出

对比以上三种历注，由简到繁的趋势是显而易见的，但最重要、最关键的一点在于：永元六年历谱中虽有建除、反支、天李等历忌项目数种，但并无任何吉凶宜忌的结论，也就是说，历谱中注有历忌项目，仅可免去人们的推算之劳，但如在该项目之日行事究竟有何吉凶宜忌，仍必须另从历忌之书中去查索——秦简

《日书》就是此种历忌工具书的典型样本。

举例来说，人们使用这种历谱，虽能知道某日为建、某日为除、某日为反支等，但还不能知道建日是否宜于入人、反支日是否利于出行之类。而另一方面，以上举第二、第三例为代表的唐宋历书，则已将汉简历谱中的历忌项目（当然较汉代增加了许多）与历忌之学中有关这些项目的吉凶宜忌结论一起结合进来；在唐宋历书中，人们已可直接见到对日常行事吉凶宜忌的若干具体指导（当然不可能包括所有历忌项目及其对应的吉凶宜忌，如此详备之说仍须求之于历忌专书）。

现今已知的汉简古历实物凡十余种，最早为西汉元光元年（公元前134年），最晚为东汉建安十年（公元205年），跨度达四个世纪之久。其中有仅载每日纪日干支及个别节气而无历注者，如神爵三年（公元前59年）历谱，而有历注者以上引永元六年历谱为最繁。但各谱中皆无任何吉凶宜忌之说。与此形成鲜明对比的是，现今所见唐宋以后各种历书，或多或少都有吉凶宜忌之注。由此可以归纳出一条明确的判据如下：

历注中有吉凶宜忌之说者谓之历书；

无历注或历注中仅有历忌项目而无吉凶宜忌之说者谓之历谱。

上述判据不仅可以为区分历谱与历书提供切实可行的方法，更重要的是，它为古代中国历书的起源问题指明了一项关键事实，即：历书实际上是历忌之学与历谱深入结合的产物。至于汉简历谱中有些注有历忌项目，有些未注，这一区别对于历书的起源问题而言并无重大意义。因为，一者此处所言历注仅限于狭义，而古人心目中并无历注的广狭义之分，注节气或伏、腊等，与注历忌项目建除、反支等，大体不妨等量齐观；二者现今所见最早历谱元光元年历谱中已有历忌项目反支之注，而此后历谱中反有不注历忌项目者，可见汉代历谱中注不注历忌项目似乎并无深意，呈现出一种随机性。

附带说明一下，现今学术界通常所用之“具注历”一词，一般都指唐宋及以后的历书，尽管从严格的意义上来说，汉简历谱几乎也都可称为具注历，因为其中即使仅注冬至、立夏等节气，也仍属广义的历注。至于要准确区分历谱与历书，则按上述判据进行定义，最为明白方便。

历书既为历忌之学与历谱结合之产物，那么这一结合发生于何时？由上述区分历书与历谱之判据出发，已可对此问题在相当精确的程度上作出解答。

在现今所发现的古历实物中，自汉简历谱至唐宋历书，中间有长达四个世纪左右的一段时间，几乎呈现空白。在此时段中，只有一项材料可供考察，但其原件今已失落，就是专家们通常所称的“敦煌北魏历书”。此物1944年被发现于敦煌市廛，1950年苏莹辉将其全文发表于《大陆杂志》（第一卷第九期）。奇怪的是：其原件现已下落不明。此件一般都被归入“敦煌历书”系列中，但是它在年代上既孤悬于唐宋之前，在体例上也与其他敦煌历书迥异。事实上，此件只是一份历谱，而且是非常简略的简谱。以下本书即称之为“北魏历谱”。北魏历谱涵盖首尾完整之两年，因其体例在现存古历实物中极为特殊，且对以下的讨论颇为重要，兹全文录载其第一年的历谱如下：

太平真君十一年历　岁在庚寅　大阴　大将军

正月大　　一日壬戌收

　　　　九日立春正月节　廿五日雨水
二月小　一日壬辰满
　　　　十日惊蛰二月节　廿五日春分　廿七日社
三月大　一日辛酉破
　　　　十一日清明三月节　廿六日谷雨
四月小　一日辛卯闭
　　　　十二日立夏四月节　廿七日小满
五月大　一日庚申平
　　　　十三日望种五月节　廿八日夏至
六月小　一日庚寅成
　　　　十四日小暑六月节　廿九日大暑
七月大　一日己未建
　　　　十五日立秋七月节　卅日处暑
闰月小　一日己丑执
　　　　十五日白露八月节
八月大　一日戊午收社
　　　　二日秋分　十七日寒露九月节
九月小　一日戊子满
　　　　二日霜降　十七日立冬十月节
十月大　一日丁巳破
　　　　四日小雪　十九日大雪十一月节
十一月小　一日丁亥闭
　　　　四日冬至　十九日小寒十二月节
十二月大　一日丙辰平
　　　　五日大寒　十三日腊　廿一日立春正月节

每月仅列三日，较汉简历谱还要简略得多。于节气则很详备，另有社、腊等注（其第二年的历谱中尚有“始耕”“月会”等另外三种）。历忌项目则有年神方位和建除十二直。非常明显的是，历注中并无任何吉凶宜忌之说，这与所有已见汉简历谱一样。所以依前面所述判据，此件仍属历谱无疑。

对此处的讨论而言，特别重要的一点是北魏历谱的年代——太平真君十一至十二年（公元450—451年），它提供了现今所发现的历谱的下限。而再将历书的上限与之参照，就可推知由历谱演变为历书，这一情况发生于何时。

在敦煌卷子中保存有唐、五代和宋的历书共数十种，已知年代最早的为唐元和三年（公元808年）历书残本，然而这还不是历书的上限。现今所见最早的历书实物，系1973年于新疆吐鲁番阿斯塔那210号古墓出土之唐显庆三年（公元658年）历书残卷。兹录其中七月之一段如下，以便与上录北魏历谱对比：

（十）九日己亥木平　岁后　祭祀、纳妇、加冠吉
廿日庚子土定　岁后　加冠、拜官、移徙、坏土墙、修宫室、修碓硙吉
廿一日辛丑土执　岁后　母仓归忌起土吉
廿二日壬寅金破　岁后　疗病、葬吉
廿三日癸卯金危　岁后　结婚、移徙、斩草吉
廿四日甲辰火成　下弦　阴错

显而易见，此件已属典型的唐宋历书，历注项目虽不算多，

但吉凶宜忌内容已可与宋宝祐四年会天历书比肩。

至此已经看到：最晚的历谱在公元451年，最早的历书在公元658年。值得特别指出的是，在现今已见的古历实物中，公元451年之前没有历书，公元658年之后没有历谱，因此我们有足够的理由相信：

从历谱到历书，其演变过程完成于公元451—658年之间。

而随着出土文物的日益增加，这一约两百年的时间段还可望进一步缩小。

简而言之，古历实物中，无历注或历注中仅有历忌项目而无吉凶宜忌之说者谓之历谱；后来历谱与历忌之学进一步结合，于每日注明行事的吉凶宜忌，乃成历书。此一演变过程，完成于公元5—7世纪之间。但历忌之学渊源甚古（已见之历忌专书秦简《日书》比已见最早之元光元年历谱年代更早），当其与历谱结合形成历书之后，其自身依然相对独立地继续发展流传。因此，从历谱到历书的演变之迹虽已略如上述所示，但造成这一演变的契机或原因，仍是未解之谜。依笔者之见，其间或许与异域文化之影响启发不无关系。

3. 历书的繁盛及其内容

在敦煌卷子中保存下来的唐宋历书共37种，其中唐代18种，五代12种，北宋7种。此外至少还有三件唐宋历书实物，即新疆吐鲁番阿斯塔那210号古墓出土之唐显庆三年历书、507号古墓出土之唐仪凤四年（公元679年）历书，以及唯一依靠清代抄本留传下来的宋宝祐四年会天历书。另有若干历书片段因残缺过甚，尚无法考定其年代，不在论列。这些历书实物绝大部分皆为残卷，一年完整者除宋宝祐四年会天历书外，仅有后唐同光四年（伯3247加上罗振玉所藏部分，拼合后只缺十余日的内容）、后周显德三年（斯95）、宋太平兴国六年（斯6886）、宋雍熙三年（伯3403）等数件。

历书在唐宋时代之繁盛情况，可由敦煌历书的分布年代，先稍推测其大略。37份年代确切可考的历书，分布于公元808—993年这185年间，平均五年一份。这一事实值得注意。历书固然每年都有，但敦煌卷子并不是钦天监的档案，而是五花八门，几乎遍及古代中国文化的各个方面，其中出现历书，本来带有极大的偶然性。然而竟能平均每五年保留下一份，不能不说是颇为丰富密集了。况且卷子中还有年代无法考定的历书残本至少14份，推而论之，其年代大致也当不出上述185年间左右，这样则平均三年多就有一份。

此处还必须考虑到历书这种文献的特殊性——时限问题，当新岁到来后，去岁历书即成为废弃之物，不复为人宝爱，而其他文献则没有这个问题。因此敦煌卷子中能保存历书数十种之多，实在是颇令人惊异的现象，如果不是历书已广泛盛行，并深入到人们的日常生活之中，卷子中会保存如此之多的历书是不可想象的。

历书的繁盛还可从雕版印刷的角度加以考察。敦煌历书大部分是写本。但其中也有雕版印刷本。比如唐乾符四年（公元877年）历书（斯6），即为现今所见最早的雕版印刷历书；又如唐中和二年（公元882年）历书残页，就是当时四川"成都樊赏家"雕印出售的私历。印刷历书在当时已广泛盛行，史籍中提到的地点有长安、四川（成都、梓州）、淮南（扬州）、江东等处，印影商号有"成都樊赏家""上都东市大刁家"等。兹略举关于唐代私印历书之记载三则如次：

（太和九年）十二月……丁丑，敕诸道府不得私置历日板。（《旧唐书·文宗本纪下》）

剑南、两川及淮南道皆以板印历日鬻于市，每岁司天台未奏颁下新历，其印历已满天下，有乖敬授之道。（《全唐文》卷六二四东川节度使冯宿《禁版印时宪书奏》）

僖宗入蜀。太史历本不及江东，而市有印货者，每差互朔晦，货者各征节候，因争执。里人拘而送公，执政曰："尔非争月之大小尽乎？同行经纪，一日半日，殊是小事。"遂叱去。而不知阴阳之历，吉凶是择，所误于众多矣。（《唐语林》卷七）

民间私印历书，显然带有与官方争利的商业动机。这些历书并非朝廷颁下官历之翻印，而是抢在朝廷颁历之前，先自行编算雕印发售，占领市场。这当然也与朝廷垄断天学之旨不合，故冯宿谓"有乖敬授之道"。《唐语林》的记载则指出了历书何以在民间大有市场的原因——"阴阳之历，吉凶是择"，百姓们要从中得到日常行事之吉凶宜忌的指导，他们日常生活中已离不开历书。正因为市场巨大、利之所在，商人们才纷起雕印出售。由此不难推知历书在唐代繁盛之状。

在唐代，新年历书有时又被作为珍物之一种，赐予大臣，以示恩宠。此举的一个例证如下，见于《刘禹锡集》卷十二为杜佑作《谢历日面脂口脂表》：

臣某言：中使霍子璘至，奉宣圣旨存问臣及将佐、官吏、僧道、耆寿、百姓等，兼赐臣墨诏及贞元十七年新历一轴，腊日面脂、口脂……天书下临，睹三光之照耀；玉历爰授，知四时之环周。雕奁既开，珍药斯见……命轻恩重，上答何阶？无任感抃屏营之至。

贞元十七年为公历801年。此处的"新历一轴"自然是朝廷官方所颁。它很可能也是雕版印刷的。因为在此之前，早有唐太宗雕印《女则》(约公元636年)、唐玄奘印施普贤菩萨像(约公元645年)、某机构印《开元杂报》等记载，以及发现于韩国庆州佛国寺的武则天时代雕印《无垢净光大陀罗尼经》实物。况且新历、面脂、口脂等物，多半不会只赐杜佑一人，很可能同级官员都有，则其数量也不小，自以雕版印刷为便。

以上所言，为唐代情形。五代及宋，历书继续盛行，中原实物留存甚少，仍赖敦煌卷子中所保存之12种五代历书、7种北宋历书，略得推知其大概。

敦煌自汉至隋为郡，唐初改为沙州，属河西节度使辖区。安史之乱后，吐蕃攻陷陇右、河西，河西节度使移治沙州(今敦煌城西)，敦煌与中原的交通从此断绝，但仍坚守土地，直至公元787年方才降于吐蕃。六十年后，张议潮率众起义，奉沙、瓜等十一州图籍归唐，朝廷在沙州治归义军，命张议潮为归义军节度使、十一州观察使。从此张氏及后来的曹氏世代在西北一隅保持着一个汉族政权，直至公元1036年始亡于西夏。

敦煌政权保持华夏文化传统，其表现之一即"世世奉汉家正朔"，这在敦煌历书中看得非常清楚。其时当地与中原的交通久已阻断，朝廷历书难以颁来此地，故当地历书多为自行编算。编算者中最著名者为翟奉达，现存敦煌历书中标明编撰人者共十种，其中五种为翟奉达编。由于是“遥奉汉家正朔”，有时信息阻隔，经年不达，还曾出现中原已弃置不用的年号，比如后梁贞明八年（公元922年）残历，其实梁已在贞明七年改元龙德，敦煌不知，仍用贞明年号，即其一例。

由于历书是一种隔年即废弃之物，不像书籍那样容易保存。今人能见到如许敦煌唐宋历书，实赖鸣沙山石室藏经之奇缘。除此而外，就只有吐鲁番文书中的两种唐代历书，以及传世的宋宝祐四年会天历书一种了。后者上距敦煌历书中最晚的淳化四年（公元933年）历已过二百六十余年，但将其与诸敦煌历书相比，内容、格局大同小异，足证敦煌历书即使出于当地术士自行编算，仍确属华夏传统文化氛围中之产物，故从敦煌历书入手考察古代历书，其所获结果仍有普遍意义。

唐宋历书有实物可考，但自宋以降，有元一代的历书实物，长期呈空白状况。直至1983—1984年间，始于内蒙古黑城出土文书中发现历书残页一种，张培瑜考定为元代至正二十五年（公元1365年）历书。[1]该残页仅剩十三行，残损严重，但从尚存内容看，与唐宋历书无大差别，兹录其中较完整者三行如下：

一日丁巳土开柳　宜祭祀祈福□……

二日戊午火闭星　宜祭祀□□□……

三日己未火建张　宜□□出行……

1　张培瑜：《试论新发现的四种古历残卷》，《中国天文学史文集》（五），科学出版社，1989年。

自元代以下，明清历书相对来说不再成为珍秘之极的文献，从明中期直至清末，各年历书大体完整保存下来。这一方面是因年代已近，存留较易；另一方面恐怕是因这些历书皆为刊本，发行四方，数量远较前代为大。

历书之所以迅速盛行，而且长期不衰，其主要原因当于历书内容中求之。历书将古时历忌之学从术士的枕中鸿秘变为家喻户晓的常见之物，为人们日常行事提供了简明易记的吉凶宜忌指导，难怪此物很快成为素来笃信天人合一、讲究在合适的时空点上行事的古代中国人生活中必不可少之物。历书中内容颇多，初看似乎光怪陆离，荒诞不经，其实内中也有一番古人的学术义理可言。历书中历注的内容大体可分为两类，兹略论如下。

如前所述，历书之异于历谱者，在其关于吉凶宜忌之历注。这些吉凶宜忌之说，并非编历书者随意杜撰出来，而是依据特定理论推衍而得。此种理论之大意略谓：天地间有许多神煞（今习语有“凶神恶煞”，即从此来），诸神煞之性情或恶或善，或善恶兼秉，干预、左右人间事务之能力互有大小强弱；他们各自按照自己的运行规律，轮流“值日”管事。于是一年之内，每日都有若干不同的神煞当值。而该日行事之吉凶宜忌，即由诸当值神煞之性情善恶、能力大小相互作用，或冲突，或合力，或牵制，或平衡，最后综合决定。故历忌之学，极而言之，不外两端而已：

一为掌握各种神煞轮流运行之规律，从而排定一年中各日之当值神煞。历谱中之注有建除、反支、血忌之类，即是此事。此事相对来说不太困难，因诸神煞运行规律虽然头绪纷繁，毕竟是死规律，只要下死功夫记忆推算，总能掌握。

难在其第二端，即依据各种神煞的当值情况，综合判断各日之吉凶宜忌。古人所谓“运用之妙，存乎一心”之语，在此也是适用的。故历书中每日关于行事吉凶宜忌之注，虽只寥寥数语，甚至不过三五字，但背后的学问却很大。举例来说，翟奉达所编之后唐同光四年历书，上文曾引录其片段，虽然每日之下历注甚简，但“治病吉”“符镇吉”等各日之注，仍是翟氏历忌之学推排、选择，平衡、决断而后所得。此三五字之结论，至少在当时人看来，大非等闲。

神煞体系，由简趋繁。早期汉简历谱中所见之建除十二直、反支、血忌之类，后来都被整合进神煞体系。该体系大致在唐宋时代已颇具规模，至清代乾隆时之《钦定协纪辨方书》而集其大成。为对历书历注中历忌之学的繁复程度有一感性认识，兹将所有神煞（被分为年神、月神、日神、时神四种）名目分类揭载如下，系据《钦定协纪辨方书》卷九“立成”（所有神煞及其运转规律一览表）中所载录出：

年神（共10类）

从岁干起者：岁德、岁德合、岁禄、阳贵、阴贵、金神。

从岁干取纳甲卦变者：破败五鬼、阴府太岁、浮天空亡。

随岁方顺行者：奏书、博士、力士、蚕室、蚕官、蚕命、大将军。

随岁支顺行者：太岁、太阳、丧门、太阴、官符（畜官）、枝德（死符、小耗）、岁破（大耗）、龙德、白虎、福德、吊客（大阴）、病符、巡山罗睺。

随岁支退行者：神后、功曹、天罡、胜光、传送、河魁、六害、五鬼。

从岁支三合者：岁马、岁刑、三合前方、三合后方、劫煞、灾煞、岁煞、伏兵、大祸、坐煞、向煞、天官符、大煞、黄幡、豹尾、炙退。

随岁支顺行一方者：飞廉。

从岁支取纳甲卦变者：贪狼、巨门、武曲、文曲、独火。

从三元起者：三元紫白。

从岁纳音起者：年克山家。

月神（共22类）

从岁干起者：阳贵人、阴贵人、飞天禄、丙丁独火。

从三元起者：月紫白。

从岁支起者：飞天马、天官符、地官符、飞大煞（打头火）、月游火、小月建、大月建。

从月干起者：阴府太岁。

从月纳音起者：月克山家。

从八节九宫顺逆行者：三奇、三奇。

取月建三合者：天道、天德、月德、天德合、月德合、月空、三合、五富、临日、驿马（天后）、劫煞、灾煞（天火）、月煞（月虚）、大时（大败、咸池）、游祸、天吏（致死）、九空、月刑。

随四序者：大赦、母仓、四相、时德、王日、官日、守日、相日、民日、四击、四忌、四穷、四耗、四废、五虚、八风。

随月建顺行者：建（兵福、小时、土府）、除（吉期、兵宝）、满（天巫、福德）、平（阳月天罡、阴月河魁、死神）、定（时阴、死气）、执（小耗）、破（大耗）、危、成（天喜、天医）、收（阳月河魁、阴月天罡）、开（时阳生气）、闭（血支）。

随建旺取墓辰者：五墓。

随月建三合逆行一方者：九坎（九焦）。

随四序行三合者：土符。

随四时行三合纳甲者：地囊。

随月建行纳甲六辰者：阳德、阴德、天马、兵禁。

随月建逆行一方者：大煞。

随月建三合顺行一方者：往亡。

随孟仲季顺行三支者：归忌。

随月建阴阳顺行六辰者：要安、玉宇、金堂、敬安、普护、福生、圣心、益后、续世（血忌）。

随月将逆行者：六合、天愿、兵吉、六仪（厌对、招摇）、天仓、月害、月厌（地火）、天贼。

随月建行阴阳六辰者：青龙、明堂、天刑、朱雀、金匮、天德、白虎、玉堂、天牢、玄武、司命、勾陈、解神。

取月建生比者：月恩、复日。

从厌建起者：不将、大会、小会、行狠、了戾、孤辰、单阴、纯阳、孤阳、纯阴、岁薄、逐阵、阴阳交破、阴阳击冲、阳破阴冲、阴位、阴道冲阳、三阴、阳错、阴错、阴阳俱错、绝阴、绝阳。

日神（共5类）

取一定干支者：天恩、五合、陈神（五离）、鸣吠、鸣吠对、宝日、义日、制日、专日、伐日、八专、触水龙、无禄、重日。

按年取干支者：上朔。

按月取日数者：长星、短星。

按月朔取日数者：反支。

按节气取日数者：四离、四绝、气往亡。

时神（共5类）

从日干起者：日禄、天乙贵人、喜神、天官贵人、福星贵人、五不遇时、路空。

从日支起者：日建、日合、日马、日破、日害、日刑、青龙、明堂、天刑、朱雀、金匮、宝光、白虎、玉堂、天牢、玄武、司命，勾陈。

随月将者：四大吉时。

随月将及日干支者：贵登天门时、九丑。

随日六旬者：旬空。

如此之多的神煞名目（近三百项），在编注历书时未必全都需要考虑，但即使只考虑其中若干分之一，其繁复程度已不难想见。至于诸神煞之当值轮转规律及性情善恶、能力大小、司职范围等，在《钦定协纪辨方书》卷二至八中有极详备之考论归纳。

敦煌历书中有时只注出不多的神煞，但在宋宝祐四年会天历书中，前述众多神煞之非常大一部分已出现于每日及月首历注内。此后明清历书情形，与会天历书相仿，也注明大量神煞。神煞中许多项目出于唐宋时代甚至更晚，但也不乏历史悠久、可远溯至汉代乃至先秦者，比如本节甲中所论及之反支、建除十二直等，在先秦时代之历忌专书秦简《日书》中即已定型，反支后来归入日神，十二直归入月神，即为突出例证。

历注中除当值神煞及行事吉凶宜忌外，还有一些与季节、礼仪有关的项目，从形式上看，也可与神煞及宜忌归为一类。有若干种此类项目已由学者作过专门考述，兹以已见于汉代史料中者为主，将历注项目共19项，依其在历注中行用之始末朝代，列表如下，以略见历注项目沿革情况之一斑：[1]

历　注　项　目	行用始末朝代
建　除	汉～清
反　支	汉～清
血　忌	汉～清
八　魁	汉*～北宋
天　李	汉～五代
上　朔	汉*～清
岁　德	汉*～靖
岁　刑	汉*～清
大　时	汉*～清
小　时	汉*～清
纳　音	唐～清
大　会	唐～宋
小　会	唐～宋
五等用卦	汉～宋

1　主要据张培瑜：《出土汉简帛书上的历注》，以及张培瑜等：《历注简论》，《南京大学学报（自然科学版）》1984年第1期。

（续 表）

历 注 项 目	行用始末朝代
七十二侯	北魏*～清
伏	汉～清
腊	汉～宋
社	唐～清
梅	魏晋之际*～清

上表中第二栏，右肩有星号之朝代，系据古籍中之可靠记载而推论者，其余则据古历实物中所载。

以上所述，都属历注内容之第一大类。在形式上，此类内容大都分列于每日之下或每月之首（一些年神通常被列于岁首，也可归入此类），所论皆针对具体的该日、该月或该年而言，没有普适性质。

历注内容之第二大类，则通常出现于历书正文之前，而其义理仍与第一类内容有着内在联系。此类历注内容几乎可以说就是历忌专书中有关理论之摘录，故具有普适性质。以下略举一些为例。如后唐同光二年（公元924年）历书（斯2404）中有云：

> 月虚日不煞生祭神。八魁日不开墓。复日不为凶事。九焦、九坎日不种莳及盖屋。天李、地李日不嫁娶及入官论理。厌对及往亡日不远行、出兵。血忌日不煞生及针灸出血。归忌日不归家及召女呼妇。八龙、七鸟、九虎、六蛇日不嫁娶。章光、天门、九丑及天尸日不出行及出师。煞阴大败日不出兵战斗。四墓日不出行。地囊日不动土。大时日不

安墓。灭没日不涉深水乘船。蜜日不问病。上下弦日不举小事。望日不祭神及煞生。朔日不会客及歌舞。晦日不裁衣。魁罡日不举百事。

以上所言，多为各种神煞当值之日的行事所忌。接下去一段是关于“建除十二直”当值之日的行事禁忌：

建日不开仓。除日不出财。满日不服药。平日不修沟。定日不作辞。执日不发病。破日不会客。危日不远行。成日不词讼。收日亦不远行。开日不送丧。闭日不治目。

再接下去一段是关于纪日地支的行事禁忌：

子日不卜问。丑日不买牛。寅日不祭祀。卯日不穿井。辰日不哭泣。巳日不迎女。午日不盖屋。未日不服药。申日不裁衣。酉日不会客。戌日不养犬。亥日不育猪及不伐罪人。

此类内容，写于历书正文之前，看来是为了帮助历书使用者据此自行参考确定行事宜忌，因为十二直、纪日干支及上引第一段中的神煞等项目，通常都在历书正文中逐日注明了，再参照这些普适理论，即能将相当一部分日常行事宜忌自行推得。如此将可简省每日之下的吉凶宜忌条目，减少历书篇幅。

历注中又有一个非常引人注目的项目，称为“九星术”。这是一个文字形成的矩阵，内共有九个元素，每个元素又各与三套观念——九个数字、七种颜色、五大行星——有着固定的对应，为此七色中的白色要使用三次，五星中土星使用三次，木、金各两次，余皆一次。对应之法如下：

一	二	三	四	五	六	七	八	九
白	黑	碧	绿	黄	白	赤	白	紫
水	土	木	木	土	金	金	土	火

在历书中，该方阵总是用上引中间一行颜色文字表出，列成方阵。方阵中各元素排列位置按规律轮流变换，可有九种排法。[1] 九星方阵被用来配年时，即列于历书序言中，有时用文字加以说明；用于配月时则总是在每月之首。九星术有时还被用于配日。根据九星术的变换规律，可以利用历书残卷上的年、月九星方阵来帮助确认该残历的年代。[2]

九星术被认为在汉朝时已有，因张衡《请禁绝图谶疏》中有"圣人明审律历，以定吉凶，重之以卜筮，杂之以九宫"之语。但张衡所言之"九宫"是否即唐宋历书中的九星术（九星方阵在历书中通常也称为"九宫"），似乎尚无确证。因而九星术的来源颇为神秘。

九星术的意义常被附会到河图、洛书之类的传说上去，九星方阵的九种排列之一恰与所谓"洛书"相同——即一个幻和为15的三阶幻方：

1 陈遵妫：《中国天文学史》，第1655—1663页述九星术变换规律颇详。
2 席泽宗等：《敦煌残历定年》，《中国历史博物馆馆刊》1989年第12期。

4	9	2
3	5	7
8	1	6

对应的九星方阵为：

绿	紫	黑
碧	黄	赤
白	白	白

此种神秘玄虚，不必置论。在历注中，九星术也被与某些吉凶宜忌之说联系起来，下面举后周显德六年（公元959年）历书（伯2623）中的一段为例：

九方色之中，但依紫白二方修造，法出贵子，加官受职，横得财物，婚嫁酒食，所作通达，合家吉庆。若犯绿方，注有损伤，或从高坠下，及小儿、奴婢、妊身者凶。若犯黑方，注哭声、口舌，及损财物六畜，凶。若犯碧方，注有损胎、惊恐、怪梦，凶。若犯黄方，注有斗诤，及损六畜，凶。若犯赤方，注有多死亡、惊恐、怪梦，凶。

这套说法在别的历书中也能见到，看来是当时历忌之学中常见的。

历注中还有所谓“五姓利年月法”，仍以同光二年历书中所载为例：

推五姓利年月法：宫姓今年大利，造作、修造大吉，利月四月、五月、七月、八月，大吉。商姓今年大利，造作、百事大吉，利月宜用三月、九月、八月、十月，大吉。角姓今年小利，修造、造作小吉，利月宜用四月、五月、正月、二月、十月，吉。徵姓今年小利，造作小吉，利月宜用正月、二月、六月、七月，吉。羽姓今年大利，造作大吉，利月宜用正月、二月、七月、八月，吉。

其说将各种姓氏分为宫、商、角、徵、羽五类，各有利年利月，逐年轮转。

历注内容中还有几乎与历日毫无关系者，此处仅引录同光二年历书中一则为例：

谨案《仙经》云：若有人每夜志心礼北斗者，长命消灾，大吉。

接着绘图一幅，上部横亘北斗七星，中有冠带持笏神人，身侧后有小童侍立，前一人作跪拜祈祷状，其下文字云：

葛仙公礼北斗法：昔仙公志心每夜顶礼北斗，延年益算。郑君礼斗宫，长命，不注刀刃所伤。

葛仙公礼北斗法

《仙经》一书，唐代及以后言方术者常有称引，举凡房中、延年、吐纳、禳祈、避忌等，内容广泛，殆为古代集各种方术大成之作。

4. 择吉与推卜：历书的文化功能

以上所论，意在尝试探明历书之起源与发展情形，以及与此有关的一些文化背景渊源，并对古代中国历书之典型内容给出一种尽可能全面、平衡的感性认识。在此基础上再尝试思考历书的文化功能，或许可以得到较为公允合理的结果。

上文所论的几乎所有历书内容，可以说全都贯穿着同一宗旨：择吉。也就是为人世种种大小活动选择合宜的时间点。即便是关于季候节气的历注，被认为用以指导农时，但何时宜播种、何时宜收割之类，显然仍属为行事选择合宜时点的模式之内。择吉在古代中国人的物质生活和精神生活中具有不可或缺的重要地位，而历书为此提供了一种方便、普及的工具。

择吉与占卜，说到底，不过是对同一事物的两种不同角度的陈述而已。择吉研究在什么时点上行要行之事为吉为凶，占卜预言在已确定的时点上行要行之事为吉为凶。或者可以说，择吉是吉凶为给定条件（当然是要吉）而待求时点，而占卜则在给定时点的情况下求吉凶。这两者都是要推算的。所以古人常说“推卜”，大有深意。

星命家既离不开推算，而用来推算的工具中，历书又是最基本的（上文曾强调指出历书与历忌之学间有不可分割的关系），则人们常见旧时星命术士将《时宪书》、《黄历》或《选择通书》视为枕中之秘，也就丝毫不奇怪了。事实上，这类江湖术士如仅会用用现成的《黄历》，那是最低层次的“专业水平”，高明一些的当可自行编历注历，古时许多“民间小历”“私历”即出于这类人之手。

与星占学探讨天命、预言军国大事，因而成为皇家禁脔不同，历书中的种种吉凶宜忌，针对的只是凡人小事，是平民百姓的日常行事。但是平民生活中的吉凶宜忌，统治者有时也会需要讲求，比如皇帝大婚、朝廷出兵之类，也必须择吉择方。所谓“敬天之纪，敬地之方”，皇家实与庶民共之。

由此而重温前引古人论历之说，何以会有诸如“凶厄之患，吉隆之喜，其术皆出焉，此圣人知命之术也”“大业载之，吉凶生焉，是以君子将有兴焉，咨焉而以从事，受命而莫之违也”“该浃生灵，堪舆天地”等语（俱见前引），方能豁然贯通。

五、历与两性及人体：天人合一的神奇侧面

本章上文将历法与历谱、历书等区分甚明，至本节所论，已无须特别强调此三者之区别，爰仿古人习惯之法，用一“历”字称之。

容成，是中国古代一个颇为神秘的传说人物。有两种在今人看来几乎毫不相干的学问，都被认为是与他有关的。以下是早期古籍中若干则有关记载：

> 昔容成氏之时，道路雁行列处，托婴儿于巢上，置余粮于亩首，虎豹可尾，虺蛇可碾。高诱注：容成，黄帝时造历术者。（《淮南子·本经训》）
>
> 容成作调历。（《世本·作篇》）

容成公者，自称黄帝师，见于周穆王。能善补导之事。取精于玄牝，其要，谷神不死，守生养气者也。发白更黑，齿落更生。（《列仙传》卷上）

冷寿光、唐虞、鲁女生三人者，皆与华佗同时。寿光年可百五六十岁，行容成公御妇人法，常居颈鸦息，须发尽白，而色理如三四十时，死于江陵。（《后汉书·方术列传下》）

类似记载还可找到很多，容成其人的业绩却总不外这两项：创始历术；精通房中术。前者即使在古代天学论著中也不太被重视；后者的影响要大得多，比如《汉书·艺文志》“方技略”中有房中八家，八家之首即“《容成阴道》二十六卷”。在汉魏之际，“容成”几乎成为房中术的代名词。不过容成的业绩总属传说，不足作为史实信据，其意义在于：历术与房中术两者何以会联系在一起？李约瑟曾注意到这个问题，他写道：

性问题与历法科学之间还有一种奇怪的联系。有些文献将古代一位著名的性问题专家——容成也视为历法的创始者。[1]

但他并未指出这种联系有何具体表现。事实上这类表现在中国传统文化中可以发现许多例证，兹略述较突出者数端如次。

古代中国人相信：在一年中的某些特定日子性交是大凶之事，必须避忌。关于这方面的理论在古代各家房中术文献内大都

1 ［英］李约瑟：《中国科学技术史》第四卷，第525页注。

有明显的一席之地，姑举几则为例：

合阴阳有七忌：第一之忌：晦朔弦望，以合阴阳，损气，以是生子，子必刑残，宜深慎之。(《医心方》卷二八引《玉房秘诀》)

素女曰：帝之所问，众人同有。……第一之忌：日月晦朔，上下弦望，六丁之日，以合阴阳，伤子之精，令人临敌不战，时时独起，小便赤黄，精空自出，夭寿丧命。(《外台秘要》卷十七引《素女经》)

四时节变，不可交合阴阳，慎之。凡夏至后丙丁日，冬至后庚辛日，皆不可合阴阳，大凶。凡大月十七日、小月十六日，此各毁败日，不可交会，犯之伤血脉。(《千金翼方》卷十二)

特别详备的例子，可于一部清代广泛流行的医书《达生篇》中见到，其"阴阳交合避忌"一节说：

每月朔望日，廿八日，庚申日，本命日，母难日，祀神祭先日并前一日，春三月甲乙日，惊蛰日，春分日并前三日，春社日，二月初八日，夏三月丙丁日，四月初八日，十四日，十六日，夏至日并前一日，五月初五、六、七，十五、六、七，廿五、六、七日（为九毒日），七月初七日，秋分日，秋社日，八月十八日，冬至日并前一日、后十日，冬至以后庚辛日，十一月廿五日，腊月初三日，初八日，廿四、五日，除夕，三伏日，凡节气口，四月纯阳，十月纯阴……以上各日期，犯之而损夫妻者，受胎而夭男女者。

忌日如此之多，已另有性学意义，此不具论。[1]

吉凶宜忌，相反相成，既有禁忌交合之日，自然也有特别宜于交合的日期，这同样为古代房中术文献所津津乐道，如陶弘景《养性延命录》卷下说：

合宿交会者，非生子富贵，亦利己身，大吉之兆……又有吉日，春甲乙、夏丙丁、秋庚辛、冬壬癸、四季之月戊己，皆王相之日也，宜用熹会，令人长生，有子必寿。

所谓“王相”，又作“旺相”，为五行与历日相互附会之说。其法将纪日天干、四季、五行作如下对应：

甲乙	春	木
丙丁	夏	火
戊己		土
庚辛	秋	金
壬癸	冬	水

并谓五行递旺于四季：春季木旺，夏季火旺，秋季金旺，冬季水旺。于是依纪日天干之循环，春季逢天干为甲、乙之日恰对

1 参见江晓原：《性张力下的中国人》，生活·读书·新知三联书店，2020年，第四章Ⅲ。

应于木，而木为旺于春季者，则逢天干为甲、乙之日即“王相之日”；夏季则轮到丙、丁之日，火旺，其余类推。至于每月戊己土旺，则是因每季抽十八日，硬与五行相配，对应于土。

除“王相之日”外，又有所谓“月宿日”，也被认为宜于性交。按唐孙思邈《千金要方》卷二七所言，一年中这种“月宿日”共有123日之多，列有一表，过长不录。孙氏又谓，上述这些“月宿日”中，如恰逢与“王相日”重合，则更为男女合欢交接之良辰佳日。

上述这类思想，当然很难找到多少科学根据，但它们表明，在古代中国人心目中，历与性之间确实存在着重要联系。其原因，则仍当求之于古人所深信的天人合一、天人感应观念。在这样的宇宙观之中，人的生活很自然地被认为必须与自然界（即“天”）之变化相配合。而性生活又尤其如此，因为阴阳交合，非独男女之间而然，天地万物也赖此才得生息衍化，《易·系辞下》说：

> 天地絪缊，万物化醇；男女构精，万物化生。

正是此种传统观念的典型表述。而自然界的变化，正是依靠历反映和描述的，这一点在此处至关重要，《春秋繁露·循天之道》说：

> 天地之气，不致盛满，不交阴阳。是故君子甚爱气而游于房，以体天也。气不伤于盛通，而伤于不时、天并。不与阴阳俱往来，谓之不时；恣其欲而不顾天数，谓之天并。君

子治身，不敢违天。

怎样方可“与阴阳俱往来”？则非求之于历不可。上述各种交合宜忌日期，可以说正是“与阴阳俱往来”的具体方式。

又关于前述朔、望日之忌性交，可能是古人将月象与女性作联想或比附而来，姑举一例，宋周密《齐东野语》卷十九引崔灵恩《三礼义宗》后、夫人进御之说云：

凡夫人进御之义，从后而下十五日遍。其法自下而上，象月初生，渐进至盛，法阴道也。然亦不必以月生日为始，但法象其义所知。其如此者，凡妇人阴道，晦明是其所忌，故古之君人者，不以月晦及望御于内。晦者阴灭，望者争明，故人君尤慎之。

“进御”谓侍寝，后、夫人进御之法，详见《礼记·昏义》及《周礼·天官冢宰》郑注。此说自然很难找到什么科学根据，不过反映古人有此观念而已。

关于古代中国历与两性之关系，曾有西方学者从另一角度作过讨论。有人认为纯阴历与古代中国的母权社会有关。1930—1931年间，赫希堡（W. Hirschberg）、科帕斯（W. Koppars）等人先后用同一标题《纯阴历与母权制》发表了一系列论文讨论此事。[1]然而这些文章现今已不再具有多大意义，因为不仅古代中国并未使用纯阴历，而且按照现代文化人类学理论，母权制（matriarchy）在

1 Lunar calendars and matriarchy, *Anlhropos*, Vol.25 (1930), Vol.26 (1931).

人类历史上是否正式存在过也大有疑问。

历除了与性有关之外，又被认为与人体状况密切相关，由此影响到中医的一些治疗理论与手段。此处仅选择在形式上非常明显、直接的一事，即所谓“人神”，以见一斑。

在敦煌历书中，“人神所在”已成为重要历注项目。如后唐同光二年、后周显德六年、北宋雍熙三年、端拱二年等历书及宝祐四年会天历书中，都有相同形式的该项历注。其法以“人神”每月在人体流行一周，逐日处于身体不同部位，具体情况于上文所引一段宝祐四年会天历书中已可见一斑。值得注意的是，每月十五这天，总是“人神在遍身”。注明逐日“人神”所在，对于古人有十分重要的意义，古人常于历书正文结束后特加注明，举两例如下：

> 右件人神所在之处，不可针灸、出血。（端拱二年历书，伯二七〇五）
>
> 右件人神所在及血忌血支，不可针灸、出血。（宝祐四年会天历书）

可知“人神”在人体某处之日，该处即不可针灸，也不可出血。如逢“人神在遍身”之十五日，则任何针灸活动都不可进行了。

“人神”所在处不可针灸之说，不知起于何时。有中土久佚之《黄帝虾蟆经》一书，流存日本，日本学者认为即《隋书·经籍志三》子部医方类所著录之《黄帝针灸虾蟆忌》一卷，许为“千载遗编，倏发幽光”（文政四年丹波元胤跋），大致可信。“虾蟆”

即今蛤蟆，月中蟾蜍也，其书以月中蟾蜍玉兔图形之生灭表征月相图缺，逐日注明当日针灸禁忌之处。每日上绘月相及蟾蜍玉兔图形，下绘裸体人形，标明禁忌针灸之处，旁有文字说明，引三日为例：

> 月毁十八日，虾蟆省右肩。人气在肾募，下至髀股，不可灸判，伤之使人病胀痔溏瘕泄痢不止，其即生马尤疽瘘。同神。
>
> 月毁十九日，虾蟆省左胁。人气在委阳，不可灸判，伤之人大委，肉焦枯，生气两脚挛急，不可屈申。不同神，彼在足趺。
>
> 月毁二十日，虾蟆省右胁。人气在外踝后京骨，不可灸判，伤之使人发筋痿足牧足甚，即率捶气聋。不同神，彼在内踝。

其说与历注中“人神”之说显然属同一模式。而且其中已经出现了“人神”，与“人气”对举，有时两者在人体同一部位，有时则不同。以其中所注“人神”部位与宋代历书中所注比照，日期和体位大致都能吻合。以宝祐四年会天历书为例，其每月十八、十九、二十日的“人神”依次为：“在股内”（即“肾募”位置）、“在足”、“在内踝”，与《黄帝虾蟆经》相合。

将人体视为一个小宇宙，认为人体的饮食睡眠，劳逸作息等一切活动都应与天地大宇宙的昼夜寒暑、四时节变相配合，这种观念在古代中国的医学、养生等理论中极为常见。古人对此论述极多，不胜枚举，此处姑引最经典的医籍《黄帝内经》中与针灸及月相有关者两则为例：

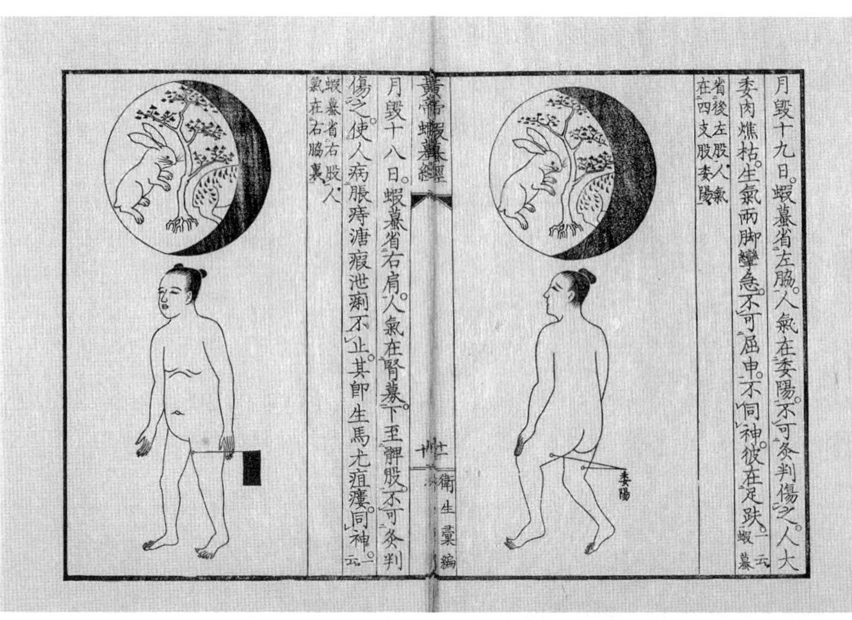
黃帝蝦蟇經

月毀十九日。蝦蟇省左脇。人氣在委陽。不可灸判傷之。人大委肉燋枯。生氣兩脚攣急。不可屈申。不同。神彼在足趺。一云蝦蟇省後左股。人氣在四支股委陽

委陽

衛生彙編

月毀十八日。蝦蟇省右肩。人氣在腎募。下至髀股。不可灸判傷之。使人病脹痔漕瘕泄痢不止。其郎生馬尤疽瘻。同神。一云蝦蟇省右股。人氣在右脇裏

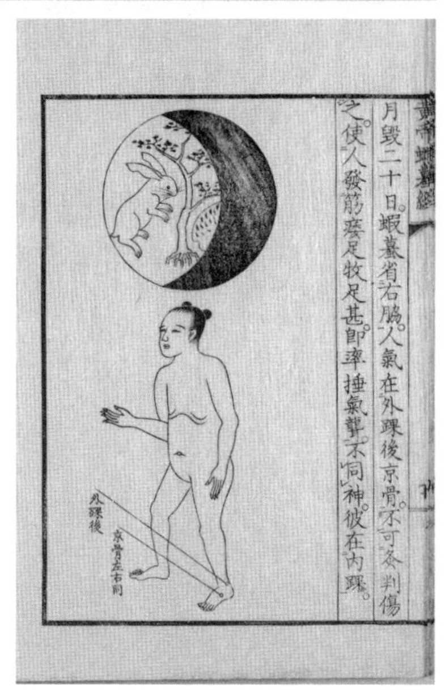
黃帝蝦蟇經

月毀二十日。蝦蟇省右脇。人氣在外踝後京骨。不可灸判傷之。使人發筋瘈足牧足甚郎率捶氣聾。不同。神彼在內踝。

外踝後

京骨左右同

◥《黄帝虾蟆经》内页图

日本文政六年敬业乐群楼刊卫生汇编本

黄帝问曰：用针之服，必有法则焉，今何法何则？岐伯对曰：法则天地，合以天光。帝曰：愿卒闻之。岐伯曰：凡刺之法，必候日月星辰，四时八正之气，气定乃刺之……月始生，则血气始精，卫气始行；月郭满，则血气实，肌肉坚；月郭空，则肌肉减，经络虚，卫气去，形独居。是以因天时而调血气也。(《素问》卷八《八正神明论》)

人与天地相参也，与日月相应也。故月满则海水西盛，人血气积，肌肉充，皮肤致，毛发坚，腠理郄，烟垢著。当是之时……遇贼风则其入深，其病人也卒暴。(《灵枢》卷十二《岁露论》)

大量这类论述，构成了古代中国天人合一、天人感应思想体系的又一侧面。此处需要强调的是，古人赖以掌握、描述天道运行规律的正是历术之学——历法、历忌与历书。这一切当然仍在古代中国的天学范畴之内。

第六章　天学的中外交流

一、中国天学的起源问题

1. 中国文明的起源问题

对于中国文明的起源问题，中外学者曾提出过许多理论。有些理论甚至不是假定华夏区域的土著接受某种西方文明，而是论证中华民族系从西方迁来。

最早出现者为埃及说，发端于耶稣会士柯切尔（A. Kircher），他曾发表《埃及之谜》（罗马，1654）和《中国礼俗记》（阿姆斯特丹，1667）两书，从中文与埃及象形文字的相似之处出发，论证中国人为埃及人之后裔。1716年法国主教尤埃（Huet）著《古代商业与航海史》，主张古埃及与印度早有交通，故埃及文明乃经印度传入中国，进而认为印度与中国皆为古埃及人之殖民地，两国民族大都为埃及血统。

著名的法国汉学家德经（J. De Guignes）也力倡埃及殖民地之说，他大约是持中国文明源于埃及说者中最著名的人物。德经于1758年11月14日发表题为《中国人为埃及殖民说》之演讲，[1]从汉字与古埃及象形文字之相似立论，进而称中国古代史实即埃及史，甚至考证出埃及人迁居中土之具体年代（公元前1122

1　J. De Guignes: *Memoire Dans Lequel On Prouve, Que Les Chinois Sont Une Colonie Égyptienne*, Desaint & Saillant, Paris (1760)。

年）。此外持类似观点的还有德梅兰（S. De Mairan，1759）、华伯顿（Warburfon，1744）、尼特姆（Needham，1761）等人，立论之法各有异同。当然反对者也有不少，而到20世纪，这些学说都已失去其影响力。

当埃及说逐渐衰落时，又出现巴比伦说，主张中华民族源于巴比伦。19世纪末，伦敦大学教授、法国人拉克佩里（T. De Lacouperie）发表《中国上古文明西源论》一书，认为中华民族系由巴比伦之巴克族东迁而来，且将中国上古帝王与巴比伦历史上之贵族名王一一对应，如谓黄帝即巴克族之酋长，而神农则为萨尔贡王（Sargon），等等，并找出双方在文化上的大量相似之处。[1]

拉氏之说出后，响应者颇多，1899年日人白河次郎、国府种德合著《支那文明史》，发挥拉氏之说，且列举巴比伦与古代中国在学术、文字、政治、宗教、神话等方面相似者达70条之多，以证成其说。1913年英国教士鲍尔（C. J. Ball）又作《中国人与苏美尔人》一书，也持同样之说。

与埃及说问世之后的情况不同，巴比伦来源说问世后竟然大受中国学者的欢迎。一时间响应之作纷起，如丁谦《中国人种从来考》、蒋智由《中国人种考》、章炳麟《种姓编》、刘师培《国土原始论》《华夏篇》《思故国篇》、黄节《立国篇》《种原篇》等，皆赞成或推扬拉氏之说。之所以会出现这种情况，方豪的解释是：

1 T. De Lacouperie: *Western Origin of the Early Chinese Civilization from 2300 B.C. to 200 A.D.*, London (1894)。

此说最受清末民初中国学人之欢迎，以当时反满之情绪甚高，汉族西来之说，可为汉族不同于满族之佐证。[1]

值得注意的是，即使到新中国成立之后，在一流学术权威的著述中，巴比伦来源说仍未受到断然拒斥。例如，郭沫若《甲骨文字研究》一书，初版于1931年，新中国成立之后又曾三次重印（人民出版社，1952；科学出版社，1961、1982），其中仍可见到如下的论述：

似此，则商民族之来源实可成为问题，意者其商民族本自西北远来，来时即挟有由巴比伦所传授之星历智识，入中土后而沿用之耶？[2]

由此可见巴比伦来源说确有相当的生命力。当然，此说同样有许多反对者。

以上两说，时至今日虽已不再流行，但因古埃及象形文字与中国古文字确有许多惊人相似之处，巴比伦与古代中国在天学方面的若干相似之处也不易完全否认，有此两端为支柱，其说自问世后，终能不绝如缕，不仅常被后人提到，而且还有可能唤起某些勇敢者旧论重提的雄心。

除此之外，在华夏民族西源说的大方向下，还有诸如印度说（法国人A. De Gobineau所倡）、中亚说（英国人Ball、美国

1　方豪：《中西交通史》，第32页。
2　郭沫若：《甲骨文字研究·释支干》，《郭沫若全集》考古编第一卷，科学出版社，1982年，第284页。

人R. Pumpelly、E. F. Williams、W. D. Mathew等所倡)、新疆说(德国人Richthofen所倡)、蒙古说(美国人R. C. Andrew、H. F. Osborn所倡)等。德国人卫聚贤也曾从容貌(发、须、目、鼻)、语言文字、风俗、服装、货币、帝王世次以数计、文法共七方面,在中国古籍中搜讨证据,主张夏民族为亚利安人种。[1]又瑞典人安特生(J. G. Anderson)著《中华远古之文化》,从仰韶文化遗址中出土之彩陶与西方考古发掘所见彩陶之相似立论,主张此种彩陶文化系发源于西方而后东传。[2]一时引起热烈讨论。有的学者认为安氏的结论固然不易成立,但其方法较为科学,不无可取之处。

在华夏文明起源问题上,文明起源一元论并不仅仅导致泛埃及、泛巴比伦之类的西源说,同样还可导致相反的极端——不妨名之曰"泛中国说"。比如1669年英国人韦伯(John Webb)创中国语言为古代人类公用语之说。1789年又有同上姓氏之英国人(Daniel Webb)提出希腊语源于中国之说。"泛中国说"的想法当然很容易受到中国学者的青睐,以下简略介绍两例以见一斑。

《穆天子传》一书,西晋时出土于汲冢,内述周穆王西巡等事。流传至今,一直是中国文化史上的奇书、谜书。20世纪初,顾实著《穆天子传西征讲疏》,[3]该书初稿曾由孙中山"披览笔削,允为题序行世",后又增修改写,多次刊行,最后之定稿初版于1931年。书中所论,带有强烈的"泛中国说"倾向和色彩,稍引几段如次:

1 卫聚贤:《古史研究》第三集,上海文艺出版社,1990年,第36—43页。
2 J. G. Anderson: *An Early Chinese Culture*,《地质汇报》1921年第1期。
3 顾实:《穆天子传西征讲疏》,中国书店,1990年。此书各章单独编页码。

大抵穆王自宗周瀍水以西首途……然后入西王母之邦，即今波斯之第希兰（德黑兰）也。又自今阿拉拉特山，逾第弗利斯（第比利斯）之库拉河，走高加索山之达利厄耳峡道，北入欧洲大平原。盖在波兰华沙附近，休居三月，大猎而还。经今俄国莫斯科北之拉独加（拉多加）湖，再东南傍窝尔加（伏尔加）河，逾乌拉尔山之南端，通过里海北之干燥地……而还归宗周。

则周天子疆宇之广远，岂非元蒙古大帝国之版图，尚或不能等量齐观，而不可称人类自有建国以来，最大帝国，最大版图，当推周穆王时代哉！

则即发见上古我民族在人文上之尊严，与在地理上之广远、均极乎隆古人类国家之所未有，可不谓曰我民族无上光荣之历史哉！

对于顾氏之说，岑仲勉评论谓："其书瑕瑜参半，欧陆之拟议，无非强书本就己见，不足据也。"[1]

顾氏之说，尚仅有"泛中国说"之强烈倾向而已；至姚大荣的论著，乃可称为"泛中国说"之标本。姚氏著有《世界文化史源》一书，卷帙浩繁，未曾刊印，[2]仅有姚氏私人印刷之该书提要行世。姚氏此书约略与顾氏之书同时，也从《穆天子传》入手，但又发挥邹衍"大九州"之说，最终竟断言上古世界各文明之总源在华夏，且华夏古帝王曾是全球之最高统治者，而巴比伦、埃

1　岑仲勉：《〈穆天子传〉西征地理概测》，《中外史地考证》，中华书局，1962年，第1页。

2　姚氏后人曾证实，其书原稿尚保存完整，将提供给出版社出版。

及等则不过是后来独立之诸侯。时至今日，姚氏之书在总体上来说仅具有史料价值，后人若将其书与西人诸泛埃及、泛巴比伦说之书比而观之，可以认识到在文明起源一元论的理论框架中，奇情异想究竟能发挥至何种程度。

2. 中国天学西源说的简略回顾

在古代文明之起源及关系问题中，天学实居有一种特殊的重要地位。之所以会如此，至少有三大原因：一、天学为一门高度复杂抽象之学问，足以成为衡量一民族开化、文明程度的理想标尺之一；二、天学又是一门精密科学，许多天象皆可用现代方法准确逆推，在解决上古史之年代学问题时，常能独擅胜场；三、天学在古代东方型的专制政治中又扮演着重要角色。因此在各种各样的中国文明西源说中，经常将论证中国天学源于西方作为其说的重要支柱之一。甚至可以说，西方学者几百年来对中国古代天学起源及发展历史的研究，是与探讨文明起源这一背景完全分不开的。

中国天学之西源说，在文明起源一元论中固是题中应有之义（在“泛中国说”中自然例外），但对于多元论者来说也同样可以采纳。因为即使承认中国文明系独立发生，仍可认为其天学知识是从别处输入的。

中国天学西源说早在初期的中国文明西源说中已见端倪。稍后即有专论其事之著述问世。1775年法国人巴伊（S. Bailly）发表《古代天文学史》一书，其中研究了巴比伦、印度及中国的古代天学，结论为：上述三大古代文明中的科学（不仅指天学）系同出一源，其来源为一个现已消亡之民族；该民族可能位于亚洲大陆北纬49°附近之某处。其说颇为玄虚。作为立论基础，巴氏对三大古代天学的理解未免失之浮浅。[1]

但巴氏之书是从天学本身论证中国天学西源说的一次认真尝试。此后这种中国天学源于西方的观点在法国汉学家中颇有传统。比如，直到20世纪20年代，著名汉学家马伯乐仍主张类似的学说。他在《古代中国》一书中认为，古代中国天学中的大部分内容都是受西方启发才出现的：二十八宿、岁星纪年法、圭表和漏壶是大流士时代（公元前521—486年）从波斯和印度传入的，稍后在亚历山大时代又传入了十二循环法、星表体系等。[2]不过据说后来马氏自己也放弃了这些不太站得住脚的结论。

在中国天学西源说的发展史上，日本人饭岛忠夫与新城新藏之间的激烈论战特别引人注目，对中国学术界的影响也较其他各说更大。饭岛自1911年起，发表一系列文章，力倡中国古代天学系自西方输入之说；新城则持相反意见。两人交替发表文章或演讲，相互驳难。至1925年，饭岛发表《支那古代史论》一书，汇集前此之有关论文共29篇，又附论一篇，全面阐述其说。[3]

关于古代中国天学，饭岛认为直至公元前三世纪左右方才建立其体系，而该体系又是从西方输入的。为此饭岛提出一些证据，其中关于天学本身者有十条。至于西方天文学东来之途径和方式，饭岛仅有猜测之辞。他将中国战国时代的学术繁荣与亚历山大东征联系起来，认为“希腊之天文历法，大有传入中国之可能”。

1　S. Bailly: *Histoire del'Astronomie ancienne*, Paris (1775)。
2　H. Maspero: *La Chine Antique*, Paris (1927)。
3　［日］饭岛忠夫：《支那古代史论》，东洋文库，1925年。

饭岛依靠上述证据支撑的中国天学西源说，在今天看来固已明显不能成立，即使在当时也很难取信于人。十条证据中，有的本身尚待证明（比如六），又焉能持以为据？其他大部分则都暗含了“相似即同源”的先验判断。

然而饭岛的论敌新城新藏则在并不怀疑“相似即同源”的情况下，力证中西天学并无饭岛所说的相似之点，由此断然否定饭岛之说。新城的结论是：

> 要之，自太古以来至汉之太初间，约二千年，中国之天文学史，全系独立发达之历史，其间毫未尝有自外传入之形迹。[1]

但是饭岛之说却受到一些中国学者的欣赏。之所以如此，其间另有一层原因。

饭岛之说，并不止于论证中国天学之西源，他的目的是从天学入手，全面重新考察“支那古史”——主要做法是从天学内容来考证一些重要古籍的年代。结论竟是断定《尚书》《诗经》《春秋》《左传》《国语》等古籍“皆为西纪前三百年附近以后之著作”。而对于由大量考古文物如商周青铜器、殷墟甲骨文等所揭示的中国上古文明史，饭岛倾向于抹杀或否认，他甚至怀疑青铜器和甲骨文系后世伪造。但是，饭岛之说提出之时，正值中国国内学术界疑古之风大炽，许多古籍都被怀疑为较晚时代的伪作或

1 ［日］新城新藏著、沈璇译：《东洋天文学史研究》，中华学艺社，1933年，第22页。

假托，或被指为经过刘歆等人的篡改。于是饭岛之说适逢其会，在某种程度上被引为疑古派的同盟和友军，下面一段论述是当时这种想法的典型例证：

> 案饭岛之说，虽不能必其全能成立，然其所谓，现存中国古籍皆在西纪前三百年附近以后出世之结论，极为可靠，在国内前次所引起之古史论战场上，此结论或可为顾颉刚之一有力帮助……则亦不能否认战国前后之中西交通，此层对于最近胡怀琛所谓墨翟来自印度之说，[1]似亦可以提高其或然度也。[2]

当然，随着时代变迁与学术进展，以疑古著称的《古史辨》及其所代表的学术思潮已经完成其历史使命，而在一些问题上矫枉过正，将结论推得过远，最终也免不了重新退回来。饭岛之说，尽管在某些具体问题上仍有其价值，总的来说也早已归于沉寂。

在20世纪，中国天学西源说也曾得到少数中国学者的赞同。比如岑仲勉曾撰《我国上古的天文历数知识多导源于伊兰》，[3]颇多揣测之辞。最著名的必推郭沫若，他关于殷民族来自西北、来时即携带了巴比伦天学知识的猜测，已见上文。郭沫若不止一处论述过类似观点，兹再引述两例：

1　胡怀琛：《墨翟为印度人辩》，《东方杂志》1928年第25卷第8号。此后胡氏又发表一系列文章申论其说，并与论敌驳难。稍后卫聚贤《古史研究》第二集（商务印书馆，1935）中亦有类似之说。

2　刘朝阳：《饭岛忠夫〈支那古代史论〉评述》，《中山大学语言历史研究所周刊》，1929年第94—96期。

3　岑仲勉：《我国上古的天文历数知识多导源于伊兰》，《学原》1947年第5期。

这个新的问题根据作者的研究也算是解决了的，详细论证请看拙著《甲骨文字研究》的《释支干》篇，在这儿只能道其大略：便是十二辰本来是黄道周天的十二宫，是由古代巴比伦传来的。[1]

就近年安得生对彩色陶器的推断以及卜辞中的十二辰的起源上看来，巴比伦和中国在古代的确是有过交通的痕迹，则帝的观念来自巴比伦是很有可能的。[2]

总的来说，这类“上古传入说”，较马伯乐、饭岛忠夫等所持“战国传入说”，理论上困难要小一点。因为这种假说对于战国之前的中国上古文明史，不必加以怀疑或抹杀，而是可以纳入自己的理论框架中。

3. 瓦西里耶夫的中国文明及天学起源说

前面已经指出，中国天学的起源问题与中国文明的起源问题这个大背景是分不开的；而后者因年代久远，史料不足，问题本身又极复杂，以至提供各种假说的余地迄今仍极广阔。因此中国文明的起源问题多年来不时被重新提起，有些新的尝试已明显超越了前代西方汉学家在处理同一课题时所表现出来的学术水平。其中苏联学者列·谢·瓦西里耶夫的著作尤为引人注目。

瓦氏于1976年出版《中国文明的起源问题》，全书以“阵地战”方式，对所论主题进行全面清算，进而提出自己的假说，诚

1　郭沫若：《青铜时代》，《郭沫若全集》历史编第一卷，人民出版社，1982年，327—328页。
2　同上书，330页。

如该书“中译本说明”中所言：

> 它以巨大的篇幅，归纳了同一流派的诸种论点，并在广阔的时空范围内，即从旧石器时代至商殷时期，从近东至我国黄河、长江流域及华南、西南等地区，搜集了大量考古资料，对外因决定论作了系统的充分的发挥，这在同类著作中是鲜有先例的。[1]

书中一些新的想法和论点确实值得注意，兹略述若干要点及笔者的见解如次。

在文明起源问题上，瓦氏已抛弃了一元论的陈旧简单模式，而采纳一种不妨称之为“梯级–传播”的理论，大意如下：

> 如果说文化相互作用和扩散的机制在某种程度上可以比作连通的血管系统，那么这种相互作用的实际结果、成就和处在人类及其文化进化过程中不同水平的人类居住地区的传播便可以想象为一种有许多梯级的金字塔。[2]

按照瓦氏之说，上古文明可以多元地发生。各不同地域上的人群都在奋力攀爬文明进化的金字塔，但当有若干集团爬上新的一级后，其余的落后者便难逃消亡或被同化的命运。当这一动态过程进行到金字塔第四级——文明的门槛时，情况有所改变。在

---

1 ［苏］列·谢·瓦西里耶夫著，郝镇华等译：《中国文明的起源问题》，文物出版社，1989年，第5页。但译者在这篇“中译本说明”中表示并不赞同瓦氏的观点。

2 同上书，第34—35页。

此之前，与外部的接触和外部的影响对该集团起着主要作用，即上面所说“连通的血管系统”的相互作用，这在很大程度上可以称为“传播决定论”，而一旦上了第四梯级，则外部影响变成次要，此后主要着重于内部了。文明产生的过程有如下特点：

> 突破完成得越晚，即最初文明的某个发源地发生得越晚（而中国文明的最初发源地在旧大陆是最后一个），其他文明的文化成就能起的作用就越大。……从这时起，文明的最初发源地不再能产生了。[1]

在这样的理论框架之下，瓦氏构造出他自己对于中国文明起源的新假说，认为中国文明是土著文化（早殷青铜文化）与西来较高文化相融合的产物：

> 可以假设，有一支目前尚不知道的草原部落，他们经常变换住地，驾着套马的轻型战车迁移，拥有各种类型的包括“野兽纹”的青铜兵器这种良好的武装。这支部落在某种程度上与那个时代的其他一些草原部落同源（尽管是极疏远的），可以上溯到一个共同的印度/伊朗根源，区而也使用同一根源的语言。这支部落已有了象形文字体系和天文历法，掌握了艺术的技巧。……它的主人完全可以到达黄河沿岸。……但有一点是确切无疑的，即在到达安阳地区以前，这支部落在路上遇到了早殷青铜文化，同它发生了复杂的相互影响。

1 ［苏］列·谢·瓦西里耶夫著，郝镇华等译：《中国文明的起源问题》，第38页。

没有这个相互影响过程，就不可能出现早期成分（典型的中国类型、早般类型的陶器，青铜器皿，夯土，饕餮，等等）和较发达的成分（马车，以宫殿、王陵和人殉为标志的社会分化，“野兽纹”的用具和武器，文字和高度发达、高度技巧的艺术）这两种民族文化的总和——安阳文化。[1]

对于中国天学，瓦氏基本上是倾向于西源说的。这与前述郭沫若等人所持之“上古传入说”一致。

显而易见，“梯级–传播”理论较之先前的一元论或多元论，“融合说”较之先前的西源说或本土说，要精致得多。其包容量更大，能解释更多的现象和疑问，因而在理论上也更经得起驳难。

瓦氏之说，当然未必会被接受为公论。事实上这一课题明显属于笔者称之为“智力操练”的类型——也许永无定论，但永远会有人来作新的尝试。只要人们抛弃夜郎自大、沙文主义、神经过敏、“辉格历史”等非学术情绪，心平气和，则人人皆可登场，互较各自假说的优劣，使得对问题的理解日趋深入，这同样应该视为学术进步的表现。

4. 从文化功能论中国天学的起源

本书已经用了很大篇幅探讨古代中国天学与王权之间密不可分的关系，由此阐明古代中国天学的文化功能。同时，古代中国天学极强的继承性和传统性也是众所周知的。这样，就有可能为

1 ［苏］列·谢·瓦西里耶夫著，郝镇华等译：《中国文明的起源问题》，第359—360页。

讨论中国天学的起源问题提供一个新的角度。

在相当大一部分中国天学西源论者心目中，天学在中国上古文化中的地位与性质或许与在古希腊文化中并无不同。因此他们先验地认为，古代中国的天学可以像其他某些技艺那样从别处输入，就好比赵武灵王之引入胡服骑射，或者汉武帝之寻求大宛汗血马。换言之，古代中国可以在自身文明相当发达之后，再从西方传入天学。

但是，只要明白了本书第三章所阐述的古代中国天学与王权的相互关系，所有这一类型的西源说（可以饭岛忠夫的"战国传入说"为代表）都将不攻自破——原因很简单，古代中国天学的文化功能决定了它只能与华夏文明同时诞生，它在华夏文明建立的过程中扮演如此重要的角色，就不可能等到后来才被输入。

然而，对于另一类型的中国天学西源说，即主张中国天学早在上古时期就已从西方传入——这类学说通常都要和中国文明西源说的大理论结合在一起，则阐明中国天学的文化功能尚不足以构成否定它们的理由。因为按照这类学说，华夏文明本身就可能是由某一支西来文化发展而成，而天学则是该文化东迁时已有的（如前述郭沫若说）；或者华夏文明是某个西来文化与土著文化的融合，而天学是由西来者带来的（如前述瓦西里耶夫之说）。总之，天学的西来是在华夏文明确立之前或同时。这样就与本书第三章所论中国上古天学的文化功能并不矛盾。

至此，至少可以得出如下的结论：现今所知的古代中国天学起源甚早，这一体系在较晚时候从西方传入的可能性可以排除。

但是，中国天学的起源问题是与中国文明的起源问题密切联系在一起的，而此两问题都还有讨论的余地。

一方面，中国天学的起源问题，因年代久远，史料缺乏，很难作出确切而完备的结论。因此大体上来说，这是一幅较为虚幻的图景。而另一方面，在较后的时期（那时古代中国天学的体系和格局早已确立），各种西方天学确实曾先后向中土有所传播。这些传来的天学内容中可能有一部分曾被中国天学体系吸收采纳（只是作为技术性的方法补充），但总的来说未对中国天学体系留下重大影响。在这一方面，史料相对来说较多，而理论问题却较少，因此与起源问题的那幅图景相比，这一幅图景较为实在和细致。

说到欧亚旧大陆上西方文化的东渐，远古时代的情形难以确定，尽管有不少现代学者猜想当时旧大陆两端曾有着令今人难以想象的直接或间接交流。到文明时代以后，亚历山大率领希腊大军的远征是第一个值得特别注意的契机。对这一点不少学者持有类似的看法，这里不妨举法国汉学家格鲁塞（R.Grousset）的论述为例。格氏曾写有篇幅不大但颇有名的《从希腊到中国》一书，主要论述希腊艺术如何一步步东渐至中国乃至日本。他在书中将亚历山大远征视为此后多年西方文化向东扩散浪潮的原动力。归纳格氏之说，可得如下示意图[1]：

希腊→埃及→巴比伦→波斯……→中国

↘ 印度 ↗

1　R. Grousset: *De la Grèce a la Chine*，有常书鸿中译本，浙江人民美术出版社，1985年。

图中埃及、巴比伦、波斯、印度皆为希腊远征军经过之处，从波斯到中国的虚线则表示远征所激起西方文化东渐之“惯性”，第二行的印度则扮演了从波斯进入中国的中介。事实上此种“惯性”在远征之后的若干世纪中也一直在上图所示的全程发生着作用。巴比伦、印度及希腊古代天学向中土的传播（确实发生过的和可能曾经发生过的），大体上也可参照上图所示的思路来考察。至于中世纪阿拉伯天文学和文艺复兴之后欧洲天文学在中国的传播，又各有其另外的背景。

二、古代天学的中外交流

从已经发现的各种证据来看，古代中外天文学交流的规模和活跃程度，都很可能大大超出今人通常的想象。然而欲言此事，却需要先解决与祖先荣誉之间的关系问题。

然而迄今中外学者所作古代中西天文学交流研究的成果中，十之八九皆为西方向中国的传播，关于中国向西方传播的研究则寥若晨星。于是就有人义愤填膺：为何老是研究西方在中国的传播，将我们祖先的辉煌成就，弄成这也是来自西方，那也是受西方影响，为何不多研究研究中国在西方的传播？

这些义愤不是完全没有道理。那些我们一直引以为荣的祖先成就、那些我们一直认为是“国粹”的事物，忽然被证明是西方传来的，或是受西方影响而产生的，有些人是会有怅然若失的感觉。然而，实际发生着的情况比这些义愤更有道理。

首先，学术研究是一个实事求是的工作，客观情况不会为了人的感情而自动改变。如果说国内学者的研究成果之所以多为

“由西向东”，是受研究材料或外语等方面的局限，那么国外学者（其中有不少是华人）并无这些局限。为什么中国人也好，西方人也好，在中国也好，在外国也好，发表的研究成果多数是“由西向东”呢？这恐怕只能说明：历史上留下来的材料中，就是以“由西向东”者为多。如果这确实是事实，那义愤也无法使之改变。

其次，我们无论如何必须改变一个陈旧的观念，即认为祖先将自己的东西传播给别人就是光荣，而接受别人传播来的东西就是耻辱。事实上，在中外天文学交流的历史上，不断发现我们祖先接受西方知识的证据，这些证据表明，改革开放并非中国在20世纪80年代才第一次确立的国策，而是中华民族几千年来的优秀传统之一。中华民族从来就是胸怀博大而坦荡的，从来就乐于接受外部的新知识。闭关锁国、夜郎自大只是历史上的逆流。

如果对古代中西方天文学交流的历史作粗线条的鸟瞰，我们就会发现，天文学的交流与宗教有着不解之缘。

六朝隋唐时期可以视为西方天文学向中土传播的一个高潮。这次高潮中西方天文学知识主要以印度为中介，伴随佛教的东来而传入中土。一些最重要的有关文献，比如《七曜攘灾诀》之类，就是直接以佛经的形式保存下来的。

元代至明初，被认为是中西天文学交流的又一个高潮。这次西方天文学以伊斯兰天学为中介，随着横跨欧亚大陆的蒙古帝国的崛起，再度进入中土。这一次高潮中的宗教色彩相对淡一些，而且已经发现有一些“由东向西”的迹象（下文我们将谈到一个例子）。

下一个高潮出现于明末。这一次西方天文学不再依赖任何中介，直接大举进入中国。虽然这次天文学（以及其他的西方自然科学知识）主要被用作耶稣会传教士在中国传播基督教的辅助工具，因而带有极为浓厚的宗教色彩，但毕竟是成效最为显著的一次——它几乎将古老的中国带到了现代天文学的大门口。不幸的是，主要由于中国社会自身的原因，我们还是在这大门口止步了三百年。

然而，我们千万不可被上面三次高潮的说法（这是以往常见的）框住了思路，以为除此三次高潮之外，历史上的中西天文学交流就无多可言了。事实上，以往的数千年间，中西方的天文学交流一直在进行着。特别是早期的交流，我们今天所知的一些线索，很可能仅仅是冰山之一角。还有许多惊人的事实有待揭示，还有许多惊人的大谜有待破解。这正是中西天文学交流史的迷人魅力所在。

1.《周髀算经》中的西方天文学

根据现代学者比较可信的结论，《周髀算经》约成书于公元前100年。自古至今，它一直被毫无疑问地视为最纯粹的中国国粹之一。讨论《周髀算经》中有无域外天学成分，似乎是一个异想天开的问题。然而，如果我们先将眼界从中国古代天文学扩展到其他古代文明的天文学，再来仔细研读《周髀算经》原文，就会惊奇地发现，上述问题不仅不是那么异想天开，而且还有很深刻的科学史和科学哲学意义。

（1）《周髀算经》盖天宇宙的正确形状与结构

为此我们先要搞清楚《周髀算经》中的宇宙究竟是什么样的——这个宇宙模型长期被现代学者误解了。

在《周髀算经》所述盖天宇宙模型中，天与地的形状如何，现代学者们有着普遍一致的看法，姑举叙述最为简洁易懂的一种作为代表：

> 《周髀》又认为，“天象盖笠，地法覆盘”，天和地是两个相互平行的穹形曲面。天北极比冬至日道所在的天高60 000里，冬至日道又比天北极下的地面高20 000里。同样，极下地面也比冬至日道下的地面高60 000里。[1]

然而，这种看法的论述者又总是在同时指出：上述天地形状与《周髀算经》中有关计算所暗含的假设相互矛盾。仍举一例为代表：

> 天高于地八万里，在《周髀》卷上之二，陈子已经说过，他假定地面是平的；这和极下地面高于四旁地面六万里，显然是矛盾的。……它不以地是平面，而说地如覆盘。[2]

其实这种认为《周髀算经》在天地形状问题上自相矛盾的说法，早在唐代李淳风为《周髀算经》所作注文中就已发其端。李淳风认为《周髀算经》在这一问题上“语术相违，是为大失”[3]。

但是，所有持上述说法的论著，事实上都在无意之中犯了一系列未曾觉察的错误。从问题的表层来看，似乎只是误解了《周髀算经》的原文语句，以及过于轻信前贤成说而递相因袭，未加

---

1 薄树人：《再谈〈周髀算经〉中的盖天说——纪念钱宝琮先生逝世十五周年》，《自然科学史研究》1989年第4期。其说与钱宝琮、陈遵妫等人的说法完全一样。

2 陈遵妫：《中国天文学史》第一册，第136页。

3 《周髀算经》，钱宝琮校点：《算经十书》，中华书局，1963年，第28页。

深究而已。然而再往深一层看，何以会误解原文语句？原因在于对《周髀算经》体系中某些要点的意义缺乏认识——其中一个是“北极璇玑”。下面先讨论“北极璇玑”，再分析对原文语句的误解问题。

解决《周髀算经》中盖天宇宙模型天地形状问题的关键之一就是所谓“北极璇玑”。此“北极璇玑”究竟是何物，现有的各种论著中对此莫衷一是。钱宝琮赞同顾观光之说，认为“北极璇玑也不是一颗实际的星”，而是“假想的星”。[1]陈遵妫则明确表示：

> “北极璇玑”是指当时观测的北极星；……《周髀》所谓“北极璇玑”，即指北极中的大星，从历史上的考据和天文学方面的推算，大星应该是帝星即小熊座β星。[2]

但是，《周髀算经》谈到“北极璇玑”或“璇玑”的地方至少有三处，而上述论述都只是针对其中一处所作出的。对于其余几处，论著者们通常都完全避而不谈——实在是不得不如此，因为在“盖天宇宙模型中天地形状为双重球冠形”的先入之见的框架中，对于《周髀算经》中其余几处涉及“北极璇玑”的论述，就不可能作出解释。如果又将思路局限在“北极璇玑”是不是实际的星这样的方向上，那就更加无从措手。

《周髀算经》中直接明确谈到“璇玑”的地方共有三处，依

1　钱宝琮：《盖天说源流考》，《科学史集刊》1958年第1期。
2　陈遵妫：《中国天文学史》第一册，第137—138页。

次见于原书卷下之第8、9、12节，先依照顺序录出如下：[1]

> 欲知北极枢、璇玑四极，常以夏至夜半时北极南游所极，冬至夜半时北游所极，冬至日加酉之时西游所极，日加卯之时东游所极，此北极璇玑四游。正北极枢璇玑之中，正北天之中，正极之所游……（以下为具体观测方案）。
>
> 璇玑径二万三千里，周六万九千里（《周髀算经》全书皆取圆周率=3）。此阳绝阴彰，故不生万物。
>
> 牵牛去北极……。术曰：置外衡去北极枢二十三万八千里，除璇玑万一千五百里，……。东井去北极……。术曰：置内衡去北极枢十一万九千里，加璇玑万一千五百里，……。

从上列第一条论述可以清楚地看到，“北极”“北极枢”和“璇玑”是三个有明确区分的概念：

那个“四游”而划出圆圈的天体，陈遵妫认为就是当时的北极星，这是对的。但必须注意，《周髀算经》原文中分明将这一天体称为“北极”，而不是如上引陈遵妫论述中所说的“北极璇玑”。

“璇玑”则是天地之间的一个柱状体，这个圆柱的截面就是“北极”——当时的北极星（究竟是今天的哪一颗星还有争议）——作拱极运动在天上所划出的圆。

1 本书所依据的《周髀算经》文本为江晓原：《〈周髀算经〉新论·译注》，上海交通大学出版社，2015年。节号是这一文本中所划分的序号。以下各处同此。

至于“北极枢”，则显然就是北极星所划圆的圆心——它才能真正对应于天文学意义上的北极。

在上面所作分析的基础上，我们就完全不必再回避前引《周髀算经》第9、12节中的论述了。由这两处论述可知，“璇玑”并非假想的空间，而是被认为实际存在于大地之上——处在天上北极的正下方，它的截面直径为23 000里，这个数值对应于《周髀算经》第8节中所述在周地地面测得的北极东、西游所极相差2尺3寸，仍是由“勾之损益寸千里”推导而得。北极之下大地上的这个直径为23 000里的特殊区域在《周髀算经》中又被称为“极下”，这是“璇玑”的同义语。

如果仅仅到此为止，我们对“璇玑”的了解仍是不完备的。所幸《周髀算经》还有几处对这一问题的论述，可以帮助我们解破疑团。这些论述见于原书卷下第7、9节：

> 极下者，其地高人所居六万里，滂沲四颓而下。
>
> 极下不生万物，何以知之？……

于是又可知：“璇玑”是指一个实体，它高达60 000里，上端是尖的，以弧线向下逐渐增粗，至地面时，其底的直径为23 000里（参见下图）；而在此69 000里圆周范围内，如前所述是“阳绝阴彰，故不生万物”。

这里必须特别讨论一下“滂沲四颓而下”这句话。所有主张《周髀算经》宇宙模型中天地形状为双重球冠形的论著，几乎都援引“滂沲四颓而下”一语作为证据，却从未注意到“极下者，其地高人所居六万里”这句话早已完全排除了天地为双重球冠形的任何可能性。其实只要稍作分析就可发现，按照天地形状为双重球冠形的理解，大地的中央（北极之下）比这一球冠的边缘——亦即整个大地的边界——高六万里；但这样一来，“极下者，其地高人所居六万里”这句话就绝对无法成立了，因为在球冠形模式中，大地上比极下低六万里的面积实际上为零——只有球冠边缘这一线圆周是如此，而“人所居”的任何有效面积所在都不可能低于极下六万里。比如，周地作为《周髀算经》作者心目中最典型的“人所居”之处，按照双重球冠模式就绝对不可能低于极下六万里。

此外，如果接受双重球冠模式，则极下之地就会与整个大地合为一体，没有任何实际的边界可以将两者区分，这也是明显违背《周髀算经》原意的——如前所述，极下之地本是一个直径23 000里、其中“阳绝阴彰，故不生万物”、阴寒死寂的特殊圆形区域。

根据上面的讨论，我们已经知道《周髀算经》所述盖天宇宙模型的基本结构是：

天与地为平行平面，在北极下方的大地中央矗立着高60 000里、底面直径为23 000里的上尖下粗的“璇玑”。

剩下需要补充的细节还有三点：

一是天在北极处的形状。大地在北极下方有矗立的“璇玑”，天在北极处也并非平面，《周髀算经》在卷下第7节对此叙述得非常明确：

> 极下者，其地高人所居六万里，滂沲四颓而下。天之中央，亦高四旁六万里。

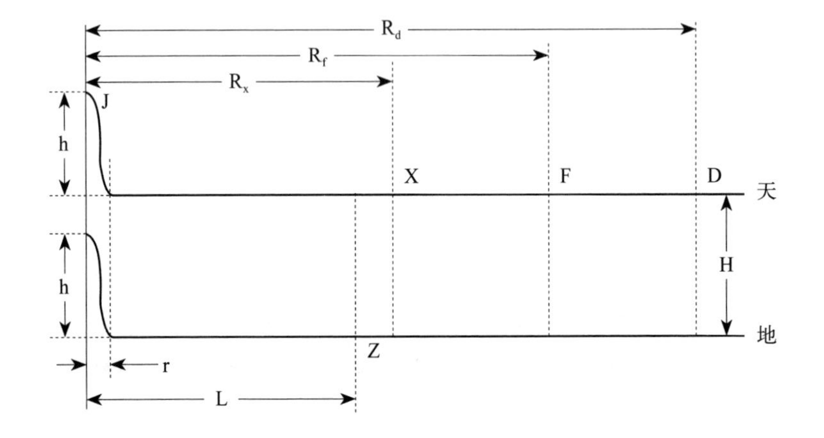

《周髀算经》盖天宇宙的正确形状（侧视半剖面图）。据《周髀算经》原文，上图中各参数之意义及其数值如下：

J	北极（天中）
Z	周地（洛邑）所在
X	夏至日所在（日中之时）
F	春、秋分日所在（日中之时）
D	冬至日所在（日中之时）
r	极下璇玑半径=11 500里
Rx	夏至日道半径=119 000里
Rf	春、秋分日道半径=178 500里
Rd	冬至日道半径=238 000里
L	周地距极远近=103 000里
H	天地距离=80 000里
h	极下璇玑之高=60 000里

也就是说，天在北极处也有柱形向上耸立——其形状与地上的“璇玑”一样。这一结构已明确表示于上图。该图为《周髀算经》盖天宇宙模型的侧视剖面图。由于以北极为中心，图形是轴对称的，故只需绘出一半；图中左端即“璇玑”的侧视半剖面。

二是天、地两平面之间的距离。在天地为平行平面的基本假设之下，这一距离很容易利用表影测量和勾股定理推算而得。即《周髀算经》卷上第3节所说的“从髀至日下六万里而髀无影，从此以上至日则八万里”。日在天上，天地又为平行平面，故日与“日下”之地的距离也就是天与地的距离。而如果将盖天宇宙模式中的天地理解成所谓双重球冠形曲面，这些推算就全都无法成立。李淳风以下，就是因此而误斥《周髀算经》为“自相矛盾”。其实，《周髀算经》关于天地为平行平面及天地距离还有一处明确论述，见卷下第7节：

> 天离地八万里，冬至之日虽在外衡，常出极下地上二万里。

“极下地”即“璇玑”顶部，它高出地面六万里，故上距天为二万里。

三是盖天宇宙的总尺度。盖天宇宙是一个有限宇宙，天与地为两个平行的平面大圆形，此两大圆平面的直径皆为810 000里——此值是《周髀算经》依据另一条公理“日照四旁各十六万七千里”推论而得出，有关论述见于《周髀算经》卷上

第4、6节：

> 冬至昼，夏至夜，差数所及，日光所逮观之，四极径八十一万里，周二百四十三万里。
>
> 日冬至所照过北衡十六万七千里，为径八十一万里，周二百四十三万里。

北衡亦即外衡，这是盖天宇宙模型中太阳运行到距其轨道中心——亦即北极——的最远之处，此处的日轨半径为238 000里，太阳在此处又可将其光芒向四周射出167 000里，两值相加得宇宙半径为405 000里，故宇宙直径为810 000里。

综上所述，《周髀算经》中盖天宇宙几何模型的正确形状结构如前图所示。此模型既处处与《周髀算经》原文文意吻合，在《周髀算经》的数理结构中也完全自洽可通，为何前贤却一直将天地形状误认为双重球冠形曲面呢？这就必须仔细辨析《周髀算经》卷下第7节“天象盖笠，地法覆盘”八个字了。这八个字是双重球冠说最主要的依据，不可不详加辨析。

这八个字本来只是一种文学性的比拟和描述，正如赵爽在注文中所阐述的那样：

> 见乃谓之象，形乃谓之法。在上故准盖，在下故拟盘。象法义同，盖盘形等。互文异器，以别尊卑；仰象俯法，名号殊矣。

这里赵爽强调，盖、盘只是比拟。这样一句文学性的比喻之辞，至多也只能是表示宇宙的大致形状，其重要性与可信程度，都根本无法和《周髀算经》的整个体系及其中的数理结构——笔者已经表明“天地为平行平面”是《周髀算经》宇宙结构必不可少的前提——相提并论。

再退一步说，即使要依据这八个字去判断《周髀算经》中盖天宇宙模型的形状，也无论如何推论不出“双重球冠”的形状——恰恰相反，仍然只能得出“天地为平行平面”的结论。试逐字分析如次：

盖，车盖、伞盖之属也。其实物形象，今天仍可从传世的古代绘画、画像砖等处看到，它们几乎无一例外都是圆形平面的，四周有一圈下垂之物，中央有一突起（连接曲柄之处），正与上图所示天地形状极为吻合。而球冠形的盖，至少笔者从未见到过。

笠，斗笠之属，今日仍可在许多地方见到。通常也呈圆形平面，中心有圆锥形凸起，正与上图所示天地形状吻合。

覆盘，倒扣着的盘子。盘子是古今常用的器皿，自然也只能是平底的，试问谁见过球冠形的盘子——那样的话它还能放得稳吗？

综上所述，用“天象盖笠，地法覆盘”八字去论证“双重球冠”之说，实属误解文句，而前贤递相祖述，俱不深察，甚可怪也。究其原因，或许是因为首创此说者权威甚大，后人崇敬之余，难以想象智者亦有千虑之一失吧。

对“天象盖笠，地法覆盘”八字之误读，当是今人在语言隔阂之下所犯的错误，古人不至于犯这样的错误。例如，东汉那位酷爱争论的王充，就是盖天宇宙模式的拥护者。《晋书·天文志》

记载他“据盖天之说”对浑天说的驳议云：

> 旧说天转从地下过，今掘地一丈辄有水，天何得从水中行乎？甚不然也。日随天而转，非入地。夫人目所望，不过十里，天地合矣；实非合也，远使然耳。今视日入，非入也，亦远耳。当日入西方之时，其下之人亦将谓之为中也。四方之人，各以其近者为出，远者为入矣。何以明之？今试使一人把大炬火，夜行于平地，去人十里，火光灭矣；非灭也，远使然耳。今日西转不复见，是火灭之类也。日月不圆也，望视之所以圆者，去人远也。夫日，火之精也；月，水之精也。水火在地不圆，在天何故圆？

王充的上述学说当然谬误丛出，比如不相信日月是圆的之类。但是这里对于我们的讨论非常重要的是，王充所依据的盖天宇宙模式，其天地结构和形状，在他心目中是平行的平面，这一点显然是毫无疑问的。他所用的比喻和论证，都足以证明这一点。这是汉代学者对盖天宇宙模式之理解的一个例证，在这个例证中汉人对盖天宇宙的理解与笔者上文得出的结论是一致的。而主张《周髀算经》盖天宇宙模式是所谓双重球冠的前贤，似乎从未注意到这一例证。

最后还有一点顺便指出。先前有些论著中有所谓“第一次盖天说”“第二次盖天说”之说。古代的“天圆地方”之说被称为“第一次盖天说”，而《周髀算经》中所陈述的盖天说被称为“第二次盖天说”。其实后者有整套数理体系，而前者只是故老相传的原始概念，两者根本不可同日而语。因此上述说法没有什么积极意义，反而会带来概念的混淆。

(2)《周髀算经》盖天宇宙与古代印度宇宙

现在我们已经知道《周髀算经》中的盖天宇宙有如下特征：

一、大地与天为相距80 000里的平行圆形平面。

二、大地中央有高大柱形物(高60 000里的“璇玑”，其底面直径为23 000里)。

三、该宇宙模型的构造者在圆形大地上为自己的居息之处确定了位置，并且这位置不在中央而是偏南。

四、大地中央的柱形延伸至天处为北极。

五、日月星辰在天上环绕北极作平面圆周运动。

六、太阳在这种圆周运动中有着多重同心轨道，并且以半年为周期作规律性的轨道迁移(一年往返一遍)。

七、太阳光芒向四周照射有极限，半径为167 000里。[1]

八、太阳的上述运行模式可以在相当程度上说明昼夜成因和太阳周年视运动中的一些天象。

九、一切计算中皆取圆周率为3。

令人极为惊讶的是，笔者发现上述九项特征竟与古代印度

1 “日照四旁167 000里”是《周髀算经》设定的公理之一，这些公理是《周髀算经》全书进行演绎推理的基础，详见江晓原：《〈周髀算经〉——中国古代唯一的公理化尝试》，《自然辩证法通讯》1996年第3期。

的宇宙模型全都吻合！这样的现象绝非偶然，值得加以注意和研究。下面简述比较的结果：[1]

关于古代印度宇宙模型的记载，主要保存在一些《往世书》（*Puranas*）中。《往世书》是印度教的圣典，同时又是古代史籍，带有百科全书性质。它们的准确成书年代难以判定，但其中关于宇宙模式的一套概念，学者们相信可以追溯到吠陀时代——约公元前1000年之前，因而是非常古老的。《往世书》中的宇宙模式可以概述如下：[2]

大地像平底的圆盘，在大地中央耸立着巍峨的高山，名为迷卢（Meru，也即汉译佛经中的“须弥山”，或作Sumeru，译成“苏迷卢”）。迷卢山外围绕着环形陆地，此陆地又为环形大海所围绕，……如此递相环绕向外延展，共有七圈大陆和七圈海洋。

印度在迷卢山的南方。

与大地平行的天上有着一系列天轮，这些天轮的共同轴心就是迷卢山；迷卢山的顶端就是北极星（Dhruva）所在之处，诸天轮携带着各种天体绕之旋转；这些天体包括日、月、恒星……以及五大行星——依次为水星、金星、火星、木星和土星。

利用迷卢山可以解释黑夜与白昼的交替。携带太阳的天轮上有180条轨道，太阳每天迁移一轨，半年后反向重复，以此来描述日出方位角的周年变化。

又唐代释道宣《释迦方志》卷上，也记述了古代印度的宇宙

---

1 详见江晓原：《〈周髀算经〉新论·译注》，上海交通大学出版社，2015年。

2 D. Pingree: *History of Mathematical Astronomy in India, Dictionary of Scientific Biography,* Vol.16, New York, 1981, p.554。此为研究印度古代数理天文学之专著，实与传记无涉也。

模型，细节上恰可与上述记载相互补充：

苏迷卢山，即经所谓须弥山也，在大海中，据金轮表，半出海上八万由旬，日月回薄于其腰也。外有金山七重围之，中各海水，具八功德。

而在汉译佛经《立世阿毗昙论》(《大正新修大藏经》1644号)卷五“日月行品第十九”中则有日光照射极限，以及由此说明太阳视运动的记载：

日光径度，七亿二万一千二百由旬，周围二十一亿六万三千六百由旬。南剡浮提日出时，北郁单越日没时，东弗婆提正中，西瞿耶尼正夜。是一天下四时由日得成。

从这段记载及佛经内大量天文数据中，还可以看出所用的圆周率也正好是3。

根据这些记载，古代印度宇宙模型与《周髀算经》盖天宇宙模型实有惊人的相似之处，在细节上几乎处处吻合：

一、两者的天、地都是圆形的平行平面。

二、“璇玑”和“迷卢山”同样扮演了大地中央的“天柱”角色。

三、周地和印度都被置于各自宇宙中大地的南半部分。

四、“璇玑”和“迷卢山”的正上方皆为诸天体旋转的枢轴——北极。

五、日月星辰都在天上环绕北极作平面圆周运动。

六、如果说印度迷卢山外的“七山七海”在数字上使人联想到《周髀算经》的“七衡六间”的话，那么印度宇宙中太阳天轮的180条轨道无论从性质还是功能来说都与“七衡六间”完全一致（太阳在七衡之间的往返也是每天连续移动的）。

七、特别值得指出的是，《周髀算经》中天与地的距离是八万里，而迷卢山也是高出海上“八万由旬”，其上即诸天轮所在，是其天地距离恰好同为八万单位，难道纯属偶然？

八、太阳光照都有一个极限，并且依赖这一点才能说明日出日落、四季昼夜长度变化等太阳视运动的有关天象。

九、在天文计算中，皆取圆周率为3。

在人类文明发展史上，文化的多元自发生成是完全可能的，因此许多不同文明中的相似之处，也可能是偶然巧合。但是《周髀算经》的盖天宇宙模型与古代印度宇宙模型之间的相似程度实在太高——从整个格局到许多细节都一一吻合，如果仍用“偶然巧合”去解释，无论如何总显得过于勉强。

（3）《周髀算经》中的寒暑五带知识来自何方？

《周髀算经》中竟还有相当于现代人熟知的关于地球上寒暑五带的知识。这是非常令人惊异的现象——因为这类知识是以往两千年间，中国传统天学中所没有、而且不相信的。

这些知识在《周髀算经》中主要见于卷下第9节：

> 极下不生万物，何以知之？……北极左右，夏有不释之冰。
>
> 中衡去周七万五千五百里。中衡左右，冬有不死之草，夏长之类。此阳彰阴微，故万物不死，五谷一岁再熟。
>
> 凡北极之左右，物有朝生暮获，冬生之类。

这里需要先作一些说明：上引第二则中，所谓“中衡左右”即赵爽注文中所认为的“内衡之外、外衡之内”；这一区域正好对应于地球寒暑五带中的热带（南纬23°30′至北纬23°30′之间），尽管《周髀算经》中并无地球的观念。

上引第三则中，说北极左右“物有朝生暮获”，这必须联系到《周髀算经》盖天宇宙模型对于极昼、极夜现象的演绎和描述能力。圆形大地中央的“璇玑”之底面直径为23 000里，则半径为11 500里，而《周髀算经》所设定的太阳光芒向其四周照射的极限距离是167 000里；于是，由上图清楚可见，每年从春分至秋分期间，在“璇玑”范围内将出现极昼——昼夜始终在阳光之下；而从秋分到春分期间则出现极夜——阳光在此期间的任何时刻都照射不到“璇玑”范围之内。这也就是赵爽注文中所说的“北极之下，从春分至秋分为昼，从秋分至春分为夜”，因为是以半年为昼、半年为夜。

《周髀算经》中上述关于寒暑五带的知识，其准确性是没有疑问的。然而这些知识却并不是以往两千年间中国传统天学中的组成部分。对这一现象，可从几方面来加以讨论。

首先，为《周髀算经》作注的赵爽，竟然就表示不相信书中的这些知识。例如对于北极附近“夏有不释之冰”，赵爽注称：“冰冻不解，是以推之，夏至之日外衡之下为冬矣，万物当死——此日远近为冬夏，非阴阳之气，爽或疑焉。”又如对于“冬有不死之草”“阳彰阴微”“五谷一岁再熟”的热带，赵爽表示“此欲以内衡之外、外衡之内，常为夏也。然其修广，爽未之前闻”——他从未听说过。

我们从赵爽为《周髀算经》全书所作的注释来判断，他毫无疑问是那个时代够格的天文学家之一，为什么竟从未听说过这些寒暑五带知识？比较合理的解释似乎只能是：这些知识不是中国传统天学体系中的组成部分，所以对于当时大部分中国天文学家来说，这些知识是新奇的、与旧有知识背景格格不入的，因而也是难以置信的。

其次，在古代中国居传统地位的天文学说——浑天说中，由于没有正确的地球概念，是不可能提出寒暑五带之类的问题来的。[1]因此直到明朝末年，来华的耶稣会传教士在他们的中文著作中向中国读者介绍寒暑五带知识时，仍被中国人目为未之前闻的新奇学说。[2]正是这些耶稣会传教士的中文著作才使中国学者接受了地球寒暑五带之说。而当清朝初年“西学中源”说甚嚣尘上时，梅文鼎等人为寒暑五带之说寻找中国源头，找到的正是《周髀算经》——他们认为是《周髀算经》等中国学说在上古时期传入西方，才教会了希腊人、罗马人和阿拉伯人掌握天文学知识的。[3]

现在我们面临一系列尖锐的问题：

既然在浑天学说中因没有正确的地球概念而不可能提出寒暑五带的问题，那么《周髀算经》中同样没有地球概念，何以却能记载这些知识？

如果说《周髀算经》作者身处北温带之中，只是根据越向北越冷、越向南越热，就能推衍出北极“夏有不释之冰”、热带

1 薄树人：《再谈〈周髀算经〉中的盖天说——纪念钱宝琮先生逝世十五周年》，《自然科学史研究》1989年第4期。
2 这类著作中最早的有《无极天主正教真传实录》（1593）；影响最大的则是利玛窦《坤舆万国全图》（1602）；1623年有艾儒略《职方外纪》，所述较利氏更详。
3 详见江晓原：《试论清代“西学中源”说》，《自然科学史研究》1988年第2期。

“五谷一岁再熟”之类的现象，那浑天家何以就不能？

再说赵爽为《周髀算经》作注，他总该是接受盖天学说之人，何以连他都对这些知识不能相信？

这样看来，有必要考虑这些知识来自异域的可能性。

大地为球形、地理经纬度、寒暑五带等知识，早在古希腊天文学家那里就已经系统完备，一直沿用至今。五带之说在亚里士多德著作中已经发端，至“地理学之父”埃拉托色尼（Eratosthenes，公元前275—前195年）的《地理学概论》中，已有完整的五带：南纬24°至北纬24°之间为热带，两极处各24°的区域为南、北寒带，南纬24°至66°和北纬24°至66°之间则为南、北温带。从年代上来说，古希腊天文学家确立这些知识早在《周髀算经》成书之前。《周髀算经》的作者有没有可能直接或间接地获得了古希腊人的这些知识呢？这确实是一个耐人寻味的问题。

（4）赤道坐标与黄道坐标

以浑天学说为基础的传统中国天学体系，完全属于赤道坐标系统。在此系统中，首先要确定观测地点所见的“北极出地”度数——即现代所说的当地地理纬度，由此建立起赤道坐标系。天球上的坐标系由二十八宿构成，其中入宿度相当于现代的赤经差，去极度相当于现代赤纬的余角，两者在性质和功能上都与现代的赤经、赤纬等价。

与此赤道坐标系统相适应，古代中国的天文仪器，以浑仪为代表，也全是赤道式的。中国传统天学的赤道特征，还引起近代西方学者的特别注意，因为从古代巴比伦和希腊以下，西方天文学在两千余年间一直使用黄道系统，直到16世纪晚期，才在欧洲出现重要的赤道式天文仪器，这还被认为是丹麦天文学家第谷的一大发明。因而在现代中外学者的研究中，传统中国天学的赤道特征已是公认之事。

然而，在《周髀算经》全书中，却完全看不到赤道系统的特征。

首先，在《周髀算经》中，二十八宿被明确认为是沿着黄道排列的。这在《周髀算经》原文及赵爽注文中都说得非常明白。《周髀算经》卷上第4节云：

> 月之道常缘宿，日道亦与宿正。

此处赵爽注云：

> 内衡之南，外衡之北，圆而成规，以为黄道。二十八宿列焉。月之行也，一出一入，或表或里，五月、二十三分月之二十而一道一交，谓之合朔交会及月蚀相去之数，故曰“缘宿”也。日行黄道以宿为正，故曰“宿正”。

根据上下文来分析，可知上述引文中的“黄道”，确实与现代天文学中的黄道完全相同——黄道本来就是根据太阳周年视运动的轨道定义的。而且，赵爽在《周髀算经》第6节“七衡图”下的注文中，又一次明确地说：

> 黄图画者，黄道也，二十八宿列焉，日月星辰躔焉。

日月所躔，当然是黄道（严格地说，月球的轨道白道与黄道之间有

5°左右的小倾角，但古人论述时常省略此点）。

其次，在《周髀算经》中，测定二十八宿距星坐标的方案又是在地平坐标系中实施的。这个方案详载于《周髀算经》卷下第10节中。由于地平坐标系的基准面是观测者当地的地平面，因此坐标系中的坐标值将会随着地理纬度的变化而变化，地平坐标系的这一性质使得它不能应用于记录天体位置的星表。但是《周髀算经》中试图测定的二十八宿各宿距星之间的距度，正是一份记录天体位置的星表，故从现代天文学常识来看，《周髀算经》中上述测定方案是失败的。

另外值得注意的一点是，《周髀算经》中提供的唯一一个二十八宿距度数值——牵牛距星的距度为8°，据研究却是袭自赤道坐标系的数值（按照《周髀算经》的地平方案此值应为6°）。[1]

《周髀算经》在天球坐标问题上确实有很大的破绽：它既明确认为二十八宿是沿黄道排列的，却又试图在地平坐标系中测量其距度，而作为例子给出的唯一数值竟又是来自赤道系统。这一现象值得深思，在它背后可能隐藏着某些重要线索。

这里不妨顺便对黄道坐标问题再多谈几句。传统中国天学虽一直使用赤道坐标体系，却并非不知道黄道。黄道作为日月运行的轨道，只要天学知识积累到一定程度，不可能不被知道。但是古代中国人却一直使用一种与西方不同的黄道坐标，现代学者称之为“伪黄道”。伪黄道虽然有着符合实际情况的黄道平面，却从来未能正确定义黄极。伪黄道利用从天球北极向南方延伸的赤

1 薄树人：《再谈〈周髀算经〉中的盖天说——纪念钱宝琮先生逝世十五周年》，《自然科学史研究》1989年第4期。

经线与黄道面的相交点，来度量天体位置，这样所得之值与正确的黄经、黄纬并不精确相等。这一现象说明古代中国在几何学方面确实比较落后。

（5）梁武帝的同泰寺：《周髀算经》故事的余波

反复研读《周髀算经》全书，给人以这样一种印象，即它的作者除了具有中国传统天学知识之外，还从别处获得了一些新的方法——最重要的就是古代希腊的公理化方法（《周髀算经》是中国古代唯一一次对公理化方法的认真实践），以及一些新的知识——比如印度的宇宙结构、希腊的寒暑五带知识之类。这些新方法和新知识与中国传统天文学说不属于同一体系，然而作者显然又极为珍视它们，因此他竭力糅合二者，试图创造出一种中西合璧的新的天文学说。作者的这种努力在相当程度上可以说是成功的。《周髀算经》确实自成体系、自具特色，尽管也不可避免地有一些破绽。

那么，《周髀算经》的作者究竟是谁？他在构思、撰写《周髀算经》时有过何种特殊的际遇？《周髀算经》中的这些异域天文学成分究竟来自何处？……所有这些问题，现在都还没有答案。相对于后来的三次中西方天文学交流高潮，《周髀算经》与印度及希腊天文学的关系显得更特殊、更突兀。也许冰山的一角正是如此，笔者一直认为，《周髀算经》背后极可能隐藏着一个古代中西方文化交流的大谜。

然而，《周髀算经》和印度天文学的故事还没有完。到了南朝梁武帝萧衍那里，又演出新的一幕——著名的长春殿讲义。

梁武帝在长春殿集群臣讲义事，应是中国文化史上非常值得注意的事件之一。古籍中对此事的记载见于《隋书·天文志上》：

逮梁武帝于长春殿讲义，别拟天体，全同《周髀》之文。盖立新意，以排浑天之论而已。

现代学者通常不太注意此事。科学史家因其中涉及宇宙理论而论及此事，则又因上述记载中“全同《周髀》之文”一句，语焉不详，而产生误解。陈寅恪倒是从中外文化交流的角度注意到此事，其论云：

（梁武帝之说）是明为天竺之说，而武帝欲持此以排浑天，则其说必有以胜于浑天，抑又可知也。《隋志》既言其全同盖天，即是新盖天说，然则新盖天说乃天竺所输入者。寇谦之、殷绍从成公兴、昙影、法穆等受《周髀算术》，即从佛教受天竺输入之新盖天说，此谦之所以用其旧法累年算七曜《周髀》不合，而有待于佛教徒新输入之天竺天算之学以改进其家世之旧传者也。[1]

陈氏之说中有合理的卓见——将梁武帝所倡盖天说与佛教及印度天学联系起来了，但是断言“武帝欲持此以排浑天，则其说必有以胜于浑天，抑又可知也”，则是外行话了。当然，陈氏毕竟不是天文学史的专家，我们今日也不必苛求于他。

又日本学者山田庆儿，将《开元占经》“天体宗浑”一篇径视为梁武帝之讲义。又谓梁武帝长春殿讲义在建同泰寺之前，未

1 陈寅恪：《崔浩与寇谦之》，《金明馆丛稿初编》，上海古籍出版社，1980年，第118页。

知何据，其实此事既可在建同泰寺之前，亦可在其之后。但他将梁武帝在讲义中所提倡的宇宙模式，与同泰寺的建筑内容联系起来，则很有价值。[1]

再看国内科学史家之说：

> 浑天说比起盖天说来，是一个巨大的进步。但是，在科学史上，常常会有要开倒车的人。迷信佛教的梁武帝萧衍，于公元525年左右在长春殿纠集了一伙人，讨论宇宙理论，这批人加上萧衍本人，竟全部反对浑天说赞成盖天说。[2]

由于此说出于权威著作，影响甚广，成为不少论著承袭采纳的范本。于今视之，盖受时代局限，自非持平之论。其中给出了对长春殿讲义时间的推测：公元525年即南朝梁普通六年。然而与山田庆儿认为讲义发生在同泰寺落成之前的推测一样，也未给出依据。

以上诸说，各有其价值，但都未能深入阐发此事的背景与意义。这里有两个重要问题必须弄清：

一、梁武帝在长春殿讲义中所提倡的宇宙理论的内容及其与印度天学之关系。

二、为何《隋书·天文志》说长春殿讲义“全同《周髀》之文”？

第一个问题比较容易解决。其实梁武帝长春殿讲义的主要内容，确实在《开元占经》卷一中得以保存下来，亦即《全梁文》

---

1 ［日］山田庆儿：《梁武帝的盖天说与世界庭园》，氏著：《古代东亚哲学与科技文化：山田庆儿论文集》，辽宁教育出版社，1996年，第165页。

2 中国天文学史整理研究小组：《中国天文学史》，第164页。

卷六之《天象论》，后者字句与《开元占经》略有出入。梁武帝一上来就用一大段夸张的铺陈将别的宇宙学说全然否定：

自古以来，谈天者多矣，皆是不识天象，各随意造。家执所说，人著异见，非直毫厘之差，盖失千里之谬。戴盆而望，安能见天？譬犹宅蜗牛之角而欲论天之广狭，怀蚌螺之壳而欲测海之多少，此可谓不知量矣！

如此论断，亦可谓大胆武断之至矣。特别应该注意到，此时浑天说在中国天学中早已取得优势地位，被大多数天学家接受了。梁武帝却在不提出任何天文学证据的情况下，断然将它否定，若非挟帝王之尊，实在难以服人。而梁武帝自己所主张的宇宙模式，同样是在不提出任何天文学证据的情况下作为论断给出的：

四大海之外，有金刚山，一名铁围山。金刚山北，又有黑山，日月循山而转，周回四口，一昼一夜，围绕环匝。于南则见，在北则隐；冬则阳降而下，夏则阳升而高；高则日长，下则日短。寒暑昏明，皆由此作。

这样的宇宙模式和寒暑成因之说，在中国的浑天家看来是不可思议的。然而梁武帝此说，实有所本——我们根据本章上文的内容早已知道，这就是古代印度宇宙模式之见于佛经中者。

第二个问题必须在第一个问题的基础上才能解决。梁武帝所主张的宇宙模式既然是印度的，《隋书·天文志》说梁武帝长春殿讲义“全同《周髀》之文”，如何理解？说成梁武帝欲向盖天说倒退是不通的，因为浑天说、盖天说都在梁武帝否定之例。还是根据本章上文的内容，我们已经知道《周髀算经》中的宇宙模式正是来自印度的。因此《隋书·天文志》这句话，其实是一个完全正确的陈述——只不过略去了中间环节。

同泰寺与梁武帝之关系，以往论者多将注意力集中于梁武帝在此寺舍身一层。近年日本学者山田庆儿在上引长文中，指出同泰寺之建构为摹拟佛教宇宙，当是此文最有价值之处。

关于同泰寺最详细的记载见于《建康实录》卷十七“高祖武皇帝”：

> 大通元年（公元527年）辛未……帝创同泰寺，寺在宫后，别开一门，名大通门，对寺之南门，取返语“以协同泰”为名。帝晨夕讲义，多游此门。寺在县东六里。（案《舆地志》：在北掖门外路西，寺南与台隔，抵广莫门内路西。梁武普通中起，是吴之后苑，晋廷尉之地，迁于六门外，以其地为寺，兼开左右，营置四周池堑，浮图九层，大殿六所，小殿及堂十余所，宫各像日月之形。禅窟禅房，山林之内，东西般若台各三层，筑山构陇，亘在西北，柏殿在其中。东南有璇玑殿，殿外积石种树为山，有盖天仪，激水随滴而转。起寺十余年，一旦震火焚寺，唯余瑞仪、柏殿，其余略尽。即更构造，而作十二层塔，未就而侯景作乱，帝为贼幽馁而崩。）帝初幸寺，舍身，改普通八年为大通元年。

上述记载极重要，首先是指明了建造同泰寺的大体时间。关于此点又可参见《续高僧传》卷一《梁扬都庄严寺金陵沙门释宝唱传》：

大通元年，于台城北开大通门，立同泰寺。楼阁台殿拟则宸宫，九级浮图回张云表，山树园池沷荡烦积。

据此，则同泰寺落成于大通元年可知矣。

顺便指出，梁武帝数次舍身于同泰寺，常被论者作为他佞佛臻于极致的证据，但其时帝王舍身佛寺，亦非梁武帝所独有之行为，如稍后之陈武帝、陈后主皆曾有同样举动。《建康实录》卷十九“高祖武皇帝”：

永定二年（公元558年）……五月辛酉，帝幸大庄严寺，舍身。壬戌，王公已下奉表请还宫。

又同书卷二十“后主长城公叔宝”：

（太建十四年，公元582年）九月，设无碍大会于太极前殿，舍身及乘舆御服，又大赦天下。

这些舍身之举，看来更像是某种象征性的仪式，自然不是“敝屣万乘”之谓也。

同泰寺之建筑内容及形式，与梁武帝在长春殿讲义中所力倡的印度古代宇宙模式之间的关系，是显而易见的。然而上引《建康实录》中的记载还有值得进一步分析之处。

“东南有璇玑殿……有盖天仪，激水随滴而转”，此为极重要之记载，应是印度佛教宇宙之演示模拟仪器。而“盖天仪”之名，在中国传统天学仪器中，尚未之见。其实整个同泰寺也正是一个巨大的、充满象征意义的“盖天仪”。至于此璇玑殿中之盖天仪，从中国古代天学仪器史的角度来说，也很值得进一步追索和探讨。

萧梁一代，并未制定新的历法。《资治通鉴》卷一百四十七记天监三年（公元504年）事云：

> 诏定新历，员外散骑侍郎祖暅奏其父冲之考古法为正，历不可改。至八年，诏太史课新旧二历，新历密，旧历疏。

天监九年（公元510年）始行祖冲之《大明历》。梁武帝令祖暅作《漏经》，更制刻漏。《隋书·天文志上》云：

> 至天监六年，武帝以昼夜百刻，分配十二辰，辰得八刻，仍有余分。乃以昼夜为九十六刻，一辰有全刻八焉。

众所周知，刻漏是古代一种重要的计时工具，作为天文仪器之一种，与浑仪等仪器一样被视为神圣之物。祖氏父子是天学家，负责制造刻漏自是顺理成章之事；历代有关刻漏的记载也大都收在《天文志》中。

新刻漏制成，太子中舍人陆倕有《新刻漏铭》一篇，载《文选》卷五十六，其序云：

> 天监六年，太岁丁亥，十月丁亥朔，十六日壬寅，漏成进御。以考辰正晷，测表候阴，不谬圭撮，无乖黍累。又可以校运算之睽合，辨分天之邪正。察四气之盈虚，课六历之疏密。

序中赞美了新漏制作之精，运用之妙——其中当然有很多是这类歌颂作品中常见的套话。对新制成的刻漏，梁武帝同时命令将昼夜时刻改成九十六刻。

中国古代以刻漏计时，传统的做法是将一昼夜分成一百刻，作为一种独立的计时系统，用百刻制原不会产生问题。但百刻制与另一种时间计量制度——时辰制之间没有简单的换算关系，从而带来诸多不便。这种不便在梁武帝之前至少已经存在了好几百年——只有汉哀帝时曾改行过一百二十刻，又在梁朝之后继续存在了一千多年，直到明末清初西洋天文学入华。故我们不能不问：何以偏偏梁武帝想到要改百刻制为九十六刻制?

《隋书·天文志》对此似乎给出了解释：为了与十二辰相配。这应该是梁武帝改革时刻制度的理由之一，但是为什么只有梁武帝想到了应该与十二辰相配而改用九十六刻，而其他历朝历代都对这种不相配无动于衷?

事实上，梁武帝对刻漏制度的改革，与随佛教传入的印度天文历法有关。上文讨论到梁武帝因佞佛而欲以一种随佛教传入中土的印度古代宇宙模型取代当时占统治地位的“浑天说”，此为梁武帝关心并干预天学事务的一个重要例证，而改革刻漏制度则是梁武帝持域外天学干预天学事务之另一个重要例证。

《大方广佛华严经》(《大正新修大藏经》293号)卷十一云：

> 仁者当知，居俗日夜，分为八时，于昼与夕，各四时。异一一时，中又分四分，通计日夜三十二分。以水漏中，定知时分。昼四时者，自鸡鸣后，乃至辰前，为第一时。辰初分后，至午分初，为第二时。午中分后，乃至申前，为第三

时。申初分后，至日没前，为第四时。

这一段佛经详细介绍了印度古代的一种民用时刻制度及计时方法。其中一昼夜分为八时，每时又分为四分，这样一昼夜有三十二分。佛经还告诉我们印度古代也使用水漏计时。有些佛经中还有昼夜六时之说，如《佛说大乘无量寿庄严经》（《大正新修大藏经》363号）卷上云：

我得菩提成正觉已，我居宝刹，所有菩萨，昼夜六时，恒受快乐。

由此可知，在印度古代民用时刻制度有昼夜八时、昼夜六时两种。

《大方广佛华严经》又云：

我王精勤，不著眠睡。于夜四时，二时安静。第三时起，正定其心，受用法乐。第四时中，外思庶类，不想贪嗔。自昼初时，先嚼杨枝，乃至祠祭，凡有十位。何者为十？一嚼杨枝，二净沐浴，三御新衣，四涂妙香，五冠珠鬘，六油涂足，七擐革屣，八持伞盖，九严持从，十修祠祭。

这里事件的进行是按照昼夜八时的时刻制度安排的。夜四时中，前二时“安静”，看来这不是一种睡眠状态，因为经中称“我王精勤，不著眠睡”。夜第三时起“正定其心，受用法乐”，这大概是一种伴有音乐的静坐状态。夜第四时中“外思庶类”，大概是思考国家大事一类。自昼初时开始，先嚼杨枝，乃至祠祭，一共有十件事要做。其中每做一件事，按照佛经之说法皆具有十功德。

梁武帝笃信佛教，他对佛国君王的行事无边仰慕，对他们的生活方式也极力模仿。据武帝《净业赋》中的自述：

> 朕布衣之时……随物肉食，不识菜味。及至南面，富有天下，远方珍羞，贡献相继；海内异食，莫不必至……何心独甘此膳，因尔蔬食，不啖鱼肉。

又《梁书·武帝纪》：

> 日止一食，膳无鲜腴，惟豆羹粝食而已。庶事繁拥，日倘移中，便嗽口以过。身衣布衣，木绵皂帐，一冠三载，一被二年。常克俭于身，凡皆此类。五十外便断房室。

又《建康实录》卷十七“高祖武皇帝”：

> 年五十九即断房室。六宫无锦绣之饰。不饮酒，不听音乐。

《资治通鉴》卷一百五十九梁纪十五大同十一年（公元545年）条也有类似的记载：

> 自天监中用释氏法，长斋断鱼肉，日止一食，惟菜羹、粝饭而已，或遇事繁，日移中则嗽口以过。

在以上记载中，我们看到梁武帝自登基之后，就开始不食荤腥，并坚持“日止一食，过午不食”这一佛教僧侣的戒律。如遇事繁多，已经过了正午来不及吃饭，竟漱漱口就度过这一天。在前述的佛国君王作息时间表中，进膳时刻在第二时中，也符合“过午不食”的规定。五十几岁后又禁断了性生活。贵为帝王、富有天下而如此行事，只能解释为他对佛教的虔诚，到了几乎不近人情的地步。

梁武帝心仪天竺佛国，对佛教的一系列祭祀活动也全身心投入，而举行这种祭祀活动的时刻是用印度时刻制度规定的，所以为了正确无误地举行祭祀活动，以求得佛祖的保佑，将百刻改为九十六刻看来是必然的选择。

梁武帝于大同十年（公元544年）又将九十六刻改为一百零八刻，这样九十六刻制行用了三十七年。一百零八刻与六时制、十二时辰制也有简单的换算关系，与八时制也有比较简单的换算关系。

梁代以后，各代仍恢复使用百刻制，直到明末清初西洋历法来华。西洋民用计时制度为二十四小时制，与中国十二时辰制也相匹配，在这种情况下，九十六刻制又被重新启用，成为清代官方的正式时刻制度。现今通行的小时制度，一小时合四刻，一昼夜正好是九十六刻——这正是梁武帝当年的制度！遥想梁武帝当年，焉能料到自己的改革成果，在千余年后又会复活？

2. 与佛教相伴传入的西方天文学

《周髀算经》中盖天宇宙模型与古代印度的宇宙模型如此相像，几乎可以肯定两者是同出一源的，尽管目前我们尚未发现两者之间相互传播的途径和过程。但在另外一些传播事件中，则证据确凿，传播的途径和过程都很明确。不过我们在下面几节考察一个这样的例证之前，先要对古代印度天文学发展的时间表有一个大致的了解——在正确的时间背景之下，事件本身及其意义才更容易被理解。

按照平格里（D. Pingree）的意见，古代印度天文学可以分为如下五个时期：[1]

一、吠陀天文学时期（约公元前1000—前400年）。这是印度本土天文学活跃的时期。主要表现为对各种各样时间周期（yuga）的认识，以及月站体系（naksatyas）的确立——月站的含义是每晚月亮到达之处，有点像中国古代的二十八宿体系。这些天文学内容主要记载在各种《吠陀》文献中。

二、巴比伦时期（约公元前400—公元200年）。这一时期大量巴比伦的天文学知识传入印度，许多源自巴比伦的天文参数、数学模型（最有代表性的例证之一是巴比伦的“折线函数”）、时间单位、天文仪器等出现在当时的梵文经典中。

三、希腊化巴比伦时期（约公元200—400年）。巴比伦地区塞琉古王朝时期的天文学，经希腊人改编后，在这一时期传入印度，包括对行星运动的描述、有关日月交食和日影之长的几何计算等。

四、希腊时期（约公元400—1600年）。发端于一种受亚里士多德主义影响的非托勒密传统的希腊天文学之传入，是为真正的希腊天文学传入印度之始。在希腊天文学的影响之下，印度天文学名家辈出，经典繁多，先后形成五大天文学派：

1　D. Pingree: *History of Mathematical Astronomy in India*, New York, 1981, p.534.

婆罗门学派（Brahmapaksa）

雅利安学派（Aryapaksa）

夜半学派（Ardharatikapaksa）

太阳学派（Saurapaksa）

象头学派（Gansapaksa）

五、伊斯兰时期（公元1600—1800年）。顾名思义，是受伊斯兰天文学影响的时期。而伊斯兰天文学的远源，则仍是希腊。

在上面的时间表中，尽管后四个时期皆深受外来影响，但印度本土的天文学成分仍然一直存在。这就使得古代印度天文学扮演了这样一个角色：一方面它传入中土时有着明显的印度特色，另一方面却又能够从它那里找到巴比伦和希腊的源头。

汉译佛经《七曜攘灾诀》，是一部公元九世纪由入华印度婆罗门僧人编撰的汉文星占学手册，也是世界上最古老的行星星历表之一。这一经品的身世不同凡响——它在古代东西方文化交流史上扮演了极为生动的角色，追溯起来饶有趣味。四十多年前李约瑟就呼吁要对这一文献进行专题研究，他本人可能因专业局限力有未逮，后有日本学者矢野道雄对此进行过研究，后来我指导的研究生对该经品做了进一步研究，使这一珍贵文献的历史面目更清晰地呈现出来。[1]

《七曜攘灾诀》的作者金俱吒，只能从经首题名处知道是“西天竺婆罗门僧”，在唐朝活动的时间约为公元9世纪上半叶。这一时期来华的印度、西域僧人，不少人在《宋高僧传》中有

1　钮卫星：《汉译佛经中所见数理天文学及其渊源——以〈七曜攘灾诀〉天文表为中心》，中国科学院上海天文台1993年硕士学位论文。

传，但其中没有金俱吒之传，其人的详细情形不得而知。

《七曜攘灾决》撰成之后，并未能在中土保存传世。现今所能见到的文本，是靠日本僧人在唐代从中国“请”去而得以传抄流传下来的。当年日本僧人宗睿，于唐咸通三年（公元862年）入唐求法，四年后返回，带去了大量佛教密宗的经典。密宗在唐代由中土传至日本，延续至今，即所谓“东密”。宗睿从中土带去的经典，有《书写请来法门等目录》（即《请来录》）记载之，《七曜攘灾决》即在其中。

现今各种比较常见的佛教《大藏经》中，唯日本的《大正新修大藏经》（以下简称“《大正藏》”）及民国初年修成的《频伽藏》中有《七曜攘灾决》，两者可能来自同一母本（《频伽藏》虽修成于上海，但主要也是参考日本的《弘教藏》）。《大正藏》本较晚出，其中已对经文中的错漏之处作了部分初步校注。经文卷末署有“长保元年三年五日”，“长保”为日本年号，长保元年即公元999年，此日期当是现存《七曜攘灾决》所参照之母本抄录的年代。

《七曜攘灾决》在日本流传的文本不止一种。《大正藏》本之末有日本丰山长谷寺沙门快道的题记，其中云：

> 宗睿《请来录》云：《七曜攘灾决》一卷。见诸本题额在两处，云卷上卷中，而合为一册。今检校名山诸刹之本，文字写误不少，而不可读者多矣。更请求洛西仁和寺之藏本对考，非全无犹豫，粗标其异同于冠首，以授工寿梓。希寻善本点雌雄，令禳灾无差。时享和岁次壬戌仲夏月。

享和二年，岁次壬戌，即公元1802年。现在流行的《七曜攘灾诀》文本即快道点校刊刻之本。这一文本只有卷上和卷中，没有卷下。不过从卷上和卷中的内容看来，作为一种星占学手册已经完备，故卷下即或有之，也很可能只是附录之类，去掉并不损害其完整性。

佛教密宗极重天学，盛行根据天上星宿之运行而施禳灾祈福之术。《七曜攘灾诀》，顾名思义，正是根据日、月和五大行星（即七曜）等星辰的运行来占灾、禳灾的星占学手册。经文卷上一开头，就按照日、月、木星、火星、土星、金星、水星的顺序，将此七曜在一年不同季节中行至人的“命宫”（根据此人出生时刻定出的一片天区）所导致的吉凶，依次开列出来，称为“占灾攘之法”。举木星为例：

> 木星者东方苍帝之子，十二年一周天。所行至人命星：
>
> 春至人命星：大吉，合加官禄、得财物。
>
> 夏至人命星：合生好男女。
>
> 秋至人命星：其人多病及折伤。
>
> 冬至人命星：得财则大吉。
>
> 四季至人命星：其人合有虚消息及口舌起。
>
> 若至人命星起灾者，当画一神形，形如人，人身龙头，著天衣随四季色，当项带之；若过其命宫宿，弃于丘井中，大吉。

接下来，是“七曜旁通九执至行年法”，北斗七星和九曜的“念诵真言”，以及“一切如来说破一切宿曜障吉祥真言”。“九执”“九曜”，意义相同，皆指日月五星再加上罗睺、计都这两个

“隐曜”（此两曜是《七曜攘灾诀》中的大节目，详见下文）。

密宗自中土传入日本后，经过一二百年的酝酿发展，声势渐大，至公元1000年左右已经流传甚广。《大正藏》中的《七曜攘灾诀》文本正是极好的历史见证：经中的星历表是一种可以循环使用的周期性工具，现今的文本上已被标注了许多日本年号及纪年干支，年号有二十七种之多，最早者为公元973年，最晚者为公元1132年；连续的纪年干支更延续到1170年。标注年号和干支是《七曜攘灾诀》作为星占学手册被频繁使用的需要和结果。

《七曜攘灾诀》的主体，实际上是一系列星历表。星历表是根据天体的运行规律，选择一定的时段作为一个周期，然后详细列出该天体在这一周期之内的视运动变化情况。这样，从理论上说，当周期终了时，天体运行又将开始重复周期开头的状况，如此循环往复，星历表可以长期使用。对于行星而言，通常首先被考虑的是“会合周期”。在“会合周期”中，每个外行星的运行情况都被分成“顺行→留→逆行→留→顺行→伏”等阶段。举《七曜攘灾诀》对木星会合周期的描述为例：

> 木星……初晨见东方，六日行一度，一百一十四日顺行十九度；乃留而不行二十七日；遂逆行，七日半退一度，八十二日半退十一度；则又留二十七日；复顺行，一百一十四日行十九度而夕见；伏于西方；伏经三十二日又晨见如初。

这些描述和表达方式，都与中国当时的传统历法相似。

“会合周期”只是古人描述行星运动的小周期，小周期又可以组合成大周期——因为各行星的会合周期并非恰好等于一年，而描述天体运动又必须使用人间的年、月、日来作时间参照系，所以需要将小周期组合成整年数的较大周期。《七曜攘灾诀》对五大行星分别选定如下大周期：

木星：83年（公元794—877年）

火星：79年（公元794—873年）

土星：59年（公元794—853年）

金星：8年（公元794—802年）

水星：33年（公元794—827年）

唐德宗贞元十年（公元794年）被选为历元，所有的周期都从这一年开始计算。在这些周期之内，《七曜攘灾诀》给出了相当详细的行星位置记录；根据这些记录，现代研究者根据天体力学的定律回推当时的实际天象，就可以检验《七曜攘灾诀》中星历表的精确程度。研究表明：从作为历元的公元794年开始，在第一个大周期中，星历表中各行星的位置与实际天象之间对应得很好。但在以后的大周期中，误差逐渐积累，精确程度就渐渐变差，这在古代本是难以避免之事。而从其上标注的日本年号和纪年干支来推测，使用《七曜攘灾诀》的日本星占学家似乎对这些误差不太在意——对于祈福禳灾来说，与实际天象之间的出入可以暂不理会。

《七曜攘灾诀》中星历表的特殊的科学史价值在于，迄今为止，这种逐年推算出行星位置的星历表在中国古代仍是仅见的两份之一。中国古代的传统是只给出行星在一个会合周期中的动态情况表，历代正史中《律历志》内的“步五星”，给出的都只是这种表。

要想知道某时刻的行星位置，必须据此另加推算。马王堆帛书《五星占》或许可算一个这种推算的例子，但《五星占》给出的周期很短，且不完整。非常巧合的是，马王堆《五星占》中数据最完整丰富的金星，周期也是8年，与《七曜攘灾诀》中一样。

除了行星星历表，《七曜攘灾诀》中的另一重要部分是罗睺、计都星历表。这是印度古代天文学中的两个假想天体，故谓之"隐曜"。《七曜攘灾诀》分别为它们选定了93年和62年的周期，选定的历元是元和元年（公元806年）。

关于《七曜攘灾诀》中的罗睺、计都星历表，特别值得提出的是它们有助于澄清国内长期流传的一个误解。以往国内的权威论著，都将罗睺、计都理解为白道（月球运行的轨道）的升交点（白道由南向北穿越黄道之点）和降交点（白道由北向南穿越黄道之点）。这一误解虽然在中国古籍中不无原因可寻，却是完全违背古代印度天文学中罗睺、计都之本意的。加之此说流传甚广，而且几乎从未有不同的声音出现，故而贻误不浅。[1]而由《七曜攘灾诀》中所给此两假想天体的星历表及有关说明，可以毫无疑问地确定：

> 罗睺：白道的升交点。
>
> 计都：白道的远地点（月球运行到离地最远之点）。

《七曜攘灾诀》出于来华的印度僧人之手，但所据却并非仅是印度古代的天文学。

1　例如中国天文学史整理研究小组：《中国天文学史》，第135页；《中国大百科全书》天文学卷，中国大百科全书出版社，1980年，第513页；［英］李约瑟：《中国科学技术史》第四卷，第12、137页，都重复着这一错误说法。

《七曜攘灾诀》行星星历表中的外行星周期，其年数都是会合周期数与恒星周期数的线性组合（例如木星的83年=76会合周期+7恒星周期），这些数据都和古代印度天文学的婆罗门学派中婆罗摩笈的（Brahmagupta）的著作（约成于公元7世纪）有渊源。而这类组合周期，正是塞琉古王朝（公元前312—前64年）时期两河流域巴比伦天文学家所擅长的方法。印度天文学中的许多行星运动数据都有巴比伦渊源。

而且《七曜攘灾诀》行星星历表在描述一个会合周期内的行星运动情况时，是从行星初次在东方出现开始，这一作法与古代巴比伦、希腊、印度的作法完全一致；《七曜攘灾诀》中的一些有关数据，甚至在数值上也与印度古代传自巴比伦及希腊的天文学文献相符合。许多线索都清楚表明，《七曜攘灾诀》有着如下的历史承传路线：

巴比伦→印度→中国→日本

这条路线东西万里，上下千年，确实是古代世界东西方科学文化交流史上一幕壮观的景象。而且，这幕景象并非孤立。

在以往的研究中，笔者已经考察了许多与此有关的事例。例如塞琉古王朝时期的巴比伦数理天文学，以折线函数、二次差分等数学方法为特征，其太阳运动理论、行星运动理论，以及天球坐标、月球运动、置闰周期、日长计算等内容，都在中国隋唐之际的几部著名历法中出现了踪迹或相似之处。[1]

1 关于这些问题的详细论证，可参见系列论文：1. 江晓原：《从太阳运动理论看巴比伦与中国天文学之关系》，《天文学报》1988年第3期；2. 江晓原：《巴比伦与古代中国的行星运动理论》，《天文学报》1990年第4期；3. 江晓原：《巴比伦——中国天文学史上的几个问题》，《自然辩证法通讯》1990年第4期。

又如南朝何承天，曾从徐广和释慧严接触并学习印度天文历法，其《元嘉历》（公元443年）中有“以雨水为气初”“为五星各利后元”等项新颖改革，可以在印度天文历法中找到明确的对应做法。再如唐代有所谓“天竺三家”，皆为来华之印度天学家，或其法在唐代皇家天学机构中与中国官方历法参照使用，或其人在唐代皇家天学机构中世代袭任要职。这些事例共同构成了那个时代中西天文学交流的广阔背景。

3. 蒙元帝国时期的中外天学交流

随着横跨欧亚大陆的蒙古帝国兴起，多种民族和多种文化经历了一次整合，中外天文学交流又出现新的高潮。关于这一时期中国天文学与伊斯兰天文学之间的接触，中外学者虽曾有所论述，但其中不少具体问题尚缺乏明确的线索和结论。从本节起我大体按照年代顺序，对五个较为重要的问题略加考述。

（1）耶律楚材与丘处机的中亚天学活动

首先应该考察耶律楚材与丘处机在中亚地区的天学活动。这一问题前贤似未曾注意过，其实意义十分重大。

耶律楚材（1189—1243）本为契丹人，辽朝王室之直系子孙，先仕于金，后应召至蒙古，于公元1219年作为成吉思汗的星占学和医学顾问，随大军远征西域。在西征途中，他与伊斯兰天文学家就月蚀问题发生争论，《元史·耶律楚材传》载其事云：

> 西域历人奏五月望夜月当蚀。楚材曰：“否。”卒不蚀。明年十月，楚材言月当蚀，西域人曰不蚀，至期果蚀八分。

此事发生于成吉思汗出发西征之第二年即公元1220年，这可由《元史·历志一》中“庚辰岁，太祖西征，五月望，月蚀不效”的记载推断出来。[1]发生的地点为今乌兹别克共和国境内的撒马尔罕（Samarkand），这可由耶律楚材自撰的西行记录《西游录》中的行踪推断出来。[2]

耶律楚材在中国传统天学方面造诣颇深。元初承用金代《大明历》，不久误差屡现，上述1220年五月“月蚀不效”即为一例。为此耶律楚材作《西征庚午元历》（载于《元史·历志五—六》），其中首次处理了因地理经度之差造成的时间差，这或许可以看成西方天文学方法在中国传统天学体系中的影响之一例——因为地理经度差与时间差的问题在古希腊天文学中早已能够处理，在与古希腊天文学一脉相承的伊斯兰天文学中也是如此。

据另外的文献记载，耶律楚材本人也通晓伊斯兰历法。元陶宗仪《南村辍耕录》卷九“麻答把历”条云：

> 耶律文正工于星历、医卜、杂算、内算、音律、儒释、异国之书，无不通究。尝言西域历五星密于中国，乃作《麻答把历》，盖回鹘历名也。

联系到耶律楚材在与“西域历人”两次争论比试中都占上风一事，可以推想他对中国传统的天学和伊斯兰天文学方法都有了解，故能知己知彼，稳操胜券。

---

1 “太祖”原文误为“太宗”，但太宗在位之年并无庚辰之岁，故应从《历代天文律历等志汇编》第9册（中华书局，1976年）第3330页之校改。

2 耶律楚材著、向达校注：《西游录》，中华书局，1981年。

约略与耶律楚材随成吉思汗西征的同时，另一位著名的历史人物丘处机（1148—1227）也正在他的中亚之行途中。他是奉召前去为成吉思汗讲道的。丘处机于1221年岁末到达撒马尔罕，几乎可以说与耶律楚材接踵而至。丘处机在该城与当地天文学家讨论了这年五月发生的日偏食（公历5月23日），《长春真人西游记》卷上载其事云：

> 至邪米思干（按：即撒马尔罕）……时有算历在旁，师（按：指丘处机）因问五月朔日食事，其人云："此中辰时食至六分止。"师曰："前在陆巨河时，午刻见其食。既又西南至金山，言已食至七分。此三处所见，各不相同……以今料之，盖当其下即见日食。既在旁者，则千里渐殊耳。正如以扇翳灯，扇影所及，无复光明。其旁渐远，则灯光渐多矣。"

丘处机此时已73岁高龄，在万里征途中仍不忘考察天学问题，足见他在这方面兴趣之大。他对日食因地理位置不同而可见到不同食分的解释和比喻，也完全正确。

耶律楚材与丘处机都在撒马尔罕与当地天文学家接触交流，此事看来并非偶然。150年之后，此地成为新兴的帖木儿王朝的首都，到乌鲁伯格（Ulugh Beg）即位时，此地建起了规模宏大的天文台（公元1420年），乌鲁伯格亲自主持其事，通过观测，编算出著名的《乌鲁伯格天文表》——其中包括西方天文学史上自托勒密之后千余年间第一份独立的恒星表。[1]故撒马尔罕当地，似乎长

1　托勒密的恒星表载于《至大论》中，此后西方的恒星表都只是在该表基础上作一些岁差改正之类的修订而得，而非独立观测所得。还有许多人认为托勒密的星表也只是在他的前辈希巴恰斯（Hipparchus）的恒星表上加以修订而成的。

期存在着很强的天文学传统。

（2）马拉盖天文台上的中国学者

公元13世纪中叶，成吉思汗之孙旭烈兀（Hulagu，或作Hulegu）大举西征，于1258年攻陷巴格达，阿拔斯朝的哈里发政权崩溃，伊儿汗王朝勃然兴起。在著名伊斯兰学者纳速拉丁·图思（Nasir al-Din al-Tusi）的襄助之下，旭烈兀于武功极盛后大兴文治。伊儿汗朝的首都马拉盖（Maragha，今伊朗西北部大不里士城南）建起了当时世界第一流的天文台（公元1259年），设备精良，规模宏大，号称藏书四十余万卷。马拉盖天文台一度成为伊斯兰世界的学术中心，吸引了世界各国的学者前去从事研究工作。

被誉为"科学史之父"的萨顿博士（G. Sarton）在他的《科学史导论》中提出，马拉盖天文台上曾有一位中国学者参加工作[1]；此后这一话题常被西方学者提起。但这位中国学者的姓名身世至今未能考证出来。萨顿之说，实出于多桑（C. M. d'Ohsson）的《蒙古史》，此书中说曾有中国天文学家随旭烈兀至波斯，对马拉盖天文台上的中国学者则仅记下其姓名音译（Fao-moun-dji）。[2]由于此人身世无法确知，其姓名究竟原是哪三个汉字也就只能依据译音推测，比如李约瑟著作中采用"傅孟吉"三字。[3]

再追溯上去，多桑之说又是根据一部波斯文的编年史《达人的花园》而来。此书成于1317年，共分九卷，其八为《中国史》。书中有如下一段记载：

---

1 G. Sarton: *Introduction to the History of Science*, W. & W., Baltimore, Vol.2, 1931, p.1005.

2 多桑著、冯承钧译：《多桑蒙古史》，中华书局，1962年，下册，第91页。

3 ［英］李约瑟：《中国科学技术史》第一卷，科学出版社、上海古籍出版社，1990年，第226页。

> 直到旭烈兀时代，他们（中国）的学者和天文学家才随同他一同来到此地（伊朗）。其中号称“先生”的屠密迟，学者纳速拉丁·图思奉旭烈兀命编《伊儿汗天文表》时曾从他学习中国的天文推步之术。又，当伊斯兰君主合赞汗（Ghazan Mahmud Khan）命令纂辑《被赞赏的合赞史》时，拉施德丁（Rashid al-Din）丞相召致中国学者名李大迟及倪克孙，他们两人都深通医学、天文及历史，而且从中国随身带来各种这类的书籍，并讲述中国纪年，年数及甲子是不确定的。[1]

关于马拉盖天文台的中国学者，上面这段记载是现在所能找到的最早史料。“屠密迟”“李大迟”“倪克孙”都是根据波斯文音译悬拟的汉文姓名，具体为何人无法考知。“屠密迟”或当即前文的“傅孟吉”——编成《伊儿汗天文表》正是纳速拉丁·图思在马拉盖天文台所完成的最重要业绩；由此还可知《伊儿汗天文表》（又称《伊儿汗历数书》，波斯文原名作Zijil-Khani）中有着中国天文学家的重要贡献在内。这里我们总算看到了中西天文学交流史上一个“由东向西”的例子。

最后还可知，由于异国文字的辗转拼写，人名发音严重失真。要确切考证出“屠密迟”或“傅孟吉”究竟是谁，恐怕只能依赖汉文新史料的发现了。

李约瑟曾引用瓦格纳（Wagner）的记述，谈到昔日保存在俄国

1　韩儒林编：《中国通史参考资料》古代部分第六册（元），中华书局，1981年，第258页。引用时对译音所用汉字作了个别调整。

著名的普耳科沃天文台的两份手抄本天文学文献。两份抄本的内容是一样的，皆为从1204年开始的日、月、五大行星运行表，写就年代约在公元1261年。值得注意的是两份抄本一份为阿拉伯文（波斯文），一份则为汉文。1261年是忽必烈即位的第二年，李约瑟猜测这两份抄本可能是札马鲁丁和郭守敬（详下文）合作的遗物。但因普耳科沃天文台在第二次世界大战中曾遭焚毁，李氏只能希望这些手抄本不至成为灰烬。[1]

在此之前，萨顿曾报道了另一件这时期的双语天文学文献。这是由伊斯兰天文学家撒马尔罕第（Ata ibn Ahmad al-Samarqandi）于1326年为元朝一王子撰写的天文学著作，其中包括月球运动表。手稿原件现存巴黎，萨顿还发表了该件的部分书影，从中可见阿拉伯正文旁附有蒙文旁注，标题页则有汉文。[2]此元朝的蒙古王子，据说是成吉思汗和忽必烈的直系后裔阿剌忒纳。[3]

（3）札马鲁丁进献西域天文仪器

元世祖忽必烈登位后第七年（公元1267年），伊斯兰天文学家札马鲁丁进献西域天文仪器七件。七仪的原名音译、意译、形制用途等皆载于《元史·天文志》，曾引起中外学者极大的研究兴趣。由于七仪实物早已不存，故对于各仪的性质用途等，学者们的意见并不完全一致。兹将七仪原名音译、意译（据《元史·天文志》），哈特纳（W. Hartner）所定阿拉伯原文对音，并略述主要研究文献之结论，依次如下：

1 ［英］李约瑟：《中国科学技术史》第四卷，第475页。
2 G. Sarton: *Introduction to the History of Science*, Vol. 3, p.1529.
3 ［英］李约瑟：《中国科学技术史》第四卷，第475页。

1. “咱秃哈剌吉（Dhātu al-halaq-i），汉言混天仪也。”李约瑟认为是赤道式浑仪，中国学者认为应是黄道浑仪，是古希腊天文学中的经典观测仪器。[1]

2. “咱秃朔八台（Dhātu'sh-shu'batai），汉言测验周天星曜之器也。”中外学者都倾向于认为即托勒密（Ptolemy）在《至大论》（Almagest）中所说的长尺（Organon parallacticon）。[2]

3. “鲁哈麻亦渺凹只（Rukhāmah-i-mu'-wajja），汉言春秋分晷影堂。”用来测求春、秋分准确时刻的仪器，与一座密闭的屋子（仅在屋脊正东西方向开有一缝）连成整体。

4. “鲁哈麻亦木思塔余（Rukhāmah-i-mustawīya），汉言冬夏至晷影堂也。”测求冬夏至准确时刻的仪器，与上仪相仿，也与一座屋子（屋脊正南北方向开缝）构成整体。

5. “苦来亦撒麻（Kura-i-samā'），汉言浑天图也。”中外学者皆无异议，即中国与西方古代都有的天球仪。

6. “苦来亦阿儿子（Kura-i-ard），汉言地理志也。”即地球仪，学者也无异议。

7. “兀速都儿剌不（al-Usturlāb），汉言定昼夜时刻之器也。”实即中世纪在阿拉伯世界与欧洲都十分流行的星盘（astrolabe）。

上述七仪中，第1、2、5、6皆为在古希腊天文学中即已成型并采用者，此后一直承传不绝，阿拉伯天文学家亦继承之；第3、

1 中国天文学史整理研究小组：《中国天文学史》，第200页。
2 Ptolemy: *Almagest*, V, p.12。以及［英］李约瑟《中国科学技术史》第四卷，第478页所提供的文献。

4两种有着非常明显的阿拉伯特色；第7种星盘，古希腊已有之，但后来成为中世纪阿拉伯天文学的特色——阿拉伯匠师制造的精美星盘久负盛名。如此渊源的七件仪器传入中土，意义当然非常重大。

札马鲁丁进献七仪之后四年，忽必烈下令在上都（今内蒙古多伦东南境内）设立回回司天台（公元1271年），并令札马鲁丁领导司天台工作。及至元亡，明军占领上都，将回回司天台主要人员征召至南京为明朝服务，但是该台上的仪器下落，却迄今未见记载。由于元大都太史院的仪器都曾运至南京，故有的学者推测上都回回司天台的西域仪器也可能曾有过类似经历。但据笔者的看法，两座晷影堂及长尺之类，搬运迁徙的可能性恐怕非常之小。

这位札马鲁丁是何许人，学者们迄今所知甚少。国内学者基本上倾向于接受李约瑟的判断，认为札马鲁丁原是马拉盖天文台上的天文学家，奉旭烈兀汗或其继承人委派，来为元世祖忽必烈（系旭烈兀汗之兄）效力的。[1]

有一项研究则提出：札马鲁丁其人就是拉施特（即本文前面提到的“拉施德丁丞相”）《史集》（*Jami ʻal-Tawarikh*）中所说的Jamal al-Din（札马剌丁），此人于1249—1252年间来到中土，效力于蒙哥帐下，后来转而为忽必烈服务。忽必烈登大汗之位后，又将札马鲁丁派回伊儿汗国，去马拉盖天文台参观学习，至1267年方始带着马拉盖天文台上的新成果（七件西域仪器，还有《万年历》）回到忽必烈宫廷。[2]

1　中国天文学史整理研究小组：《中国天文学史》，第199页。
2　李迪：《纳速拉丁与中国》，《中国科技史料》1990年第11卷第4期。

（4）回回司天台中的藏书

上都的回回司天台，既然与伊儿汗王朝的马拉盖天文台有亲缘关系，又由伊斯兰天文学家札马鲁丁领导，且专以进行伊斯兰天文学工作为任务，则它在伊斯兰天文学史上，无疑占有相当重要的地位——它可以被视为马拉盖天文台与后来帖木儿王朝的撒马尔罕天文台之间的中途站。而它在历史上华夏天文学与伊斯兰天文学交流方面的重要地位，只要指出下面这件事就足以见其一斑，事见于《秘书监志》卷七：

> 至元十年（公元1273年）闰六月十八日，太保传，奉圣旨：回回、汉儿两个司天台，都交秘书监管者。

两个所持天文学体系完全不同的天文台，由同一个上级行政机关——秘书监来领导，这在世界天文学史上也是极为罕见（如果不是仅见的话）的有趣现象。这一现象可能产生的影响，我们下文还要谈到。

可惜的是，对于这样一座具有特殊地位和意义的天文台，我们今天所知的情况却非常有限。在这些有限的信息中，特别值得注意的是《秘书监志》卷七中所记载的一份藏书书目，书目中的书籍都曾收藏在回回司天台中。书目共有天文学著作13种如下：

1. 兀忽列《四擘算法段数》十五部
2. 罕里速窟《允解算法段目》三部
3. 撒唯那罕答昔牙《诸般算法段目并仪式》十七部
4. 麦者思《造司天仪式》十五部

5. 阿堪《诀断诸般灾福》

6. 蓝木立《占卜法度》

7. 麻塔合立《灾福正义》

8. 海牙剔《穷历法段数》七部

9. 呵些必牙《诸般算法》八部

10.《积尺诸家历》四十八部

11. 速瓦里可瓦乞必《星纂》四部

12. 撒那的阿剌忒《造浑仪香漏》八部

13. 撒非那《诸般法度纂要》十二部

这里的“部”大体上应与中国古籍中的“卷”相当。第5、6、7三种的部数数目空缺。但由该项书目开头处“本台见合用经书一百九十五部”之语，以195部减去其余十种的部数总数，可知此三种书共有58部。

这些书用何种文字写成，尚未见明确记载。虽然不能完全排除它们是中文书籍的可能性，但笔者认为它们更可能是波斯文或阿拉伯文的，很可能就是札马鲁丁从马拉盖天文台带来的。

上述书目中，书名取意译，人名用音译，皆很难确切还原成原文，因此这13种著作的证认工作迄今无大进展。方豪认为第一种就是欧几里得（Euclides）《几何原本》，“十五部”之数恰与《几何原本》的15卷吻合，[1]其说似乎可信。还有人认为第四种可能就是托勒密的《至大论》，[2]恐不可信，因《造司天仪式》显然是讲天

1 方豪：《中西交通史》，第579页。
2 中国天文学史整理研究小组：《中国天文学史》，第214—215页。

文仪器制造的，而《至大论》并非专讲仪器制造之书；且《至大论》全书13卷，也与此处“十五部”之数不合。

（5）阿拉伯仪器在中土的影响

札马鲁丁进献七件西域仪器之后九年、上都回回司天台建成之后五年、回回司天台与“汉儿司天台”奉旨同由秘书监领导之后三年，中国历史上最伟大的天文学家之一郭守敬，奉命为“汉儿司天台”设计并建造一批天文仪器，三年后完工（公元1276—1279年）。这批仪器中的简仪、仰仪、正方案、窥几等，颇多创新之处。[1]由于郭守敬造仪在札马鲁丁献仪之后，所造各仪又多此前中国所未见者，因此很自然就产生了“郭守敬所造仪器是否曾受伊斯兰天文学影响”的问题。

对于这一问题，国内学者自然多持否定态度，认为札马鲁丁所献仪器“都没有和中国传统的天文学结合起来”，原因有二：一是这些黄道体系的仪器与中国传统的赤道体系不合，二是使用西域仪器所需的数学知识等未能一起传入。[2]国外学者也有持否定态度者，如约翰逊（M. Johnson）断言：“1279年天文仪器的设计者们拒绝利用他们所熟知的穆斯林技术。”[3]李约瑟对这一问题的态度不明确，例如关于简仪是否曾受到阿拉伯影响，他既表示证据不足，却又说：“从一切旁证看来，确实如此（受过影响）。”[4]但这些旁证究竟是什么，他却没有给出。

1　关于诸仪的简要记载见《元史·天文志》。关于其中最引人注目的简仪、仰仪等，可参见中国天文学史整理研究小组：《中国天文学史》，第190—194页。

2　中国天文学史整理研究小组：《中国天文学史》，第202页。

3　［英］马丁·约翰逊著，傅尚逵等译：《艺术与科学思维》，工人出版社，1988年，第131页。

4　［英］李约瑟：《中国科学技术史》第四卷，第481页。

在笔者看来，就直接的层面而言，郭守敬的仪器中确实看不出伊斯兰天文学的影响，相反倒是能清楚见到它们与中国传统天文仪器之间的一脉相传。对此可以给出一个非常有力的解释：

上文所述回、汉两司天台同归秘书监领导一事，在此至关重要。一方面，这一事实无疑已将郭守敬与札马鲁丁及他们各自所领导的汉、回天文学家置于同行竞争的状态中。郭守敬既然奉命另造天文仪器，他当然要尽量拒绝对手的影响，方能显出他与对手各擅胜场，以便更求超越对手。倘若他接受了伊斯兰天文仪器的影响，就会被对手指为步趋仿效，技不如人，则“汉儿司天台”在此竞争中将何以自立？

但在另一方面，我们又应该看到，就间接的层面而言，郭守敬似乎还是接受了阿拉伯天文学的一些影响。这里姑举两例以说明之：

其一是简仪。简仪之创新，即在其“简”——它不再追求环组重叠，一仪多效，而改为每一重环组测量一对天球坐标。简仪实际上是置于同一基座上的两个独立仪器：赤道经纬仪和地平经纬仪。这种一仪一效的风格，是欧洲天文仪器的传统风格，从札马鲁丁所献七仪，到后来清代耶稣会士南怀仁（F. Verbiest）奉康熙帝之命所造六仪（至今尚完整保存在北京古观象台上），都可以看到。

其二是高表。札马鲁丁所献七仪中有“冬夏至晷影堂”，其功能与中土传统的圭表是一样的，但精确度可以较高；郭守敬当然不屑学之，而仍从传统的圭表上着手改进，他的办法是到河南登封去建造巨型的高表和量天尺——实即巨型的圭表。然而众所周知，“巨型化”正是阿拉伯天文仪器的特征风格之一。

在上述两例中，一是由阿拉伯天文学所传递的欧洲风格，一

◥ 河南登封古观星台

是阿拉伯天文学自身所形成的风格。它们都可以视为伊斯兰天文学对郭守敬的间接影响。当然，在发现更为确切的证据之前，笔者并不打算将上述看法许为定论。

三、近代西方天文学的东来

文艺复兴时期之后，通常以哥白尼日心宇宙体系的问世——《天体运行论》的出版作为近代科学兴起的象征，但更重要的是实验方法及与此相关的一系列观念的确立。科学的实验方法，有如下鲜明的特点：

一、以“客观性假定”为前提，即认为客观世界不会因为人类的观察、测量，或人类的主观意志而有所变化——这一前提在以往的几个世纪中引导科学技术取得了无数成就，因而曾长期被认为是天经地义、毫无疑问的（它还被作为唯物主义的基石），直到20世纪物理学的一系列新进展才使它在哲学上发生动摇。

二、完全摈弃了超验、体悟、神秘主义之类古代和中世纪人们用来认识世界的旧方法。实验可重复成为保证知识正确性的必要条件。

三、强调用“模型方法”去认识和描述世界，即先通过观察和思考构造出模型（可以是数学公式、几何图形等），再通过实验（在天文学上就是进行新的观测）来检验由模型演绎出来的结论；若两者较为吻合（永远只能是一定程度上的吻合），则认为模型较为成功，否则就要修改模型，以求与实验结果的进一步吻合。

持此三点以观哥白尼日心宇宙体系和《天体运行论》（公元1543年），则其尚未够得上真正的科学实验方法。例如，哥白尼坚持认为天体的运动决不能违背毕达哥拉斯关于天体必作匀速圆周运动的论断。[1]又如，哥白尼体系在描述行星运动和预测行星方位的精度方面，与托勒密地心体系相比也并无什么优越性。[2]

实验方法在16世纪的吉尔伯特（William Gilbert of Colchester）那里开始取得显著成效，他的《磁石论》发表于1600年，其中的许多结论来自他所描述的各种磁学实验。而著名的弗兰西斯·培根（Francis Bacon）虽然在科学上并无实际成就，作为哲学家，他却对

1 ［英］斯蒂芬·F.梅森著，上海外国自然科学哲学著作编译组译：《自然科学史》，上海人民出版社，1977年，第119页。

2 哥白尼对于理论与实际观测之间的误差，只要不超过10角秒就已经满意。参见A. Berry: *A Short History of Astronomy*, New York, 1961, p.89.

科学实验方法的确立起了很大作用，尽管《学术的伟大复兴》一书中所强调的归纳方法实际上只是实验方法的前一半。

真正用近代科学实验方法取得伟大成果的，最先当数伽利略。伽利略在力学方面的研究，虽然不是没有先驱者比如达·芬奇（Leonardo da Vinci）和斯蒂文（Simon Stevin），但严格说来伽利略才真正使用了完备的模型方法并取得成功。尤其是他在使用模型方法的过程中，能够巧妙忽略次要因素的影响，从而使数学处理得以进行，并最终获得正确结果的大师手法，为科学研究中模型方法的广泛使用开拓了道路。

1. 来华耶稣会士的通天捷径

16世纪末，耶稣会士开始进入中国，1582年利玛窦（1552—1610）到达中国澳门，成为耶稣会在华传教事业的开创者。经过多年活动和许多挫折及与中国各界人士的广泛接触，利氏找到了当时在中国顺利展开传教活动的有效方式——即所谓“学术传教”。1601年他获准朝见万历帝，并被允许居留京师，这标志着耶稣会士正式被中国上层社会所接纳，也标志着“学术传教”方针开始见效。

“学术传教”虽然常被归为利氏之功，其实这一方针的提出是与耶稣会固有传统分不开的。耶稣会一贯重视教育，大量兴办各类学校，例如，在17世纪初期，耶稣会在意大利拿波里省就办有19所学校，在西西里省有18所，在威尼斯省有17所；[1]而耶稣会士们更要接受严格的教育和训练，他们当中颇有非常优秀的

1 W. V. Bangert, S. J. *A History of the Society of Jesus*, St. Louis, 1986, p.187.

学者。例如，利玛窦曾师从当时著名的数学和天文学家克拉维斯（Clavius）学习天文学，后者与开普勒、伽利略等皆为同事和朋友。又如后来成为清代首任钦天监监正的汤若望（Johann Adam Schall von Bell，1592—1666），其师格林伯格（C. Grinberger）正是克拉维斯在罗马学院教授职位的后任。再如后来曾参与修撰《崇祯历书》的耶稣会士邓玉函（Johann Terrenz Schreck，1576—1630），本人就是猞猁学院（Accademia dei Lincei，意大利科学院的前身）院士，又与开普勒及伽利略（亦为猞猁学院院士）友善。正是耶稣会重视学术和教育的传统使得"学术传教"成为可能。

关于"学术传教"，还可以从一些来华耶稣会士的言论中得到一些补充性的理解。这里仅选择相距将近150年的两例——出自利玛窦和巴多明（D. Parrenin，1665—1741）之手，以见一斑：

> 一位知识分子的皈依，较许多一般教友更有价值，影响力也大。[1]
>
> 为了赢得他们（主要是指中国的知识阶层）的注意，则必须在他们的思想中获得信任，通过他们大都不懂并以非常好奇的心情钻研的自然事物的知识而博得他们的尊重，再没有比这种办法更容易使他们倾向理解我们的基督教神圣真诠了。[2]

如果刻意要作诛心之论，可以说来华耶稣会士所传播的科学

---

1 ［意］利玛窦著，罗鱼译：《利玛窦书信集》，台湾光启出版社，1986年，第314页。
2 《耶稣会士书简集》，第24卷，第23页，转引自谢和耐（Jacques Gernet）著，耿昇译：《中国与基督教：中西文化的首次撞击》，上海古籍出版社，1991年，第87页。

技术知识只是诱饵；但从客观效果来看，“鱼”毕竟吃下了诱饵，这就不可能不对“鱼”产生作用。

如前所述，天学在古代中国主要不是作为一种自然科学学科，而是带有极其浓重的政治色彩。天学首先是在政治上起作用——在上古时代，它曾是王权得以确立的基础，后来则长期成为王权的象征。直到明代中叶，除了皇家天学机构中的官员等少数人之外，对于一般军民人等而言，“私习天文”一直是大罪；在中国历史上持续了将近两千年的“私习天文”之厉禁，到明末才逐渐放开——而此时正是耶稣会士进入中国的前夜。

利玛窦入居京师之时，适逢明代官方历法《大统历》误差积累日益严重，预报天象屡次失误，明廷改历之议已持续多年。他了解这一情况之后，很快作出了参与改历工作的尝试，在向万历帝“贡献方物”的表文中特别提出：

> （他本人）天地图及度数，深测其秘；制器观象，考验日晷，并与中国古法吻合。倘蒙皇上不弃疏微，令臣得尽其愚，披露于至尊之前，斯又区区之大愿。[1]

利玛窦这番自荐虽然未被理会，却是来华耶稣会士试图打通“通天捷径”——利用天文历法知识打通进入北京宫廷之路以利传教——的首次努力。

利玛窦对于“通天捷径”有非常明确的认识，他已能理解天文学在古代中国政治、文化中的特殊地位，因此他强烈要求

1　黄伯禄编：《正教奉褒》，上海慈母堂出版，1904年，第5页。

罗马方面派遣精通天文学的耶稣会士来中国。他在致罗马的信件中说：

> 此事意义重大，有利传教，那就是派遣一位精通天文学的神父或修士前来中国服务。因为其它科技，如钟表、地球仪、几何学等，我皆略知一二，同时有许多这类书籍可供参考，但是中国人对之并不重视，而对行星的轨道、位置以及日、月食的推算却很重视，因为这对编纂《历书》非常重要。
>
> 我在中国利用世界地图、钟表、地球仪和其它著作，教导中国人，被他们视为世界上最伟大的数学家…… 所以，我建议，如果能派一位天文学者来北京，可以把我们的历法由我译为中文，这件事对我并不难，这样我们会更获得中国人的尊敬。[1]

利氏之意，是要特别加强来华耶稣会士中的天文学力量，以求锦上添花。事实上来华耶稣会士之中，包括利氏在内，不少人已经有相当高的天文学造诣——他们这方面的造诣已经使得不少中国官员十分倾倒，以至纷纷上书推荐耶稣会士参与修历。例如1610年钦天监五官正周子愚上书推荐庞迪我（Diego de Pantoja，1571—1618）、熊三拔（Sabatino de Ursis，1575—1620）参与修历；1613年李之藻又上书推荐庞、熊、阳玛诺（Manuel Dias，1574—1659）、龙华民（Niccolo Longobardi，1565—1655），见于《明

1 ［意］利玛窦著，罗鱼译：《利玛窦书信集》，第301—302页。

史·历志一》：

> 其所论天文历数，有中国昔贤所未及者，不徒论其度数，又能明其所以然之理。其所制窥天、窥日之器，种种精绝。

这些荐举，最终产生了作用。

2.《崇祯历书》的命运

1629年，钦天监官员用传统方法推算日食又一次失误，而徐光启用西方天文学方法推算却与实测完全吻合。于是崇祯帝下令设立“历局”，由徐光启领导，修撰新历。徐光启先后召请耶稣会士龙华民、邓玉函、汤若望和罗雅谷（Jacobus Rho，1593—1638）四人参与历局工作，于1629—1634年间编撰成著名的“欧洲古典天文学百科全书”《崇祯历书》。

《崇祯历书》卷帙庞大。其中“法原”即理论部分，占到全书篇幅的三分之一，系统介绍了西方古典天文学理论和方法，着重阐述了托勒密、哥白尼、第谷三人的工作；大体未超出开普勒行星运动三定律之前的水平，但也有少数更先进的内容。具体的计算和大量天文表则都以第谷体系为基础。《崇祯历书》介绍和采用的欧洲天文学说及工作，究竟采自当时的何人何书，大部分已可明确考证出来，[1]兹将已考定的著作开列

1　考证细节见江晓原：《明清之际西方天文学在中国的传播及其影响》，中国科学院1988年博士学位论文，第24—48页；又见江晓原：《明末来华耶稣会士所介绍之托勒密天文学》，《自然科学史研究》1989年第4期。

如次：

第谷

《新编天文学初阶》（*Astronomiae Instauratae Progymnasmata*，1602）

《论天界之新现象》（*De Mundi*，1588，即来华耶稣会士笔下的《彗星解》）

《新天文学仪器》（*Astronomiae Instauratae Mechanica*，1589）

《论新星》（*De Nova Stella*，1573，后全文重印于《初阶》中）

托勒密

《至大论》（*Almagest*）

哥白尼

《天体运行论》（*De Revolutionibus*，1543）

开普勒

《天文光学》（*Ad Vitellionem Paralipomena*，1604）

《新天文学》（*Astronomia Nova*，1609）

《宇宙和谐论》（*Harmonices Mundi*，1619）

《哥白尼天文学纲要》（*Epitome Astronomiae Copernicanae*，1618—1621）

伽利略

《星际使者》（*Sidereus Nuntius*，1610）

朗高蒙田纳斯（Longomontanus）

《丹麦天文学》（*Astronomia Danica*，1622，第谷弟子阐述第谷学说之作）

普尔巴赫（Purbach）、**雷吉奥蒙田纳斯**（Regiomontanus）

《托勒密至大论纲要》（*Epitoma Almagesti Ptolemaei*，1496）

上述13种当年由耶稣会士“八万里梯山航海”携来中土、又在编撰《崇祯历书》时被参考引用的16—17世纪拉丁文天文学著作，有10种至今仍保存在北京的北堂藏书中。其中最晚的出版年份也在1622年，全在《崇祯历书》编撰工作开始之前。

《崇祯历书》在大量测算实例中虽然常将基于托勒密、哥白尼和第谷模型的测算方案依次列出，[1]但并未正面介绍哥白尼的宇宙模型。以往通常认为，直到1760年耶稣会士蒋友仁（P. Michel Benoist）向乾隆进献《坤舆全图》，哥白尼学说才算进入中国。这种说法虽然大体上并不错，但实际上耶稣会传教士们在蒋友仁之前也并未对哥白尼学说完全封锁，而是有所引用和介绍。

《崇祯历书》基本上直接译用了《天体运行论》中的11章，引用了《天体运行论》中27项观测记录中的17项。对于哥白尼日心地动学说中的一些重要内容，《崇祯历书》也有所披露。例如“五纬历指”卷一关于地动有如下一段：

> 今在地面以上见诸星左行，亦非星之本行，盖星无昼夜一周之行，而地及气火通为一球自西徂东，日一周耳。如人行船，见岸树等，不觉已行而觉岸行；地以上人见诸星之西行，理亦如此，是则以地之一行免天上之多行，以地之小周免天上之大周也。

这段话几乎是直接译自《天体运行论》第1章第8节，用地球自转来说明天球的周日视运动。这无疑是哥白尼学说中的重要内容。[2]

1　江晓原：《明末来华耶稣会士所介绍之托勒密天文学》，《自然科学史研究》1989年第4期。

2　Copernicus: De Revolutionibus, I, 8, *Great Books of the Western World*, Vol.16, p.712, Encyclopeadia Britannica, 1980.

不过《崇祯历书》虽然介绍了这一内容，却并不赞成，认为“实非正解”，理由是“在船如见岸行，曷不许在岸者得见船行乎”。这理由倒确实是站得住脚的——船岸之说只是关于运动相对性原理的比喻，却并不能构成对地动的证明。事实上，在撰写《崇祯历书》的年代，关于地球周年运动的确切证据还一个也未发现。[1]

在《崇祯历书》编撰期间，徐光启、李天经（徐光启去世后由他接掌历局）等人就与保守派人士如冷守忠、魏文魁等反复争论。前者努力捍卫西法（即欧洲的数理天文学方法）的优越性，后者则力言西法之非而坚持主张用中国传统方法。《崇祯历书》修成之后，按理应当颁行天下，但由于保守派的激烈反对，又持续争论十年之久，不克颁行。

保守派反对颁行新历，主要的口实是怀疑新历的精确性。然而，不管他们反对西法的深层原因是什么，他们却始终与徐、李诸人一样同意用实际观测精度（即对天体位置的推算值与实际观测值之间的吻合程度）来检验各自天文学说的优劣。

《明史·历志》中保留了当时双方八次较量的记录，实为不可多得的科学史-文化史资料。这些较量有着共同的模式：双方各自根据天文学方法预先推算出天象出现的时刻、方位等，再在届时的实测中看谁“疏”（误差大）谁“密”（误差小）。涉及的天象包括日食、月食和行星运动等方面。此处仅列出这八次较量的年份和天象内容：

---

1 江晓原：《明清之际西方天文学在中国的传播及其影响》，中国科学院1988年博士学位论文，第7–8页。

1629年，日食。

1631年，月食。

1634年，木星运动。

1635年，水星及木星运动。

1635年，木星、火星及月亮位置。

1636年，月食。

1637年，日食。

1643年，日食。

这八次较量的结果竟是8比0——中国的传统天文学方法“全军覆没”。[1]其中三次发生于《崇祯历书》编成之前，五次发生于编成并“进呈御览”之后。到第七次时，崇祯帝“已深知西法之密”。最后一次较量的结果使他下了决心，“诏西法果密”，下令颁行天下。可惜此时明朝的末日已经来临，诏令也无法实施了。

耶稣会士们五年修历，十年努力，终于使崇祯帝确信西方天文学方法的优越。就在他们的“通天捷径”即将走通之际，却又遭遇“鼎革”之变，迫使他们面临新的选择。

1644年3月，李自成军进入北京，崇祯帝自缢。李自成旋为吴三桂与清朝联军所败。5月1日，清军进入北京，大明王朝的灭亡已成定局。此时北京城中的耶稣会士汤若望面临重大抉择：怎样才能在此政权变局中保持乃至发展在华的传教事业？与一些

1　对此八次结果的考释见江晓原：《第谷（Tycho）天文体系的先进性问题——三方面的考察及有关讨论》，《自然辩证法通讯》1989年第1期。

继续同南明政权合作的耶稣会士不同，汤若望很快抱定了与清政权全面合作的宗旨。

谁能想到，修成十年后仍不得颁行、堪称命途多舛的《崇祯历书》，此时却成了上帝恩赐的礼物——成为汤若望献给迫切需要一部新历法来表征天命转移、“乾坤再造”的清政权的一份觐见厚礼。汤若望将《崇祯历书》作了删改、补充和修订，献给清政府，得到采纳。顺治亲笔题名《西洋新法历书》，当即颁行于世。明朝在兵戈四起风雨飘摇的最后十几年间，犹能调动人力物力修成《崇祯历书》这样的科学巨著，本属难能可贵；然而修成却不能用之，最后竟成了为清朝准备的礼物。

汤若望因献历之功，再加上他的多方努力，遂被任命为钦天监负责人，开创了清朝任用耶稣会传教士掌管钦天监的将近二百年之久的传统。汤若望等人当年参与修历，最根本的宗旨本来就是“弘教”；鼎革之际，汤若望因势利导，终于实现了利玛窦生前利用天文学知识打入北京宫廷的设想。

汤若望本人极善于在宫廷和贵族之间周旋，明末时他任耶稣会北京教区区长，就在明宫中广泛发展信徒，信教者有皇族140人、贵妇50人、太监50余人。入清之后，汤若望大受顺治帝宠信。顺治常称他为“玛法”——“玛法”者，满语“爷爷”之意，这是因汤若望曾治愈了孝庄皇太后之病，太后认他为义父之故。即此一端，已不难想见汤若望在顺治宫廷中“弘教”之情状。

此后北京城里的钦天监一直是来华耶稣会士最重要的据点。加之汤若望大获顺治帝的尊敬与恩宠，在后妃、王公、大臣等群体中也有许多好友。这一切为传教事业带来的助益是难以衡量的。

汤若望晚年遭逢“历狱”，几乎被杀，不久病死。他实际上是中国保守派最后一次向西方天文学发难的牺牲品。关于此事已有许多学者作过论述。[1]在他去世后不久，冤狱即获得平反昭雪，由耶稣会士南怀仁继任钦天监监正。康熙帝热衷于天文历算等西方科学，常召耶稣会士入宫进讲，使得耶稣会士们又经历了一段亲侍至尊的“弘教蜜月”。此后耶稣会士在北京宫廷中所受的礼遇虽未再有顺治、康熙两朝的盛况，但西方天文学理论和方法作为“钦定”官方天文学的地位，却一直保持到清朝结束。在很大程度上是第谷的天文学体系保持着“钦定”的官方地位。1722年的《历象考成》、1742年的《历象考成后编》，都未改变这一情况。“西法”成为清代几乎所有学习天文学的中国人士的必修科目。

天学是古代中国社会中具有特殊神圣地位的学问，在这样的学问上，使用西法作为工具，任用西人担任领导，无疑有着极大的象征意义和示范作用。可以说，正是在天学的旗帜之下，西方一系列与科学技术有关的思想、观念和方法才得以在明清之际进入中国。而且其中有些确实被接受和采纳，并产生了相当深刻的影响。

《崇祯历书》在徐光启、李天经的先后督修之下，分五次将完成之著作进呈崇祯帝御览，共计44种137卷。《崇祯历书》在明末虽未被颁行，但已有刊本行世，通常称为“明刊本”。清军

1 相关论述可见黄一农：《择日之争与康熙历狱》，《清华学报》（台湾）1991年新21卷第2期。

入北京时，汤若望处就存有明刊本的版片，他称之为“小板”。经汤若望修订的《西洋新法历书》，在清代多次刊刻，版本颇多，较为完善而又有代表性的，一为今北京故宫博物馆所藏顺治二年刊本（1645年，以下简称“顺治本”），一为美国国会图书馆藏本，王重民据其中汤若望的赐号“通玄教师”之“玄”已为避康熙之讳而挖改为“微”，断定为康熙年间刊本（以下简称“康熙本”）。汤若望对《崇祯历书》所作的修订，主要有两方面：

一是删并。《西洋新法历书》顺治本仅28种，康熙本更仅为27种90卷。删并主要是针对各种天文表进行的，而对于《崇祯历书》的天文学理论部分（日躔历指、月离历指、恒星历指、交食历指、五纬历指），几乎只字未改。

二是增加新的作品。《西洋新法历书》中增入的新作品，大都篇幅较小，多数为汤若望自撰者，亦有他人著作，如《几何要法》题“艾儒略（J. Aleni）口述，瞿式谷笔受”；也有昔日历局之旧著，如《浑天仪说》题“汤若望撰，罗雅谷订”。由于《西洋新法历书》的顺治本和康熙本皆非常见之书，这里特将其中较《崇祯历书》新增作品列出一览表如下：

著作名称	卷　数	顺治本	康熙本
历　疏	2	*	
治历缘起	8	*	*
新历晓惑	1	*	
新法历引	1	*	*
测食略	2	*	*

（续表）

著作名称	卷　数	顺治本	康熙本
学历小辩	1	*	*
远镜说	1	*	*
几何要法	4	*	*
浑天仪说	5	*	*
筹　算	1	*	*
黄赤正球	2	*	
历法西传	1		*
新法表异	2		*

若就客观效果而言，汤若望的修订确实使得《西洋新法历书》较之《崇祯历书》显得更紧凑而完备。同时，却也无可讳言，增入近十种汤若望自撰的小篇幅著作，就会使读者在浏览目录时（权贵们不可能去详细阅读这本巨著中的内容，他们至多只能翻翻目录而已），留下一个汤若望在这部巨著中占有极大分量的印象。尽管汤若望本来就是《崇祯历书》最重要的几个编撰者之一，但他在将《崇祯历书》作为觐见之礼献给清政府时作这样的改编，当然不能说他毫无挟书自重的机心。

考虑明清之际西方天文学东渐的历史背景时，还有一个方面应该加以注意，即明末有所谓“实学思潮”——这是现代人的措辞。明代士大夫久处承平之世，优游疏放，醉心于各种物质和精神的享受之中，多不以富国强兵、办理实事为己任，徐光启抨击他们“土苴天下之实事”，正是对此而发。现代论者常将这一现象归咎于陆王心学之盛行——当然这是一个未可轻下的论断，也非本书所拟讨论的范围。

即使从较积极的方面去看，明儒过分热衷于道德、精神方面的讲求，对于明朝末年所面临的内忧外患来说确实于事无补。就是“东林”“复社”的政党式活动，敢于声讨恶势力固然可敬，却也仍不免被梁启超讥为“其实不过王阳明这面大旗底下一群八股先生和魏忠贤那面大旗底下一群八股先生打架”[1]——盖讥其迂腐无补于世事也。至于颜元（习斋）的名言“无事袖手谈心性，临危一死报君王”，尤能反映明儒自以为“谈心性”就是对社会作贡献——所谓有益于世道人心，而临危之时则只有一死之拙技的可笑精神面貌。

而另一方面，当明王朝末年陷入内忧外患的困境中时，士大夫中也已经有人认识到徒托空言的“袖手谈心性”无助于挽救危亡，因而以办实事、讲实学（现代人似乎主要是因为其中涉及科学技术才喜欢用此称呼）为号召，并能身体力行。徐光启就是这样的代表人物，可惜他有心报国，无力回天，赍志而没。[2]

及至清朝入关，铁骑纵横，血火开道，明朝土崩瓦解，优游林泉、空谈心性的士大夫一朝变为亡国奴，这才从迷梦中惊醒，他们当中一些人开始发出深刻的反省。所谓明末的“实学思潮”，大体由此而起，其代表人物则主要是明朝的遗民学者。梁启超论此事云：

1 梁启超：《中国近三百年学术史》，《梁启超论清学史二种》，复旦大学出版社，1985年，第94页。

2 江晓原：《徐光启的悲剧人生》，《新发现》2019年第11期。

这些学者虽生长在阳明学派空气之下，因为时势突变，他们的思想也像蚕蛾一般，经蜕化而得一新生命。他们对于明朝之亡，认为是学者社会的大耻辱大罪责，于是抛弃明心见性的空谈，专讲经世致用的实务。他们不是为学问而做学问，是为政治而做学问。他们许多人都是把半生涯送在悲惨困苦的政治活动中，所做学问，原想用来做新政治建设的准备；到政治完全绝望，不得已才做学者生活。[1]

这类学者中最著名的有顾炎武、黄宗羲、王夫之、朱舜水等人，前面三人常被合称为“三先生”，俨然成为明清之际一部分知识分子的精神领袖——因坚持不与清朝合作、保持遗民身份而受人尊敬，同时又因讲求实学而成为大学者。

明清之际一些讲求实学的学者，如顾、黄、王，以及方以智等，有时也被现代学者称为“启蒙学者”，这种说法容易引起一些问题，此处姑不深论。

四、明清之际的东西天文学碰撞

1. 地圆问题

从上文已经看到，中国古代即使真有地圆概念，也与西方地圆说有着本质的区别，因为在中国古代天算家普遍接受的宇宙图象中，地半径虽是“天”半径之半，但两者是同数量级的，在任何情况下，地之于“天”都绝不能忽略为点。然而自明末起，学

1 梁启超：《中国近三百年学术史》，《梁启超论清学史两种》，第106页。

者们往往忽视上述重大区别，而力言西方地圆说在中国“古已有之”；许多当代论著也经常重复与古人相似的错误。[1]

关于明末以来中国人对西方地圆说的反应，以往论著多侧重于接受、赞成的讨论。比如有的学者认为明清中国知识界主要是两派意见：一谓地圆说中国前所未有，一谓地圆说中国古已有之。其实这两派都是接受西方地圆说的，而在此之外另有一个颇为广泛的排拒派存在。以下姑分析几位著名人物之说以见一斑。

20世纪70年代发现明末宋应星佚著四种，系崇祯年间刊刻，其中有一种名《谈天》，[2]里面谈到地圆说时有如下说法：[3]

> 西人以地形为圆球，虚悬于中，凡物四面蚁附，且以玛八作之人与中华之人足行相抵。天体受诬，又酷于宣夜与周髀矣。

宋氏所引西人之说，显然来自利玛窦。[4]应该指出，宋氏所持的天文学理论极为原始简陋——例如他甚至认为太阳并非实体，而日出日落被说成只是“阳气”的聚散而已。[5]

明末清初的王夫之，抨击西方地圆说甚烈。王氏既反对利玛窦地圆之说，也不相信这在西方是久已有之的：

1　参见林金水：《利玛窦输入地圆学说的影响与意义》，《文史哲》1985年第5期。

2　1894年英国天文学家赫歇耳（J. F. Herschel）写成《天文学纲要》一书，在西方风行一时，十年后由李善兰与伟烈亚力（Alexander Wylie）译为中文，亦名《谈天》，宋氏《谈天》与此无涉。

3　（明）宋应星：《野议·论气·谈天·思怜诗》，上海人民出版社，1976年，第101页。

4　“玛八作对跖人”之说即见于利玛窦世界地图的说明文字中；“玛八作”指何地不详，据经纬度当在今日阿根廷境内，参见曹婉如等：《中国现存利玛窦世界地图的研究》，《文物》1983年第12期。

5　（明）宋应星：《野议·论气·谈天·思怜诗》，第101—103页。

利玛窦至中国而闻其说，执滞而不得其语外之意，遂谓地形之果如弹丸，因以其小慧附会之，而为地球之象……则地之欹斜不齐，高下广衍，无一定之形，审矣。而利玛窦如目击而掌玩之，规两仪为一丸，何其陋也！[1]

王氏本人又因缺乏球面天文学中的经纬度概念，就力斥“地下二百五十里为天上一度”之说为非，认为大地的形状和大小皆为不可知：

玛窦身处大地之中，目力亦与人同，乃倚一远镜之技，死算大地为九万里，……而百年以来，无有能窥其狂骙者，可叹也。[2]

这显然是一个外行的批评，而且带有浓重的感情色彩。从王夫之著作中推测，他至少已经间接接触过《崇祯历书》中的若干内容——例如他在《思问录》一书的附注中多次引述“新法大略”，不过这些内容看来并未能够说服他。

以控告耶稣会传教士著称的杨光先，攻击西方地圆之说甚力，自在情理之中。而其立论之法又有异于宋、王二氏者。杨光先云：

新法之妄，其病根起于彼教之舆图，谓覆载之内，万国之大地总如一圆球。[3]

1　（清）王夫之：《思问录·俟解》，中华书局，1956年，第63页。
2　同上。
3　杨光先：《不得已》卷下，中社影印本，1929年，第63页。

他认为地圆概念在西方天文学中具有重要地位，倒也不错。但他无法接受“对跖人”的概念，并对此大加嘲讽：

> 竟不思在下之国土人之倒悬。斯论也，如无心孔之人只知一时高兴，随意诌谎，不顾失枝脱节，……有识者以理推之，不觉喷饭满案矣。[1]

然而他所据之“理”，竟是古老的“天圆地方”之说：

> 天德圆而地德方，圣人言之详矣……重浊者下凝而为地，凝则方，止而不动。[2]

其说毫无科学性可言，较王夫之又更劣矣。

以上所举三氏之排拒地圆概念，有一共同之点，即三氏的知识结构皆与西方天文学所属的知识结构完全不同，双方在判别标准、表达方式等方面都格格不入。故双方实际上无法进行有效的对话，只能在“此亦一是非，彼亦一是非”的状态中各执己见而已。

与之不同，接受了西方天文学方法的中国学者，则在一定程度上完成了某种知识“同构”的过程。现今学术界公认比较有成就的明、清天文学家，如徐光启、李天经、王锡阐、梅文鼎、江永等，无一例外都顺利接受了地圆说。这一事实是意味深长的。

---

1 杨光先：《不得已》卷下，第67页。
2 同上书，第68—69页。

一个重要原因，可能是西方地圆说所持的理由（比如向北行进可以见到北极星的地平高度增加、远方驶来的船先出现桅杆之尖、月蚀之时所见地影为圆形等），对于有足够天文学造诣的学者来说，非常容易接受。与此形成鲜明对比的是，对西方地圆说的排拒主要来自天文学造诣缺乏的人群，上述宋、王、杨三氏皆属此列。

关于这一时期中国学者如何对待西方地圆说，有一有趣的个案可资考察。略述如次：

秀水张雍敬，字简庵，“刻苦学问，文笔矫然，特潜心于历术，久而有得，著《定历玉衡》”——是专主中国传统历法之作。张持此以示潘耒，潘耒告诉他历术之学十分深奥，不可专执己见（言下之意是指张所主的传统天文学已经过时，应该学习明末传入的西方天文学），建议他去走访梅文鼎，可得进益。张遂千里往访，梅文鼎大喜，留他作客，切磋天文学一年有余。事后张雍敬著《宣城游学记》一书，记录此一年中研讨切磋天文学之所得。《宣城游学记》原有稿本存世，不幸已于“文革”十年浩劫中毁去。[1]但书前潘耒所作之序尚得以保存至今，其中云：

> （张雍敬在宣城）逾年乃归。归而告余：“赖此一行，得穷历法底蕴，始知中历西历各有短长，可以相成而不可偏废。朋友讲习之益，有如是夫！”既复出一编示余曰：“吾与勿庵辩论者数百条，皆已剖析明了，去异就同，归于不疑之地。惟西人地圆如球之说则决不敢从。与勿庵昆弟及汪乔年辈往

1　白尚恕：《〈宣城游学记〉追踪记》，氏著：《中国数学史研究》，第281页。

复辩难，不下三四万言，此编是也。”[1]

看来《宣城游学记》主要是记录他们关于地圆问题的争论的。这里值得注意的是，以梅文鼎之兼通中、西天文学，更加之以其余数人，辩论一年之久，竟然仍未能说服张雍敬接受地圆的概念。可见要接受西方的地圆概念，对于一部分中国学者来说确实不是容易的事。

2. 利玛窦的世界地图

利玛窦来华后绘制刊刻的世界地图，对于中国人改变传统的宇宙观念也起了很大作用。

利玛窦向中国公众展示世界地图，最先是在他广东肇庆的寓所客厅中。这一当时中国人闻所未闻、见所未见的新奇事物，既给观众带来了极大的震惊，也激发了中国知识分子探求新事物的强烈兴趣。对此利玛窦留下了较为详细的记载：[2]

> 在我们寓所客厅的墙上，挂着一幅山海舆地全图，上面有外文标注。中国的高级知识分子，当被告知是世界全图的时候非常惊讶！……（他们原先）认为他们的国家就是世界，把国家叫做“天下”了。当他们听到中国只是东方的一部分时，认为这种观念根本是不可能的，因此想知道真相，为能

1 《〈宣城游学记〉追踪记》中录有其此序全文。

2 ［意］利玛窦著，刘俊余等译：《利玛窦中国传教史》，台湾光启出版社，1986年，第146页。按此书大陆有译本，名《利玛窦中国札记》，系自意大利文→拉丁文→英文多重转译而成，台译本译自意大利文。

够有更好的判断。

利玛窦又进一步记述说：[1]

因为对世界面积的观念不切实，又对自己有夸大的毛病，中国人认为没有比中国再好的国家。他们想中国幅员广大、政治清明、文化深远，自己认为是礼仪之邦。不但把别的国家看成蛮人，而且看成野兽。因为他们讲，世界上没有一个其他国家，会有国王、朝代及文化。……当他们首次见到世界地图时，有些没受教育的人，竟然大笑起来；有些知识水准高一些的，则反应不同，尤其是在讲解南北纬度、子午线、赤道及南北回归线之后。

这段话或许稍有夸张，但大体上还是符合事实的。事实上，当时中国知识阶层中的不少人表现出了良好的素质——他们积极促成利玛窦将图中的说明文字译成中文，并且刊刻印刷，以便于新知识的广泛传播。中国知识阶层对于利玛窦世界地图的巨大兴趣，只要看下面的事实就可一目了然：仅在1584—1608年间，就在中国各地出现了利玛窦世界地图的12种版本。下面列出洪煨莲（洪业）考证的结果：[2]

《山海舆地图》，肇庆，1584年。

---

1 ［意］利玛窦著，刘俊余等译：《利玛窦中国传教史》，147页。
2 洪业：《考利玛窦的世界地图》，《洪业论学集》，中华书局，1981年。

《世界图志》，南昌，1595年。

《山海舆地图》，苏州，1595—1598年，勒石。

《世界图志》，南昌，1596年。

《世界地图》，南昌，1596年。

《山海舆全地图》，南京，1600年。

《舆地全图》，北京，1601年。

《坤舆万国全图》，北京，1602年。

《坤舆万国全图》，北京，1602年，另一刻本。

《山海舆全地图》，贵州，1604年。

《世界地图》，北京，1606年。

《坤舆万国全图》，北京，1608年，摹绘。

世界地图的传播与西方地圆说的传播，两者关系密不可分。这些知识，打破了中国人原先唯我独尊的“天下”观念。

当然，使大多数中国人建立“地球”“世界”“五大洲”的常识还需要很长时间。在有大批中国人真正走出国门之前，对于“天下”还有那么多别的昌盛国度、那么多别的高度文明，传统士大夫中的极端保守者会作谩骂式攻击，较平和者也难免心存疑惑。例如《圣朝破邪集》卷三“利说荒唐惑世”中引魏濬之文云：

近利玛窦以其邪说惑众，士大夫翕然信之……所著坤舆全图……直欺人以其目之所不能见，足之所不能至，无可按验耳。真所谓画工之画鬼魅也。毋论其他，且如中国于全图之中，居稍偏西而近于北……焉得谓中国如此蕞尔，而居于图之近北？其肆谈无忌若此。

其实利玛窦为了照顾中国人的自尊心，已经尽量将中国画在图的当中了，可是这位曾官至湖广巡抚的魏大人的反应，却像利玛窦所说的“没受教育的人”。又如，约150年后，对于艾儒略所撰《职方外纪》、南怀仁所撰《坤舆图说》——此两书都可视为利玛窦世界地图中说明文字的补充和发挥，四库馆臣在“提要”中仍不免要说上一些“所述多奇异不可究诘，似不免多所夸饰，然天地之大，何所不有，录而存之，亦足以广异闻也”“疑其东来以后，得见中国古书，因依仿而变幻其说，不必皆有实迹，然……存广异闻，固亦无不可也”之类的套话。

但是，无论如何，至少有一部分中国人的眼界已经被打开了。康熙时命耶稣会士用近代地图学与测量法测绘全国地图，就是这方面的极好例证之一。这一工作在当时世界上都是领先的，方豪认为：[1]

> 十七八世纪时，欧洲各国之全国性测量，或尚未开始，或未完成，而中国有此大业，亦中西学术合作之一大纪念也。

康熙皇帝本人确实是那个时代已经打开了眼界之人，可惜的是他并未致力于凭借帝王之尊的有利条件去打开更多中国人的眼界。

1　方豪：《中西交通史》，第868页。

3. 西方的宇宙模型

西方历史上先后出现的几种主要宇宙模式，都于明末传入中国。围绕这些模式的认识、理解、改造和争论，对中国学者的思想产生了很大影响。

介绍亚里士多德模式较详细者，为利玛窦的中文著作《乾坤体义》。是书卷上论宇宙结构，谓宇宙为一同心叠套之球层体系，地球在其中心静止不动；依次为月球、水星、金星、太阳、火星、木星、土星、恒星所在之天球，第九层则为“宗动天”：

> 此九层相包如葱头皮焉，皆硬坚，而日月星辰定在其体内，如木节在板，而只因本天而动。第天体（此处指日月星辰所在的天球层）明而无色，则能通透光如琉璃、水晶之类，无所碍也。

这些说法，基本上是亚里士多德《论天》一书中有关内容的转述（只有“宗动天”一层可能是后人所附益）。

稍后阳玛诺的小册子《天问略》中也介绍类似的宇宙模式，天球之数则增为12重：

> 最高者即第十二重天，为天主上帝诸神居处，永静不动，广大无比，即天堂也。其内第十一重为宗动天……

上述两书所述天文学知识，基本上只是宣传普及的程度，未可与正式的天文学著作等量齐观。

亚里士多德的宇宙模式又被称为水晶球体系（crystalline sphere），这一模式传入中国虽然较其他诸模式都早，对此后中国学者思想的影响却最小。这在很大程度上与《崇祯历书》对这一模式的否定态度有关。《崇祯历书》"五纬历指一"，其中论及亚里士多德与第谷宇宙模式之异同，而坚决支持后者：

> 问：古者诸家曰天体（其意与上文同）为坚为实为彻照，今法火星圈割太阳之圈，得非明背昔贤之成法乎？曰：自古以来，测候所急，追天为本，必所造之法与密测所得略无乖爽，乃为正法。苟为不然，安得泥古而违天乎？……是以舍古从今，良非自作聪明，妄违迪哲。

《崇祯历书》地位之重要，前文已经述及；此书之影响明末及清代中国天文学界，远甚于前述利、阳二氏之书。故而此书明确否定亚氏宇宙模式，使得这一模式无大影响，自在情理之中。事实上，在明末及有清一代，迄今未发现坚持亚氏宇宙模式的中国天文学家。即使有提及水晶球模式者，十之八九亦仅是祖述《崇祯历书》中的上述说法而已。

但是在明清之际的宇宙模式问题上，李约瑟有一些错误的说法，长期以来曾产生颇大的影响。李氏有一段经常被中国科学史界、哲学史界乃至历史学界援引的论述：

> 耶稣会传教士带去的世界图式是托勒密–亚里士多德的封闭的地心说；这种学说认为，宇宙是由许多以地球为中心的同心固体水晶球构成的。……在宇宙结构问题上，传教士

们硬要把一种基本上错误的图式（固体水晶球说）强加给一种基本上正确的图式（这种图式来自古宣夜说，认为星辰浮于无限的太空）。[1]

这段论述有几方面的问题。

首先，水晶球模型实与托勒密无关。托勒密从未主张过水晶球模型。[2]实际情况是，直至中世纪末期，托马斯·阿奎那将亚里士多德学说与基督教神学全盘结合起来时，始援引托勒密著作以证成地心、地静之说。若因此就将水晶球模式归于托勒密名下，显然不妥。

其次，李约瑟完全忽略了《崇祯历书》对水晶球模式的明确拒斥态度，更未考虑到《崇祯历书》对清代中国天文学界广泛的、决定性的影响，乃仅据先前利、阳二氏的宣传性小册子立论，未免以偏概全。

更何况《崇祯历书》既已明确拒斥水晶球模式，此后其他来华耶稣会天文学家又皆持同样态度；而且中国天文学家又并无一人采纳水晶球模式，则李约瑟所谓耶稣会传教士将水晶球模式"强加"于中国人之说，无论从主观意愿还是从客观效果来说都不能成立。

如前文所述，耶稣会传教士汤若望等四人，在徐光启、李天经先后的组织领导下，于1634年撰成《崇祯历书》，为系统介绍西方古典天文学之集大成巨著。书中在行星运动理论部分介绍了

1 ［英］李约瑟：《中国科学技术史》第四卷，第643、646页。
2 关于此事可参见江晓原：《天文学史上的水晶球体系》，《天文学报》1987年第4期。

托勒密的宇宙模型，见于《崇祯历书》“五纬历指一”周天各曜序次第一，其中的“七政序次古图”即为托勒密宇宙模型的几何示意图。

托勒密模型虽然也以地球为静止中心，其日月五星及恒星之远近次序也与亚里士多德模型相同，但是其中并无实体天球，诸“本天”只是天体运行轨迹的几何表示（geometrical demonstrations）；[1]而且对天象的数学描述系由假想小轮（本轮–均轮系统）组合运转而成，并非如亚里士多德模型中靠诸同心实体天球的不同转速及转动轴倾角等来达成。这是两种模型的根本不同之点。[2]此外，《崇祯历书》还对如何采用托勒密模型推算具体天象给出了大量测算实例。[3]

第谷宇宙模型被《崇祯历书》用作理论基础，全书中的天文表全部以这一模型为基础进行编算。《崇祯历书》“五纬历指一”周天各曜序次第一论“七政序次新图”云：

> 地球居中，其心为日、月、恒星三天之心。又日为心作两小圈为金星、水星两天，又一大圈稍截太阳本天之圈，为火星天，其外又作两大圈为木星之天、土星之天。

即日、月、恒星皆在以地球为中心之同心天球轨道上运行，五大行星则以太阳为中心绕之旋转，同时又被太阳携带而行。这

1 Ptolemy: Almagest, IX2, *Great Books of the Western World*, Encyclopaedia Britannica, 1980, Vol.16, p.270.
2 参见江晓原：《天文学史上的水晶球体系》，《天文学报》1987年第4期。
3 参见江晓原：《明末来华耶稣会士所介绍之托勒密天文学》，《自然科学史研究》1989年第4期。

一模型在很大程度上是托勒密地心体系与哥白尼日心体系的折中。《崇祯历书》此处又特别指出，该模型所言之天并非实体：

诸圈能相入，即能相通，不得为实体。

至于以第谷模型为基础测算天象之实例，则遍布《崇祯历书》全书各处。

如前文所述，以第谷宇宙体系为基础的《崇祯历书》经汤若望略加修订转献清廷，更名《西洋新法历书》，于顺治二年（公元1645年）年由清政府颁行，遂成为清代的官方天文学。至康熙六十一年（公元1722年），清廷又召集大批学者撰成《历象考成》，此为《西洋新法历书》之改进本，在体例、数据等方面有所修订，但仍延用第谷体系，许多数据亦仍第谷之旧。《历象考成》号称“御制”，表明第谷宇宙模型仍然保持官方天文学理论基础之地位。

至乾隆七年（公元1742年），宫廷学者又编成《历象考成后编》（以下称《后编》），其中最引人注目之处是改用开普勒第一、第二定律来处理太阳和月球运动。按理这意味着与第谷宇宙模型的决裂，但《后编》别出心裁地将定律中太阳与地球的位置颠倒（仅就数学计算而言，这一转换完全不影响结果），故仍得以维持地心体系。不过如将这种模式施之于行星运动，则必难以自圆其说，然而《后编》却仅限于讨论日、月及交蚀运动，对行星全不涉及，于是上述问题又得以在表面上被规避。特别是，《后编》又被与《历象考成》合为一帙，一起发行，这就使得第谷模型继续保持了“钦定”地位，至少在理论上是如此。

明清之际，中国天文学家（也只有到了此时，中国社会中才出现了真正意义上的天文学家）中，兼通中西而最负盛名者，当属王锡阐、梅文鼎两人。王以明朝遗民自居，明亡后绝意仕进，与顾炎武等遗民学者为伍，过着清贫的隐居生活。梅虽也不出任清朝的官职，他本人却是康熙帝的布衣朋友。康熙推崇他的历算之学，赐他“绩学参微”之匾，甚至将“御制”（颇近今日之挂名主编也）之书送给他“指正”。两人际遇虽如此不同，但其天文历算之学则都得到后世的高度评价。王、梅两人对第谷宇宙模型的研究及改进，可视为中国天文学家此类工作之代表作。

王锡阐在其著作《五星行度解》中，主张如下的宇宙模型：

> 五星本天皆在日天之内，但五星皆居本天之周，太阳独居本天之心，少偏其上，随本天运旋成日行规。

他不满意《崇祯历书》用作理论基础的第谷宇宙模型，故欲以上述模型取而代之。然而王氏此处所说的“本天”，实际上已被抽换为另一概念——在《崇祯历书》及当时讨论西方天文学的各种著作中，“本天”为常用习语，皆意指天体在其上运行之圆周，即对应于托勒密体系中的“均轮”（deferent），而王氏的“本天”却是太阳居于偏心位置。而在进行具体天象推算时，这一太阳“本天”实际上并无任何作用，起作用的是“日行规”——正好就是第谷模型中的太阳轨道。故王锡阐的宇宙模型事实上与第谷模型并无不同。钱熙祚评论王氏模型，就指出它“虽示异于西人，实并行不悖也”[1]。

1　钱熙祚：《五星行度解》跋。

王锡阐何以要刻意“示异于西人”，则另有其政治思想背景。[1]王氏是明朝遗民，明亡后拒不仕清。他对于清朝之入主华夏、对于清政府颁用西方天文学并任用西洋传教士领导钦天监，有着双重的强烈不满。和中国传统天学方法相比，当时传入的西方天文学在精确推算天象方面有着明显的优越性，但王氏从感情上无法接受这一事实。他坚信中国传统天学方法之所以落入下风，是因为没有高手能将传统方法的潜力充分发挥出来。为此他撰写了中国历史上最后一部古典形式的历法《晓庵新法》，试图在保留中国传统历法结构形式的前提下，融入一些西方天文学的具体方法。但是他的这一尝试，远未能产生他所希望的效果，《晓庵新法》则成了特别难读之书。[2]

梅文鼎心目中所接受的宇宙模式，则本质上与托勒密模型无异，只是在天体运行是否有物质性的轨道这一点上不完全赞成托勒密（见下文）。梅氏不同意第谷模式中行星以太阳为中心运转这一最重要的原则，在《梅勿庵先生历算全书·五星纪要》中力陈“五星本天以地为心”。但是为了不悖于“钦定”的第谷模式，梅氏折中两家，提出所谓“围日圆象”之说——以托勒密模型为宇宙之客观真实，而以第谷模型为前者所呈现于人目之“象”：

> 若以岁轮上星行之度联之，亦成圆象，而以太阳为心。西洋新说谓五星皆以日为心，盖以此耳。然此围日圆象，原是岁轮周行度所成，而岁轮之心又行于本天之周，本天原以

1　参见江晓原：《王锡阐的生平、思想和天文学活动》，《自然辩证法通讯》1989年第4期。

2　参见江晓原：《王锡阐及其〈晓庵新法〉》，《中国科技史料》1986年第6期。

地为心，三者相待而成，原非两法，故曰无不同也。……或者不察，遂谓五星之天真以日为心，失其指矣。

此处梅氏所说的“岁轮”，相当于托勒密模型中的“本轮”（epicycle）。梅文鼎起初仅应用“围日圆象”之说于外行星，后来其门人刘允恭提出，对于内行星也可以用类似的理论处理，梅氏大为称赏。[1]

如果仅就体系的自洽而言，梅氏的折中调和之说确有某种形式上的巧妙；他自己也相信其说是合于第谷本意的：“予尝……作图以推明地谷立法之根，原以地为本天之心，其说甚明。”稍后有江永，对梅氏备极推崇，江永在《数学》卷六中用几何方法证明：在梅氏模型中，置行星于“岁轮”或“围日圆象”上来计算其视黄经，结果完全相同，而且内、外行星皆如此。

但是江永并未证明梅氏模型与《崇祯历书》所用第谷模型的等价性，梅氏自己也未能提出观测数据来验证其模型（梅文鼎本人几乎不进行天文学观测）。事实上，梅氏的宇宙模型巧则巧矣，却并非第谷的本意；与客观事实的距离，则较第谷模型更远了。

前文已经谈到，《崇祯历书》虽然未正面介绍哥白尼的宇宙模型，但对于哥白尼日心地动学说中的一些重要内容，也还是有所披露的。通常以1760年耶稣会士蒋友仁向乾隆进献《坤舆全图》，作为哥白尼学说正式进入中国之始。

蒋友仁所献《坤舆全图》中的说明文字，后来由钱大昕等加

1　梅文鼎自述此事云：“今得门人刘允恭悟得金水二星之有岁轮，其理的确而不可易，可谓发前人之未发矣。”参见《梅勿庵先生历算全书·五星机要》。

以润色，取名《地球图说》刊行。书前有阮元所作之序。阮元在序中对哥白尼的日心地动之说不着一字，只是反复陈述地圆之理可信，并说这是中国古已有之的，最后则说：

> 此所译《地球图说》，侈言外国风土，或不可据。至其言天地七政恒星之行度，则皆沿习古法，所谓畴人子弟散在四夷者也。……是说也，乃周公、商高、孔子、曾子之旧说也，学者不必喜其新而宗之，亦不必疑其奇而辟之可也。

《坤舆全图》本非专为阐述宇宙模型而作，阮元将注意力集中于地圆问题上，似乎也无可厚非；但哥白尼宇宙模型与“钦定”的第谷模型不能相容，是显而易见的，阮元却竭力回避这一问题。

至于将哥白尼学说说成是“皆沿习古法，所谓畴人子弟散在四夷……”云云，则是清代盛行的“西学中源”说的陈旧套话（详下文），显然是对哥白尼学说的曲解。此时阮元是反对哥白尼学说的，只是既然为《坤舆图说》作序，自不便正面抨击此书。而在《畴人传》卷四十六“蒋友仁传论”中，他就明确指斥哥白尼宇宙模型是“至于上下易位，动静倒置，则离经叛道，不可为训”的异端学说了。

阮元享寿颇高，他在1799年编撰《畴人传》时明确排拒哥白尼学说，但是四十余年之后，在《续畴人传》之序中，他似乎已经转而赞成日心地动之说了：

> 元且思张平子有地动仪，其器不传，旧说以为能知地震，非也。元窃以为此地动天不动之仪也。然则蒋友仁之谓

地动，或本于此，或为暗合，未可知也。

将汉代张衡的候风地动仪猜测为演示哥白尼式宇宙模型的仪器，未免奇情异想。但一方面，此前确实已有这种性质的西方仪器被贡入清代宫廷，[1]阮元由此受到启发也有可能。另一方面，自明末西方天文数学传入中国，“西学中源”说即随之产生，至康熙时君臣递相唱和，使此说甚嚣尘上，影响长期不绝。阮元的上述奇论，在这种背景下提出，也就不足为怪了。

与对第谷、托勒密宇宙模型的研究相比，清人对于哥白尼模型的讨论始终停留在很浅的层次。很可能因这一模型正式输入较晚，那时清人研讨天文学的热潮已告低落。另一方面，就天文学本身的发展而言，此时早已是近代天体力学大展宏图的年代，哥白尼模型已经完成了它的历史使命。

自《崇祯历书》介绍了西方宇宙模型及小轮体系之后，就产生了这些模型及体系真实与否的问题。《崇祯历书》对这一问题持回避态度，见于“五纬历指一”：

> 历家言有诸动天、诸小轮、诸不同心圈等，皆以齐诸曜之行度而已，匪能实见其然，故有异同之说，今但以测算为本，孰是孰非，未须深论。

这就为中国学者对此问题进行争论留下了更多的余地。上述问题实际上可以有两种提法：

1 参见席泽宗等：《日心地动说在中国》，《中国科学》1973年第3期。

广义提法：这类宇宙模型是否反映了宇宙中的真实情况？

狭义提法：诸小轮、偏心轮等是否为实体？

显而易见，对狭义提法作出肯定回答者，对广义提法也必作出肯定回答，可名之曰“真实实体派”；而对狭义提法作出否定回答者，则对广义提法仍可作出不同答案，可分别名之曰“真实非实体派”和“纯粹假设派”。

在清代天文学家中，“真实实体派”人数不多，但却包括了最杰出的王锡阐和梅文鼎两人。王锡阐在《五星行度解》中明确主张：

> 若五星本天，则各自为实体。

王锡阐所说的“本天”是指三维球体还是指二维圆环，他并未明言。但是梅文鼎和其他一些清代天文学家所说的“本天”，常指二维的环形轨道。梅文鼎力陈“伏见轮”与“岁轮”为“虚迹”，但“本天”则是“硬圈有形质”的（《梅勿庵先生历算全书·五星纪要》）。

另有不少人可归入“真实非实体派”，比如江永在《数学》卷六中认为：

> 则在天虽无轮之形质，而有轮之神理，虽谓之实有焉可也。

这种观点认为西方宇宙模型（主要是指第谷模型）反映了宇宙的真实情况，只是诸小轮、偏心轮等并非实体。

最值得注意的是“纯粹假设派”。乾、嘉诸经学大师多持此说。比如焦循在《焦氏丛书·释轮》卷上认为：

可知诸轮皆以实测而设之，非天之真有诸轮也。

阮元在《畴人传》卷四十六“蒋友仁传论”中也力陈同样看法：

此盖假设形象，以明均数之加减而已；而无识之徒……遂误认苍苍者天果有如是诸轮者，斯真大惑矣。

对此论述最明确者为钱大昕，他说：

本轮均轮本是假象……椭圆亦假象也。但使躔离交食推算与测验相准，则言大小轮可，言椭圆亦可（《畴人传》卷四十九“钱大昕”）。

诸轮皆为假象，而“真象”为何，既不可知，亦不置问。“纯粹假设派”之说与托勒密的“几何表示”有相通之处，但并不完全相同。托勒密、哥白尼、第谷等人都相信自己的宇宙模型在大结构上是反映客观真实情形的，具体的小轮之类，则未必为真实存在；比如托勒密就将本轮、偏心圆等称为“圆周假说方式”。[1]他们介于“真实非实体派”与“纯粹假设派”之间。自开普勒、牛顿以降，则成为确切的“真实非实体派”。而“纯粹假

1 Ptolemy: Almagest, IX2, *Great Books of the Westen World*, Vol.16, p.270。

设派”更多的是植根于中国传统天学观念之中。中国的传统方法是用代数方法来描述天体运动，对于天体实际上沿着什么轨道运行并不深入追究。

以常理推论，对于宇宙模型的运行机制问题，“真实实体派”人士应该最感兴趣，事实上也正是如此。《崇祯历书》中简单介绍了一种天体之间磁引力的思想，曾引起一些中国天文学家的注意——这种磁引力思想曾被误认为出于中国学者或第谷，其实出于开普勒。[1]而在此基础上作过进一步研究及设想的，主要是王锡阐和梅文鼎二人。

王锡阐在《五星行度解》中试图利用天体之间的磁引力去解释日、月和五大行星作圆周运动的原因：

> 历周最高、卑之原，盖因宗动天总挈诸曜，为斡旋之主。其气与七政相摄，如磁之于针，某星至某处，则向之而升；离某处，则违之而降。

他将磁引力的源头从《崇祯历书》所说的太阳移到了“宗动天”，依稀可以看出亚里士多德模型对他的某种影响。

梅文鼎在用磁引力解释行星运动方面作过更多的思考，他用磁引力去支持他的“围日圆象”之说：

> 地谷曰：日之摄五星若磁石之引铁。故其距日有定

1 详见江晓原：《开普勒天体引力思想在中国》，《自然科学史研究》1987年第2期。

距也。惟其然也，故日在本天行一周而星之升降之迹亦成一圆相。……地谷新图，其理如此。不知者遂以围日为本天——则是岁轮心而非星体，失之远矣（《梅勿庵先生历算全书·五星纪要》）

梅文鼎将磁引力之说归于第谷，实出于误会。而他的上述说法实际上也与其心目中的宇宙模型难以自洽：五星既然是因日之“摄”而成“围日圆象”，则五星与太阳之间已经具有物理上的联系，又焉能将“围日圆象”视为“虚迹”？

总的来说，王、梅二氏的上述讨论尚处在幼稚阶段，远未能臻于科学学说的境界。此外，清代论及磁引力之说者尚有多人，然皆仅限于祖述《崇祯历书》中的片言只语而已，水准又在王、梅之下。

4. 天文学的“西学中源”说及其影响

耶稣会士传入西方天文学、数学和其他科学技术，使得一部分中国上层人士如徐光启、李之藻、杨廷筠等人十分倾心。清朝入关后又将耶稣会士编撰的《崇祯历书》易名《西洋新法历书》颁行天下，并长期任用耶稣会传教士主持钦天监。康熙本人则以耶稣会士为师，躬自学习西方的天文、数学等知识。所有这些情况，都对中国士大夫传统的信念和思想产生了强烈冲击，使不少人在思想上产生了不适之感。曾在中国宫廷和知识界广为流行的“西学中源”说，就是对上述冲击所作出的反应之一。

“西学中源”说主要是就天文历法而言的。因数学与天文历法关系密切，也被涉及。后来在清朝末年，曾被推广到几乎一切知识领域，但那已明显失去科学史方面的研究价值，不在此处讨论的范围之内了。

“西学中源”说实发端于明之遗民。

据迄今为止所见史料，最早提出“西学中源”思想的可能是黄宗羲。黄氏对中西天文历法皆有造诣，著有《授时历法假如》《西洋历法假如》等多种天文历法著作。明亡，黄氏起兵抗清，兵败后一度辗转流亡于东南沿海。即使在如此艰危困苦的环境中，他仍在舟中与人讲学，仍在注释历法。黄氏“尝言勾股之术乃周公商高之遗，而后人失之，使西人得以窃其传”——此处黄氏虽是就数学而言，但那时学者常将“历算”视为一事。关于黄氏最先提出“西学中源”概念，全祖望在《鲒埼亭集》卷十一《梨洲先生神道碑》中明确加以肯定：

其后梅征君文鼎本《周髀》言历，世惊以为不传之秘，而不知公实开之。

“西学中源”说的另一先驱为黄宗羲同时代人方以智。方氏为崇祯十三年（公元1640年）进士，明亡后流寓岭南，一度追随永历政权，投身抗清活动。他的《浮山文集》在清初遭到禁毁，流传绝少。在《游子六〈天经或问〉序》中，方以智谈论了中国古代的天文历法（其中有不少外行之语）之后说：

万历之时，中土化洽，太西儒来……胶常见者，骇以为异，不知其皆圣人之已言也……子曰：天子失官，学在四夷。[1]

方氏此处“天子失官，学在四夷”的说法值得注意，这与后来梅文鼎、阮元等人反复宣扬的“礼失求野”之说（详见下文）完全是同一种思路。

黄、方二氏虽提出了“西学中源”的思想，但尚未提供支持此说的具体证据。至王锡阐出而阐述“西学中源”，乃使此说大进一步。王氏当明亡之时，曾两度自杀，获救后终身拒绝与清朝合作，以遗民自居，是顾炎武周围遗民圈子中的重要成员。王氏潜心研究天文历算，被后人目为与梅文鼎并列的清代第一流天文学家。王氏兼通中国传统天学和明末传入的西方天文学，其造诣可以相信高于黄宗羲，更远在方以智之上。他曾多次论述“西学中源”说，其中最重要的一段如下：[2]

> 今者西历所矜胜者不过数端，畴人子弟骇于创闻，学士大夫喜其瑰异，互相夸耀，以为古所未有。孰知此数端者，悉具旧法之中，而非彼所独得乎！一曰平气定气以步中节也，旧法不有分至以授人时、四正以定日躔乎？一曰最高最卑以步朓朒也，旧法不有盈缩迟疾乎？一曰真会视会以步交食也，旧法不有朔望加减食甚定时乎？一曰小轮岁轮以步五星也，旧法不有平合定合晨夕伏见疾迟留退乎？一曰南北地度以步北极之高下、东西地度以步加时之先后也，旧法不

1　方以智：《浮山文集后编》卷二，《清史资料》第六辑，中华书局，1985年。
2　王锡阐：《历策》，《畴人传》卷三十五。

有里差之术乎？大约古人立一法必有一理，详于法而不著其理，理具法中，好学深思者自能力索而得之也。西人窃取其意，岂能越其范围？

王锡阐这段话是“西学中源”说发展史上的重要文献，约写于1663年之前一点的时间，与黄、方二氏之说年代相近。王锡阐首次为“西学中源”说提供了具体证据——当然这些证据实际上是错误的。五个“一曰”，涉及日月运动、行星运动、交食、定节气和授时，几乎包括了中国传统历法的所有主要方面。王氏认为西法号称在这些方面优于中法，实则“悉具旧法之中”，是中国古已有之的。

按理说，断定西法为中国古已有之，还存在双方独立发明而暗合的可能，但是王锡阐断然排除了这种可能性——“西人窃取其意”，是从中国偷偷学去的。这一出于臆想的说法为后来梅文鼎的理论开辟了道路。

值得注意的是，黄、方、王三氏皆为矢忠故国的明朝遗民，又都是在历史上有相当影响的人物；此三人不约而同地提出“西学中源”之说，应该不是科学思想史上的偶然现象。

入清之后，康熙帝一面醉心于耶稣会士们输入的西方科学技术，一面又以帝王之尊亲自提倡“西学中源”说。康熙有《御制三角形论》，其中提出“古人历法流传西土，彼土之人习而加精焉”，这是对于历法的观点。他关于数学方面的“西学中源”之说更受人注意，一条经常被引用的史料是康熙五十年（公元1711年）与赵宏燮论数，《东华录》“康熙八九”上记载康熙之说云：

即西洋算法亦善，原系中国算法，彼称为阿尔珠巴尔者，传自东方之谓也。

“阿尔珠巴尔”又作“阿而热八达”或“阿而热八拉”，一般认为是algebra（源于阿拉伯文Al-jabr）的音译，意为“代数学”。康熙凭什么能从中看出“传自东方”之意，不得而知。有人认为是和另一个阿拉伯文Aerhjepala发音相近而混淆的。但康熙是否曾接触过阿拉伯文，供奉内廷的耶稣会士向康熙讲授西方天文数学时是否有必要涉及阿拉伯文（他们通常使用满语和汉语），都大成疑问。再退一步说，即使“阿尔珠巴尔”真有“东来法”之意，在未解决当年中法到底如何传入西方这一问题之前，也仍然难以服人——这个问题后来有梅文鼎慨然自任。

据来华耶稣会士的文件来看，康熙向耶稣会士学习西方天文数学始于1689年。此后他醉心于西方科学，连续几年每天上课达四小时，课后还做练习。[1]以后几十年中，康熙喜欢时常向宗室、大臣等谈论天文、数学、地理之类的知识，自炫博学，引为乐事。康熙很可能是在对西方天文、数学有了一定了解之后独立提出“西学中源”说的。因为迄今尚未发现有材料表明康熙曾经研读过黄、方、王三氏之书——三氏既为在政治上拒绝与清朝合作之人，康熙也不大可能在“万机余暇”去研读三氏的著作。

康熙在天文、历算方面的“中学”造诣并不高深；他了解一些西方的天文数学知识，也未达到很高水准。这从他的《机暇格

---

1 洪若翰（Jean de Fontaney）1703年2月15日的信件，《清史资料》第六辑，第161—162页。

物编》中的天文学内容和他历次与臣下谈话中涉及的天算内容可以看出来。

梅文鼎的《历学疑问》，康熙自认可以“决其是非”——对于梅文鼎这样以在野之身却愿意与清朝在学术上合作、其实也就是在政治上凑趣之人的著作，康熙就愿意在“万机余暇”抽空来读一读了，但那只是一本浅显之作。相比之下，黄宗羲、王锡阐都是兼通中西天文学并有很高造诣的，因此他们提出“西学中源”说或许还有从中西天文学本身看出相似之处的因素，而康熙则更多地出于政治考虑了。

康熙的说法一出，梅文鼎立即热烈响应。梅氏三番五次赞颂吹捧：

> 《御制三角形论》言西学贯源中法，大哉王言，著撰家皆所未及。(《绩学堂诗钞》卷四“雨坐山窗”)
>
> 伏读《御制三角形论》，谓古人历法流传西土，彼土之人习而加精焉尔，天语煌煌，可息诸家聚讼。(《绩学堂诗钞》卷四“上孝感相国四之三”)
>
> 伏读《御制三角形论》，谓众角辏心以算弧度，必古算所有，而流传西土，此反失传；彼则能守之不失且踵事加详。至哉圣人之言，可以为治历之金科玉律矣！(《历学疑问补》卷一)

梅文鼎俯伏在地，将《御制三角形论》读了又读，不仅立刻将发明“西学中源”说的“专利”拱手献给皇上(“大哉王言，著撰家皆所未及”——而黄、方、王三氏明明早已提出此说；康熙不知三氏之作固属可能，梅氏也不知三氏之作则难以想象），而且决心用他自己“绩学参微”的功夫来补充、完善“西学中源”说。在《历学疑问补》卷一中，他主要从以下三个方面加以论述：

其一，论证“浑盖通宪”即古时周髀盖天之学。明末李之藻著有《浑盖通宪图说》，来华耶稣会士熊三拔著有《简平仪说》。前者讨论了球面坐标网在平面上的投影问题，并由此介绍星盘及其用法；后者讨论一个称为“简平仪”的天文仪器，其原理与星盘相仿。梅就抓住“浑盖通宪”这一点来展开其论证：

> 故浑天如塑像，盖天如绘像……知盖天与浑天原非两家，则知西历与古历同出一原矣。
>
> 盖天以平写浑，其器虽平，其度则浑。……是故浑盖通宪即古盖天之遗制无疑也。
>
> 今考西洋历所言寒热五带之说与周髀七衡吻合。
>
> 周髀算经虽未明言地圆，而其理其算已具其中矣。
>
> 是故西洋分画星图，亦即古盖天之遗法也。

在谈了五带、地圆、星图这些“证据”之后，梅氏断言：

> 至若浑盖之器，……非容成、隶首诸圣人不能作也，而于周髀之所言一一相应，然则即断其为周髀盖天之器，亦无不可。
>
> 简平仪以平圆测浑圆，是亦盖天中之一器也。

不难看出，梅氏这番论证的出发点就大错了。中国古代的浑天说与盖天说，当然完全不是如他所说的“塑像”与“绘像”的关系。李之藻向耶稣会士学习了星盘原理后作的《浑盖通宪图说》，只是借用了中国古代浑、盖的名词，实际内容是完全不同的。精通天文学者如梅氏，不可能不明白这一点，但他却不惜穿凿附会，大做文章，如果仅仅用封建士大夫逢迎帝王来解释，恐怕还不能完全令人满意。至于“容成、隶首诸圣人”，连历史上是否实有其人也大成问题，更不用说他们能制作将球面坐标投影到平面上去的“浑盖之器”了。五带、地圆、星图画法之类的“证据”，也都是附会。

其二，设想中法西传的途径和方式。“西学中源”必须补上这一环节才能自圆其说。

梅氏先从《史记·历书》中“幽、厉之后，周室微……故畴人子弟分散，或在诸夏，或在夷狄”的记载出发，认为“盖避乱逃咎，不惮远涉殊方，固有挟其书器而长征者矣”。

不过梅文鼎设想的另一条途径更为完善：《尚书·尧典》上有帝尧“乃命羲和，钦若昊天”，以及命羲仲、羲叔、和仲、和叔四人“分宅四方”的故事，梅氏就根据这一传说，设想：东南有大海之阻，极北有严寒之畏，唯有和仲向西方没有阻碍，“可以西则更西”，于是就把所谓“周髀盖天之学”传到了西方！他更进而想象，和仲西去之时是“唐虞之声教四讫”，而和仲到达西方之后的盛况是：

> 远人慕德景从，或有得其一言之指授，或一事之留传，亦即有以开其知觉之路。而彼中颖出之人从而拟议之，以成其变化。

源远流长、规模宏大、结构严谨的西方天文学体系，就这样被梅文鼎想象成是在中国古圣先贤“一言之指授，或一事之留传”的基础上发展起来的。当然，比起王锡阐之断言西法是“窃取”中法而成，梅文鼎的“指授”“留传”之说听起来总算平和一些。

其三，论证西法与“回回历”即伊斯兰天文学之间的亲缘关系。梅文鼎的说法是：

> 而西洋人精于算，复从回历加精。
>
> 则回回泰西，大同小异，而皆本盖天。
>
> 要皆盖天周髀之学流传西土，而得之有全有缺，治之者有精有粗，然其根则一也。

梅氏能在当时看出西方天文学与伊斯兰天文学之间的亲缘关系，比我们今天做到这一点要困难得多，因为那时中国学者对外部世界的了解还非常少。不过梅文鼎把两者的先后关系弄颠倒了。当时的西法比回历“加精”倒是事实，但是追根寻源，回历还是源于西法的。在梅文鼎论证“西学中源”说的三方面中，唯有这第三方面有一点科学成分——尽管这对于他所论证的主题并无帮助。

“西学中源”说既有“圣祖仁皇帝”康熙提倡于上，又有“国朝历算第一名家”梅文鼎写书、撰文、作诗阐扬于下，一时流传甚广，无人敢于提出异议。1721年完成的《数理精蕴》号称“御制”，其上编卷一“周髀经解”中云：

> 汤若望、南怀仁、安多、闵明我相继治理历法，间明算

学，而度数之理渐加详备。然询其所自，皆云本中土流传。

上述诸人是否真说过这样的话，至少，说时处在何种场合，有怎样的上下文，都还不无疑问。倘若《数理精蕴》所言不虚，那倒是一段考察康熙与耶稣会传教士之间关系的珍贵材料。在清廷供职的耶稣会士虽然颇受礼遇，但终究还是中国皇帝的臣下，面对康熙的“钦定”之说，看来他们也不得不随声附和几句。

《明史》修成于1739年，其《历志》中重复了梅文鼎“和仲西征”的假想，又加以发挥：

夫旁搜博采以续千百年之坠绪，亦礼失求野之意也。

这一派自我陶醉之说，极受中国士大夫的欢迎。

乾嘉学派兴盛时，其中的重要人物如阮元等都大力宣扬“西学中源”说。阮元是为此说推波助澜的代表人物。在1799年编成的《畴人传》中，阮元多次论述“西学中源”说，且不乏“创新”之处，例如他在卷四十五“汤若望传论”中说：

然元尝博观史志，综览天文算术家言，而知新法亦集古今之长而为之，非彼中人所能独创也。如地为圆体，则曾子十篇中已言之，太阳高卑与《考灵曜》地有四游之说合。蒙气有差即姜岌地有游气之论。诸曜异天，即郄萌不附天体之说。凡此之等，安知非出于中国，如借根方之本为东来法乎？

其说牵强附会，水准较梅文鼎又逊一筹。

乾嘉学派对清代学术界的影响是众所周知的，经阮元等人大力鼓吹，“西学中源”说产生了持久的影响。这里只举一个例子：1882年，清王朝已到尾声，“西学中源”说已经提出两个多世纪了，查继亭仍在《重刻〈畴人传〉后跋》中如数家珍般谈到：

俾世之震惊西学者，读阮氏、罗氏之书，而知地体之圆，辨自曾子；九重之度，昉自《天问》；三角八线之设，本自《周髀》；蒙气之差，得自后秦姜岌；盈朒二限之分，肇自齐祖冲之；浑盖合一之理，发自梁崔灵恩；九执之术，译自唐瞿昙悉达；借根之后法，出自宋秦九韶元李冶天元一术。西法虽微，究其原，皆我中土开之。

“西学中源”说确立之后，又有从天文、数学向其他科学领域推广之势。例如阮元在《揅经室三集》卷三“自鸣钟说”一文中，将西洋自鸣钟的原理说成与中国古代刻漏并无二致，所以仍是源出中土，这是推广及于机械工艺；毛祥麟将西医施行外科手术说成是华佗之术的“一体”，而且因未得真传，所以成功率不高（《墨余录》卷七），这是推广到医学；等等。这类言论多半为外行之臆说，并无学术价值可言。

矢忠故国的明朝遗民和清朝君臣在政治态度上是对立的，而这两类人不约而同地提倡“西学中源”说，是一个很值得注意的现象。

中国天文学史上的中西之争，始于明末。在此之前，中国虽已两度明确接触到西方天文学，即六朝隋唐之际和元明之际，但只是间接传入（前一次以印度天学为媒介，后一次以伊斯兰天学为媒介），而且当时中国天文学仍很先进，更无被外来者取代之虞，所以也就没有中西之争。即使元代曾同时设立“回回”和“汉儿”两个司天台，明代也在钦天监特设回回科，回历与《大统历》参照使用，也并未出现过什么“回汉之争”。

但是到明末耶稣会士来华时，西方天文学已经发展到很高阶段，相比之下，中国的传统天文学明显落后了。明廷决定开局修撰《崇祯历书》，被认为中国几千年的传统历法将要被西洋之法所取代，而历法在古代中国是王朝统治权的象征，如此神圣之物竟要采用“西夷”之法，岂非十足的“用夷变夏”？这对于许多一向以“天朝上国”自居的中国士大夫来说，实难容忍。正因为如此，自开撰《崇祯历书》之议起，就遭到保守派持续不断的攻击。幸赖徐光启作为护法，使《崇祯历书》得以在1634年修成，但是保守派的攻击仍使之十年之久无法颁行使用。

清人入关后，立即以《西洋新法历书》之名颁行了《崇祯历书》的修订本。他们采用西法没有明朝那么多的犹豫和争论，这是因为：一方面，中国历来改朝换代之后往往要改历，以示“日月重光，乾坤再造”，新朝享有新的“天命”，而当时除了《崇祯历书》，并无胜过《大统历》的好历可供选择；另一方面，当时清人刚以异族而入主中夏，无论如何总还未能马上以“夏”自居。既然自己也是“夷”，那么“东夷”与“西夷”也就没有什么大不同，完全可以大胆地取我所需。正如李约瑟曾注意到的：“在改朝换代之后，汤若望觉得已可随意使用‘西’字，因满族人也是外来者。”[1]

---

1 ［英］李约瑟：《中国科学技术史》第四卷，第674页。

清人入主华夏，本不自讳为“夷”——也无从讳。到1729年，雍正还在《大义觉迷录》卷一中故作坦然地表示：“且夷狄之名，本朝所不讳。”他只是抬出《孟子》云“舜，东夷之人也；文王，西夷之人也”来强调“惟有德者可为天下君”，而不在于夷夏。[1]但是实际上清人入关后全盘接受了汉文化，加之统一的政权已经经历了两代人的时间，汉族士大夫的亡国之痛也渐渐淡忘。这时清朝统治者就不知不觉地以“华夏正统”自居了。这一转变，正是康熙亲自提倡“西学中源”说的思想背景。

与此同时，最早提出“西学中源”说的黄、方、王等人，都是中国几千年传统文化养育出来的学者，又是大明的忠臣。他们目睹“东夷”入主华夏，又在天学历法这种最神圣的事情上全盘引用西夷之人和西夷之法，心里无疑有着双重的不满。其中王锡阐是最有代表性的例子。他在清朝的统治下又生活了几十年，在内心深处他一直希望看到中国传统历法重新得到使用——当然可以从西法中引用一些具体成果来弥补中法的某些不足，即所谓“熔彼方之材质，入《大统》之型模”。为此他一面尽力摘寻西法的疏漏之处，一面论证“西学中源”，然后在《历策》中得出结论：

> 夫新法之戾于旧法者，其不善如此；其稍善者，又悉本于旧法如彼。

他的六卷《晓庵新法》正是为贯彻这一主张而作。

---

1 雍正语俱见《大义觉迷录》卷一，《清史资料》第四辑，中华书局，1983年。

但是遗民学者又抱定在政治上不与清朝合作的宗旨，因此他们就不愿意、也无法去向清政府对历法问题有所建言。在这种情况下，只能通过提倡“西学中源”说来缓解理论上的困境——传统文化的熏陶使他们坚持“用夏变夷”的理想，而严峻的现实则是“用夷变夏”，如果论证了“夷源于夏”，就能够回避两者之间的冲突。

康熙初年的杨光先事件，暴露了“夷夏”问题的严重性。这一事件可视为明末天文学中西之争的余波，杨光先的获罪标志着“中法”的最后一次努力仍然归于失败。杨光先《不得已》卷下有名言曰：

> 宁可使中夏无好历法，不可使中夏有西洋人。

清楚地表明他并不把历法本身的优劣放在第一位，只不过耶稣会士既然以天文历法作为进身之阶，他也就试图从攻破他们的历法入手。当他在与南怀仁多次实测检验的较量中惨败之后，就转而诉诸意识形态方面的理由：

> 臣监之历法，乃尧舜相传之法也；皇上所在之位，乃尧舜相传之位也；皇上所承之统，乃尧舜相传之统也。皇上颁行之历，应用尧舜之历。[1]

杨氏虽然最终获罪去职，但也得到不少正统派士大夫的同

1　黄伯禄编：《正教奉褒》，第48页。

情，他们主要是从维护中国传统文化这一点着眼的。因此“夷夏”问题造成的理论困境确实急需摆脱。

清朝统治者的两难处境在于：一方面，他们确实需要西学，需要西方天文学来制定历法，需要耶稣会士帮助办理外交（例如签订中俄《尼布楚条约》），需要西方工艺技术来制造大炮和别的仪器，需要奎宁治疗“御疾”，等等；另一方面，他们又需要以中国几千年传统文化的继承者自居，以“华夏正统”自居，以“天朝上国”自居。因此，在作为王权象征的历法这一神圣事物上“用夷变夏”，日益成为令清朝君臣头痛的问题。

在这种情况下，康熙提倡“西学中源”说，不失为一个巧妙的解脱办法。既能继续采用西方科技成果，又在理论上避免了“用夷变夏”之嫌。西法虽优，但源出中国，不过青出于蓝而已；而采用西法则成为“礼失求野之意也”。

“西学中源”说在中国士大夫中间受到广泛欢迎，流传垂三百年之久，还有一个原因，就是当年此说的提倡者曾希望以此来提高民族自尊心、增强民族自信心。千百年来习惯于以“天朝上国”自居，醉心于“声教远被”“万国来朝”，现在忽然在许多事情上技不如人了，未免深感难堪。阮元之言可为代表：

> 使必曰西学非中土所能及，则我大清亿万年颁朔之法，必当问之于欧罗巴乎？此必不然也。精算之士，当知所自立矣。（《畴人传》卷四十五“汤若望传论”）

然而“我大清”二百六十年“颁朔之法”确实从欧罗巴来，“西学中源”说只能使一些士大夫陶醉于一时。

在明清之际的思想史上，徐光启应该算得上最重要的人物之一。虽然那时中国社会的分工仍停留在古代的状况，徐光启不可能像在近代社会中那样以科学家的面目呈现出来，但实际上他至少是完全够格的天文学家、数学家和农学家。

从科学思想史的角度来看，他属于那个时代极少见的先知先觉者。由于相当深入地学习和接触了已经具备近代形态的西方科学，他能够对中西学术的优劣形成自己的比较和判断。他说过一些贬抑中国传统天文数学的话，例如：

> 至于商高问答之后，所谓荣方问于陈子者，言日月天地之数，则千古大愚也。(《徐光启集》卷二“勾股义序”)
>
> 九章算法勾股篇中，故有用表、用矩尺测量数条，与今《测量法义》相较，其法略同，其义全阙，学者不能识其所由。(同上“测量异同绪言”)

这些言论后来在清代“西学中源”的大合唱中饱受攻击。“西学中源”说中的源头“周髀盖天之学”竟被徐光启指为“千古大愚”，这当然要引起梅文鼎、阮元等人的愤慨。就是将《九章算术》与《几何原本》比较，梅文鼎也照样能看出“信古《九章》之义，包举无方”的优越性(《勿庵历算书目·用勾股解几何原本之根》)。

这是因为，徐光启与梅文鼎等人处在完全不同的思想境界之中。徐光启心中并无陈腐的“夷夏”之争，他只是热情呼唤新科学的到来，并且用自身不懈的努力来传播这些新科学。有人曾将徐光启称为“中国的培根”，虽然听起来稍嫌诗意化了一点，其实大体不错。而梅文鼎等人，我们在前面已经看到，他们的学术活动在很大程度上带有“政治挂帅”的色彩。康熙给他们定下的任务是解脱“用夷变夏”与“用夏变夷”之间的困境；他们自己在心中定下的任务则是要在中国科学技术与西方相比处于明显劣势的情况下，尽一切可能为老祖宗、其实也就是为自己争回面子。梅文鼎等人的这种情绪，一直延续到一些当代的论著中——认为徐光启贬抑中国传统天文数学是“过分”的，而不考虑徐光启当年说这些话的历史背景和意义。

关于徐光启对待西学的态度，还有一小段公案需要一提。在主持《崇祯历书》修撰工作的过程中，徐光启上过一系列奏疏，在《历书总目表》中，他说过这样一段话：

> 翻译既有端绪，然后令甄明《大统》、深知法意者，参详考定，熔彼方之材质，入《大统》之型模；譬如作室者，规范尺寸一一如前，而木石瓦甓悉皆精好，百千万年必无敝坏。

这段话听上去非常像“中学为体，西学为用”的早期版本。徐光启在这里表示，《崇祯历书》将完全依照中国传统历法的模式，只是取用西方天文学中的一些部件（木石瓦甓）而已。然而最后修成的《崇祯历书》却从体到用完全是西方天文学的。这就成为后来一些人抨击徐光启的口实，王锡阐在《晓庵新法·自序》中的诘难可为代表：

> 且译书之初，本言取西历之材质，归大统之型范，不谓

尽堕成宪而专用西法如今日者也!

考虑到修历时遇到的重重阻力，徐光启上面那段话只能看作一种权宜之计，目的是减少来自保守派的压力，以便使修历工作得以顺利进行。他的言行不一实有不得已的苦衷。

徐光启在全力推动新科学的同时，对于中国传统文化中那些与科学紧紧纠缠在一起的糟粕，很可能已经有了一些对那个时代来说非常超前的认识。例如方豪曾注意到，徐光启在月食发生时，上奏称因观测需要，自己不能参加“救护”仪式（一种在古代中国有着数千年历史的隆重仪式，目的是祈祷、恳求上天不要让处在交蚀中的日、月受到伤害，并原谅天子在人间的过失）。方豪认为徐光启这是“藉词规避”：[1]

> 按光启不愿在月食时，随班救护，必因其时已信奉天主教，依教规不能参加此迷信之举，故藉词规避。然必如所言，亲往观测，亦决无可疑者。

徐光启是不是因为碍于教规才不去“救护”，或可讨论，但是至少他认为科学观测比迷信仪式更重要。

就对新科学的态度之热情、正确而言，徐光启的同时代人中，大约只有王征、李之藻等极少数人差可与之比肩。半个世纪前，邵力子论徐、王两人有云：

---

1 方豪：《中西交通史》，第705页。

学术无国界，我们应当采人之长，补己之短，对世界新的科学迎头赶上去。他们爱国家、爱民族、爱真理的心，都是雪一般纯洁、火一般热烈的。[1]

以今视之，也不失为恰当的评价。与徐光启相比，方以智在一些现代论著中得到的评价似乎还更高，这在很大程度上仍是情绪化的偏见所致，因为方氏曾经批评西学，而徐光启热烈推崇西学。当然这种情绪化的偏见也仍可以“持平之论”的面目出现，比如称赞方氏对西学既不全盘接受，也不全盘否定，因而是理智的态度云云。方氏对西学的批评，最为人称道的是《物理小识·自序》中的下面这段话：

万历年间，远西学人详于质测而拙于言通几。然智士推之，彼之质测，犹未备也。

这段话看起来倒也确实对西学有所肯定（“详于质测”），然而“通几”本是玄虚笼统的概念，与西方近代科学的分析、实验方法相比，有什么优越性？正如樊洪业所指出的：

即便是把“质测”理解为“科学”，也难于因此而提高对方以智的评价。明末的西学传播，的确掺杂着许多中世纪的宗教迷信，再加上正处在近代科学的形成期，知识更新的速度较快，所以“未备”是必然的。不过“智士”是指谁

1 邵力子：《纪念王征逝世三百周年》，《真理杂志》1944年第2期。

呢？如果是指他本人，我们并没有看到他怎样站在科学的新高度上指出西学的“未备”。[1]

例如，方氏在《物理小识·历类》中对利玛窦所说地日距离的批评，被许多论著引为方氏批判西学而又高于西学的例证，其实是出于方氏对利玛窦《乾坤体义》有关内容的误解。

方以智对于西学的态度，与当时大部分中国传统士大夫相比，并无多少高明之处。方氏成为“西学中源”说的先驱者之一，并非偶然。

不过，“西学中源”说虽然在清代甚嚣尘上，但也不是没有对此持批判态度的人士。江永就是其中突出的例子。

江永是清代的经学大家，在天文、数学上也有很高造诣，写了一部专门阐述西方古典天文学体系的著作《数学》（共六卷，又名《翼梅》——据说是为了向梅文鼎致敬）。当时有梅文鼎之孙梅瑴成，号循斋，受到康熙的赏识，也是“西学中源”说的大功臣。他读了江永的《数学》之后，书赠江永一联云：

殚精已入欧罗室，
用夏还思亚圣言。

意思是说江永研究欧罗巴天文学固然已经登堂入室，但还希望他不要忘记“用夏变夷”的古训——还把“亚圣”孟子的大招牌抬了出来。江永当然不难体会其意，他在《数学·又序》

1　樊洪业：《耶稣会士与中国科学》，中国人民大学出版社，1992年，第141页。

中说：

> 此循斋先生微意，恐永于历家知后来居上，而忘昔人之劳；又恐永主张西学太过，欲以中夏羲和之道为主也。

这里的“后来居上”，即“西学中源”说主张者心目中的西方天文学；而“昔人之劳”即所谓“中夏羲和之道”。对于这种“微意”，江永断然表示：

> 至今日而此学昌明，如日中天，重关谁为辟？鸟道谁为开？则远西诸家，其创始之劳，尤有不可忘者。

江永这一小段话，言简意赅，实际上系统地反驳了“西学中源”说：

第一，江永否认西方天文学源于中国，反而强调了西方天文学家的“创始之劳”。

第二，江永明确拒绝了梅氏祖孙把西方天文学成就算到“昔人之劳”账上的做法。

第三，承认“远西诸家”能够创立比中国更好的天文学。

不久又有更多的著名学者加入这场争论。阮元《畴人传》卷四十九中记载了这方面的情况。江永的弟子戴震，“盛称婺源江氏推步之学不在宣城（指梅文鼎）下”；钱大昕读了江永《数学》之后却大不以为然，写了一封长信致戴震，力贬江永，说是“向闻循斋总宪不喜江说，疑其有意抑之，今读其书，乃知循斋能承家学，识见非江所及”，甚至责问戴震是否因“少习于江而为之延誉耶?”《数学》中当然不是没有错误之处，但钱大昕的不满主要是针对江永不肯加入“西学中源”说大合唱而发的。

江永的开明观点，在当时著名学者中间也并非完全孤立。例如赵翼在《檐曝杂记》卷二中，也认为西方天文学比中国的更好，而且是西方人自己创立的：

> 今钦天监中占星及定宪书，多用西洋人，盖其推算比中国旧法较密云。洪荒以来，在璇玑，齐七政，几经神圣，始泄天地之秘。西洋远在十万里外，乃其法更胜，可知天地之大，到处有开创之圣人，固不仅羲、轩、巢、燧已也。

赵翼也是非常开明的人，不仅在中学西学问题上是如此。

5. 如何评价康熙对西学的兴趣

近年一些史学论著中对康熙的评价越来越高。言雄才大略，则比之于法国“太阳王”路易十四；言赞助学术，则常将其描绘成文艺复兴时期佛罗伦萨的科斯莫·美第奇（Cosimo Medici）一流人物。当年供奉康熙宫廷的耶稣会士，在给欧洲的书信和报告中，也确实经常将“仁慈”“公正”“慷慨”“英明”“伟大”等颂词归于康熙。

康熙对西方科学技术感兴趣、他本人也热心学习西方的科技知识，这些都是事实。在中国传统的封建社会中，出现这样一位君主诚属不易。作为个人而言，他确实可以算那个时代在眼界和知识方面都非常超前的中国人。然而作为大国之君，就其历史功过而言，康熙就大成问题了。

先看康熙热心招请懂科学技术的耶稣会士供奉内廷一事。这常被许多论著引为康熙“热爱科学”或“热心科学”的重要证据。但是此事如果放到中国古代长期的历史背景中去看，则康熙与以前（以及他之后的）许多中国帝王的行为并无不同。

中国历代一直有各种方术之士供奉宫廷，最常见的是和尚或道士。他们通常以其方术（星占、预卜、医术、炼丹、书画、音乐等）侍奉帝王左右。一般来说，他们的地位近似于“清客”，但深得帝王信任之后，参与军国大事也往往有之。

耶稣会士之供奉康熙宫廷，其实丝毫未超出这一传统模式。耶稣会士们虽然不占星、不炼丹，但是同样以医术、绘画、音乐等技艺供奉御前，此外还管理自鸣钟之类的西洋仪器、设计西洋风格的宫廷建筑等。具体技艺和事务虽有所不同，整体模式则与前代无异。宫廷中有来自远方的“奇人异士”供奉御前，向来是古代帝王引为荣耀之事，并不是非要“热爱科学”才如此。

康熙更严重的过失其实前贤已经指出过了，那就是：康熙本人尽管对西方科技感兴趣，但他却丝毫不打算将这种兴趣向官员和民众推广：

> 对于西洋传来的学问，他似乎只想利用，只知欣赏，而从没有注意造就人才，更没有注意改变风气。梁任公曾批评康熙帝，“就算他不是有心窒塞民智，也不能不算他失策”。据我看，这“窒塞民智”的罪名，康熙帝是无从逃避的。[1]

1　邵力子：《纪念王征逝世三百周年》，《真理杂志》1944年第2期。

就连选择一些八旗子弟跟随供奉内廷的耶稣会士学习科技知识这样轻而易举的事，康熙都未做过，更不用说建立公共学校让耶稣会士传授西方科技知识，或是利用耶稣会的关系派青年学者去欧洲留学这类举措了，而这些事无疑都是耶稣会士非常乐意并且容易办成的。

当此现代科学发轫之初，康熙遇到了一个送上门来的大好机遇，使中国有可能在科技上与欧洲近似于“同步起跑”。康熙以大帝国天子之尊，又在位60年之久，完全有条件推行和促成此事。但是他的思想，就整体而言仍然完全停留在旧的模式之中。他的所谓开眼界，只是在非常浅表的层次上，多看了一些平常人看不到的稀罕物而已。

顺便在这里讨论一下，席文（N. Sivin）曾在一篇有许多版本的文章中提出了一种动人的观点，认为17世纪的中国已经出现了“科学革命”，他说：

> （17世纪）中国天文学家第一次开始相信数学模型可以解释和预测各种天体现象。这些变化等于天文学中的一场概念革命。……（这场革命）不亚于哥白尼的保守革命，而比不上伽利略提出激进的假说的数学化。[1]

但是实际上这种说法很可能只是误解。它至少面临两方面的问题。

1 席文：《为什么中国没有发生科学革命——或者它真的没有发生吗?》,《科学与哲学》1984年第1期。

首先，就数学模型而言，姑不论中国传统的代数方法也不失为一种数学模型，即使在西方几何模型引入之后，许多中国天文学家也只是将这种模型看成一种计算手段而已，《畴人传》卷四十九中所载钱大昕之语最为简明，可以作为代表：

本轮均轮本是假象，今已置之不用，而别创椭圆之率，椭圆亦假象也。但使躔离交食，推算与测验相准，则言大小轮可，言椭圆亦可。

他们并不认为西方的几何模型有什么实质性的意义。古代中国学者对于讨论宇宙结构及其运行机制的真实性问题，一直是缺乏兴趣的。而站在更现代的立场来看，例如站在霍金（S. Hawking）在《大设计》一书中的立场来看，则钱大昕的上述意见深合霍金“依赖图像的实在论”之旨。[1]

其次，更为严重的问题在于，被广泛接受的“西学中源”说既已断言西方天文学是源出中国、古已有之的，那就不存在新概念对旧概念的替代，因而也就不可能谈到什么“概念革命”了。

17世纪中国科学界最时髦、最流行的概念大约要算“会通”了。当年徐光启在《历书总目表》中早就提出“欲求超胜，必须会通”。不管徐光启心目中的“超胜”是何光景，至少总是“会通”的目的，他是希望通过对中西天文学两方面的研究，赶上并超过西方的。

1　江晓原、穆蕴秋：《霍金的意义：上帝、外星人和世界的真实性》，《上海交通大学学报》2011年第1期。

后来王锡阐、梅文鼎都被认为是会通中西的大家。但是在“西学中源”的主旋律之下，他们的会通功夫基本上都误入歧途了——会通主要变成了对“西学中源”说的论证。正如薮内清曾指出的：

> 作为清代代表性的历算家梅文鼎，以折衷中西学问为主旨，并没有全面吸收西洋天文学再于此基础上进一步发展的意图。[1]

所以17世纪的中国，即使真的有过一点科学革命的萌芽，也已经被“西学中源”说的大潮完全淹没了。

1 ［日］薮内清：《明清时代的科学技术史》，《科学与哲学》1984年第1期。

第七章　中国传统天学文献的保存及其价值

一、灵台候簿

古代中国人既然笃信“天垂象，现吉凶”，天象被看成“天意”的显示，是上天对人间帝王政治优劣的表扬和批评，是对人间吉凶祸福的预言和警告。那么很自然地，对各种天象必须认真、持续地加以观测和记录，只有这样，天学家才能为帝王上窥天意，上体天心。而欲知天象奥秘，必须勤于观天并进行记录。

前面谈到《周礼·春官宗伯》所载各种官职中，“占梦”之“掌其岁时，观天地之会，辨阴阳之气”，“保章氏”之“掌天星以志星辰日月之变动，以观天下之迁，辨其吉凶。以星土辨九州之地”，“以十有二岁之相，观天下之妖祥。以五云之物，辨吉凶、水旱降丰荒之祲象。以十有二风，察天地之和、命乖别之妖祥”等，都属于灵台观天的内容。从理论上说，灵台上昼夜都有专人对天象、云气等进行观测，观测的结果被记录在档案中，这种档案被称为“灵台候簿”。

非常可惜的是，“灵台候簿”的实物，迄今尚未见有完整保存至今者。[1]幸有教会学者方豪，1946年在当时北平的北堂图

1　不过找到这种实物的可能性仍然存在。据说有人曾在故宫档案中见过较为完整的“灵台候簿”。

书馆读书时，偶然于书库中发现一个纸包，里面“尽为断简残编及零碎纸屑”，但是却有四张表，是清朝嘉庆年间钦天监观象台——就是今天北京建国门古观象台——上的观象值班记录。虽然时代较晚，但作为古代“灵台候簿”之吉光片羽，仍然弥足珍贵。这里移录其第二、第三两表如下：[1]

方豪所见第二表（1815年1月20日）

嘉庆十九年十月十一日仪器交明接管讫

嘉庆十九年十二月十一日丁卯小寒十五日

观象台风呈	值日官	五官监候纪录九次	路　鹏	（押）
		博士纪录五次	常　兴	（押）
日出辰初初刻十三分昼三十八刻四分	班　首		天文生李为松	（押）
日入申正三刻二分夜五十七刻十一分			天文生张彭龄	（押）
寅时	三班			
	寅卯辰时		黄德泉　王光裕	
卯时				
辰时西北风阴云中见日				
	巳午时		于中吉　黄德溥	
巳时西北风阴云中见日				
午时西北风阴云中见日				

1　录自方豪：《中西交通史》，第725—728页。除了改为横排，已尽量保留了原表格式。

（续 表）

	未　时	鲍　铨
未时西北风阴云中见日		
申时西北风阴云中见日		
酉时		
	申酉戌时	孙起元　司兆年
戌时		
昏刻西北风阴云中见星月	昏　刻	李为松
一更西北风阴云中见星月	一　更	王光裕
二更西北风阴云中见星月	二　更	于中吉
三更西北风阴云中见星月	三　更	黄德溥
四更西北风阴云中见星月	四　更	黄德泉
五更西北微风阴云中见星月	五　更	鲍　铨
晓刻西北微风阴云中见星	晓　刻	孙起元　司兆年
午正用象限仪测得太阳高风云		
一丈中表　北影边长		
南北圆影长		
嘉庆十九年十二月十一日仪器交明接管讫		

方豪所见第三表（1816年3月5日）

嘉庆二十一年二月七日丁巳惊蛰一日

观象台风呈	值日官	五官灵台郎纪录八次	金　城	（押）
		博士纪录五次	那　敏	（押）

（续 表）

日出卯正一刻五分昼四十五刻五分 日入酉初二刻十分夜五十刻十分	班　首	天文生白嵩秀　（押） 天文生徐治平　（押）
寅时	二班	
卯时东北微风阴云中见日	寅卯辰时	李　钧　孙　安
辰时东北微风阴云中见日		
巳时东北微风阴云中见日 日生晕影苍黄色在危宿	巳午时	李文杰　田　晨
午时东北微风阴云中见日 日生晕影苍黄色在危宿	未　时	何元溥
未时东北微风阴云中见日		
申时东北微风阴云中见日		
酉时东北微风阴云中见日	申酉戌时	何元渡　何树本
戌时		
昏刻东北微风阴云中见星月	昏　刻	白嵩秀
一更东北微风阴云中见星月	一　更	孙　安
二更东北微风阴云中见星月	二　更	李文杰
三更东北微风阴云中见星月	三　更	田　晨
四更东北微风阴云中见星	四　更	李　钧
五更东北微风阴云中见星	五　更	何元溥
晓刻东北微风阴云中见星	晓　刻	何元渡　何树本
午正用象限仪测得太阳高阴云		
一丈中表　北影边长		
南北圆影长		
嘉庆二十一年二月　日仪器交明接管讫		

由此两表不难看出，观测及记录的规章制度是颇为完备的。不同班次、不同时刻，都分别有专人负责。不过多年相因，早已成为例行公事。随着岁月推移，积弊渐深，人员素质逐年下降，敬业精神日益淡薄，“例行公事”也就会变成“虚应故事”，这种现象早在宋朝的皇家观象台上就已经发生了。故这些表是否真是对当时实际天象一丝不苟的观测实录，尚未可知。

方豪所见之表，并不能代表“灵台候簿”的全部内容。这从下面一件史事中就可以推测出来：

唐玄宗开元二十一年（公元733年），瞿昙悉达之子因抱怨不得参与改历事务，遂与陈玄礼上奏，指控一行的《大衍历》系抄袭其父所译《九执历》而又“其术未尽”，太子右司御率南宫说也附和这一指控。《新唐书·历志三上》记此事结局云：

> 诏侍御史李麟、太史令桓执圭较灵台候簿，《大衍》十得七、八，《麟德》才三、四，《九执》一、二焉。乃罪说等，而是否决。

唐玄宗下令用观测记录来裁决争端。《大衍历》《麟德历》都完整保存至今，它们和中国古代别的传统历法一样，都以对日、月和金、木、水、火、土五大行星这七个天体运行情况的推算为主要内容。因此，能利用“灵台候簿”来检验历法的准确率，就意味着“灵台候簿”中必然定期（不一定是逐日）记录着此七大天体的位置，而上述方豪所见的表中并无这样的内容。所以我们可以进而推测：方豪所见的四张表，只是“灵台候簿”中若干种表格之一种。

古时“灵台候簿”之完整实物虽尚不可见，但是灵台上的值班人员究竟要观测、记录哪些天象，仍然可得而言。

在中国古代，灵台是帝王的通天之所，灵台上的观天，并不是现代意义上的天文学活动，而是地地道道的星占学活动，为的是通过天象了解上天对帝王政治的评价和对人间祸福的预示。因此，灵台观天需要记录哪些天象，可由中国传统星占学运作中通常要占哪些天象来推知。

而星占学中要占哪些天象，则可以从传世的星占学经典著作中入手去探讨。在传世的此类著作中，最完备、最著名的一部就是唐代开元年间编成的《开元占经》，其中归纳中国传统星占学所占之天象为七大类。此七大类天象，当然未必全是灵台观天时所必须记录的，但我们还是有足够的证据断定，其中的大部分是古时观天者所必须注意并加以记录的。

二、星占秘籍

早期的星占秘籍，比如本书第四章讨论过的“甘石星经”之类，只留下了吉光片羽。所谓“星经”，即古代的星占学秘籍，这在古代是非同小可之物，天人之际的奥秘正隐藏在其中。从它们被称为“经”这一点，也可略窥其重要性。所幸仍有几部完整的古代中国星占学著作流传至今。

1.《开元占经》

这些传世的星占秘籍中，最重要的一部当然是唐代的《开元占经》，但是它的传奇故事却要从明代说起。

在近现代，出土古代典籍不是罕见之事，如殷墟甲骨、敦煌卷子、秦简《日书》、马王堆汉墓帛书、张家山汉简等皆是。古时没有现代意义上的考古发掘，但因偶然机缘而发现前代典籍之事，仍不时有之，较著名者如“孔壁尚书”、《竹书纪年》等。而中国星占学史上最重要、也最奇特的文献《开元占经》，正可厕身此列。

《开元占经》撰成之后，仅在历代正史书目中出现过一次著录，见于《新唐书·艺文志三》，称“《大唐开元占经》一百一十卷，瞿昙悉达集”。此后即无踪影，书亦不传于世。由于天文星占之学在古代向来是皇家禁脔，星占学著作更属禁密，民间私藏要犯重罪，自然流传绝少。宋元以降《开元占经》失传数百年，到明代连皇家的钦天监中也无藏本。

万历四十五年（公元1617年），有士人程明善，自号“挹玄道人”，平日颇喜读星象历法之书，同时又极佞佛，不惜布施钱财，为一尊古佛重新装金。不料竟在古佛腹中发现了一部卷帙浩繁的古代奇书——唐代瞿昙悉达所编的《开元占经》。

程氏兄弟之发现《开元占经》既已在天学厉禁开放的年代，如此稀世秘籍自不免被传抄流布。此书传世抄本颇多，例如今北京图书馆就藏有至少三种抄本，格式文句各有不同。较流行的刻本有清道光年间恒德堂巾箱本。《四库全书》亦将《开元占经》收入，馆臣的“提要”中也相信程氏兄弟所述的故事。目前最易得的《开元占经》本子就是《四库全书》影印本，是据台湾文渊阁《四库全书》本影印的一百二十卷本，有北京中国书店的单行本和上海古籍出版社的《四库术数类丛书》本。此外亦有不止一种的排印选本，标点错误及误植之类不时可见。若要作研究之用，还是影印本可靠。

顺便指出，《开元占经》之重见天日是本书第二章所述晚明“天学禁脔”逐渐开禁的又一有力例证。要是在“学天文有历禁”的“国初”，程氏兄弟不要说不敢自称“好读乾象”，就是在古佛腹中发现了《开元占经》，多半也只能秘而不宣或上交官府，断不敢将之刊刻传世。

先说瞿昙悉达。他生于唐高宗时代，卒于唐玄宗年间。瞿昙家族极富传奇色彩。他们先世很可能是自天竺国（今印度）移居中土的，世居长安，早已汉化。这个家族精通印度天文学与星占学，代代相传。他们祖孙四代供职于唐朝的宫廷天文机构，这种有趣的情况，世界历史上也不多见，只有意大利的卡西尼家族四代供职于法国天文机构，差可比肩。当然，唐代是一个高度自信、高度开放的社会，外国人在朝中担任要职是司空见惯的事。

史籍中关于瞿昙家族成员的记载有很多，但对于这些成员之间的行辈关系，至1977年于陕西长安北田村发现瞿昙譔墓志，[1]始得完全理清。兹列其五世十一人行辈及所任天学官职如次：

瞿昙逸（“高道不仕”）

↓

瞿昙罗（太史令）

↓

瞿昙悉达（太史监）

↓

1　晁华山：《唐代天文学家瞿昙譔墓的发现》，《文物》1978年10期。

瞿昙譔（司天少监）

瞿昙谦

↓

瞿昙昪

瞿昙昇

瞿昙昱

瞿昙晃

瞿昙晏（冬官正）

瞿昙昴

由上表可知，瞿昙氏至瞿昙晏为止已四代仕唐任天学官职，且都为皇家天学机构中之负责人（太史令、太史监）或重要官员（司天少监、冬官正）。又墓志称瞿昙氏“世为京兆人”，且瞿昙逸是“高道不仕”，可知其家定居长安已久，并非自瞿昙逸方始。四代人中又以瞿昙悉达名声最大，这在当时已是如此。

次言《开元占经》。这是瞿昙悉达奉敕而作，成书于唐开元六年（公元718年），全书120卷。这部巨著有多方面的重要价值。

《开元占经》编集于盛唐时代，许多后来失传的古籍那时都还存世，瞿昙悉达对这些古籍的摘编引录，使《开元占经》在中国古代学术史上具有极大价值。而这一切出于一位印度人之手，也是古代中外文化交流史上的一束异彩。

《开元占经》“重现江湖”之后，大受珍视，这自然有其内在的原因。可以毫不夸张地说，无论是中国文化史的研究者，还是中国科学史、中国哲学史，或是中印文化交流史的研究者，以及从事唐代以前古籍整理校勘工作的学者，都会从《开元占经》中大大获益。此书的学术价值，略而言之，至少有如下五端：

第一，集唐前各家星占学说之大成，是中国古代星占学最重要、最完备的资料库。瞿昙悉达身为皇家天学机构负责人，得以利用皇家秘藏的古今星占学禁书，正是“奉敕”而作的得天独厚之处。作为传世星占文献集大成者，《开元占经》内容全面，结构完整，计有：

天体浑宗（相当于古代宇宙论）	一卷
论天	一卷
星占规则	一卷
历法（麟德历经）	一卷
算法（天竺九执历经）	一卷
古今历积年及章率（古代历法重要参数）	一卷
星图（恒星位置记述）	五卷
天占	一卷
地占	一卷
日占	六卷
月占	七卷
五星占	四十二卷
二十八宿占	四卷
石氏星占	四卷
甘氏、巫咸星占	二卷
流星占	五卷
杂星占	一卷
客星占	八卷

妖星占	三卷
彗星占	三卷
风雨雷霆虹霓云气等占	十二卷
草木宫室器物人兽占	十卷

中国古代星占学至此可称观止。唐代以前的著名星占学著作，如《黄帝占》《海中占》《荆州占》等，都已失传，也全靠《开元占经》对它们的大量引用而得以保存其内容。

第二，保存了中国最古老的恒星观测资料，特别是甘、石、巫咸三氏的星表，咸为今人研究先秦时期中国天学的最重要史料之一。石氏即石申（或作石申夫），甘氏即甘德，皆为战国时期著名星占学家。然而他们的著作俱已佚失，全靠《开元占经》保存了他们的恒星观测资料。在甘氏的资料中，有特别惊人之处，即对木星的一段记载：

> 单阏之岁，摄提格在卯，岁星在子，与虚、危晨出夕入。其状甚大，有光，若有小赤星附于其侧，是谓同盟。

经天文学史权威席泽宗院士的研究，表明这是两千三百多年前中国人已经用肉眼观测到木星卫星的明确记载——木星卫星通常被认为是在十七世纪初才由伽利略首次用望远镜发现的。[1]此外，甘、石和巫咸三氏的星占占辞，也赖《开元占经》才得以系统地保存下来。

---

1 席泽宗：《伽利略前二千年甘德对木卫的发现》，《天体物理学报》1981年第2期。

第三，记载了中国有史以来至八世纪所有历法的基本数据。自《史记》《汉书》开创“天学三志”之体例后，这类数据大都得到记载，但先秦时期的同类资料却全赖《开元占经》才得保存。

第四，引用已佚古代纬书多达82种左右，与明代孙瑴所辑《古微书》同为纬书的两大渊薮。两者相同者甚少，因一集于唐，而一辑于明，前者所参据之书，至后者从事时大都已佚失。《四库全书简明目录》说：

> 《隋志》著录纬书八十一篇，(《开元占经》中) 尚十存其七八，皆孙瑴《古微书》所未见，故其术可黜，而好古者终不废其书焉。

明代孙瑴所编《古微书》共收集纬书72种，而《隋书·经籍志》著录的纬书，大部分在《开元占经》中保存了一些有关星占的篇章——星占学本是纬书最重要的内容之一。“好古者终不废其书焉”，这个观点即使在今天看来也是公允妥当的。正是由于《开元占经》引用了大量现今已佚失的古籍中的材料，所以具有巨大的参考价值。

第五，载入的《九执历》汉译文，成为研究中印古代天学交流及印度古代天学的极其珍贵的史料。《九执历》汉译文已被译为英文，介绍至西方世界。

这里可以重新回顾先秦星经的历史线索，《开元占经》引用古代星占学著作多达70余种，而其中引用最多的正是石申的著作——瞿昙悉达称引时通常称“石氏曰”，现代学者主张将这些内容径称为《石氏星经》。此外，瞿昙悉达也引用了大量甘氏和巫咸氏星经中的内容。从这些引文中，人们约略可以窥见陈卓汇总三家所做的工作。

《开元占经》引述“石氏中官”“石氏外官”“甘氏中官”“甘氏外官”和“巫咸中外官”的内容共用了整整六卷（卷六十五至七十）的篇幅。而且，除此三家之外，再无任何一家获得这样的系统介绍。其他各家只是零星地在各类占文中加以引述。因此可以想象，瞿昙悉达可能已将当时所见的三家著作全部或者大部编入《开元占经》中了。

对《开元占经》中所述石、甘、巫咸三家的星官和星数所作统计显示：

石氏：92官，632星

甘氏：118官，506星

巫咸氏：44官，144星

二十八宿及辅官：28官，182星

不属于任何一家者：1官，1星

总计：283官，1 465星

这种枯燥乏味的统计工作却很生动地说明了一些问题。我们还记得，这最后一行的数值（1 465星）正是《隋书·天文志》所载陈卓汇总三家的结果。由此不难推想，《开元占经》所引的三家星经内容，很可能正是以陈卓的汇总工作为基础的。

唯一的小问题是“神宫”一官，这是只有一颗星的星官，在《开元占经》中它不属于石、甘和巫咸氏三家中的任何一家，而在《隋书·天文志》中，它似乎是属于三家中的某一家的。因按上面对《开元占经》的统计，三家之星共1 282星，而《隋书·天文志》中的这一数目则是1 283星。在《史记·天官书》中未提到“神宫”。但这应该只是一个枝节问题，无关宏旨。

不管怎么说，先秦星经总算在《开元占经》中得以保存了一部分，尽管可能已有过相当的删改或增益。在追寻先秦星经的历史线索如此之久后，我们总应该选择几段原文，来看看这神秘古老的星经究竟是何光景。

先看《开元占经》卷六十七，关于名为“天一”的一颗星：

> 石氏曰：天一星在紫宫门外右星南，与紫宫门右星同度（原注：南星入轸十度，去极十度半，在黄道内七十四度半）。
>
> 韩杨曰：天一星名曰北斗主，其星明则王者治，不明者王道逆，则斗主不明，七政之星应而变色。
>
> 《黄帝占》曰：天一星，地道也。欲其小，有光，则阴阳和，万物成。天一星大而明盛，水旱不调，五谷不成，天下大饿，人民流亡，去其乡。
>
> 《黄帝占》曰：天一星明泽光润则天子吉。
>
> 石氏曰：天一星欲明而有光，则阴阳和，万物成。又占曰：天一星亡，则天下乱，大人去。
>
> 《荆州占》曰：天一之星盛，人君吉昌。

第一段是记录星的位置与坐标。“入某多少度”“去极多少度”都是中国古代陈述恒星坐标的术语。以下各段则是瞿昙悉达所引述的各家星占学说对天一星的占文。这里共引了韩杨、《黄帝占》、石氏、《荆州占》和另一家不知名的占文。显然，用现代天文学的常识来看，这些占文都是荒唐无稽的。例如，恒星的见否和明暗，主要是大气层的各种情况造成的，只有变星的自身亮度可能改变，但天一星（天龙座10）并不是变星。

再看《开元占经》卷六十九，关于星官名“造父”者：

> 甘氏曰：造父五星在传舍南河中。
>
> 郗萌曰：造父一名西桥，一名司马星，御道仆。
>
> 《黄帝占》曰：造父星移处，兵起，车骑满野，马贵。
>
> 又曰：造父亡，马大贵。

据现代天文学的研究，“造父”五星中的一、四两星（仙王座27、μ）正是著名的变星。这两颗变星是如此有名，以至于有一类变星就被命名为“造父变星”。但上面的占文中却恰恰未提到“造父”的明暗主何凶吉。

《开元占经》所引述的石、甘、巫咸三氏星经中，只有石氏给出了一部分星（87颗）的坐标，这也是现代学者特别重视《石氏星经》的缘故。日本人上田穰和薮内清两人都对《石氏星经》作过比较重要的研究。对于这些恒星坐标到底是在什么年代测定的，上田氏和薮内氏的意见不同，其他学者也各有异说。

2.《乙巳占》

在古代中国的星占学著作中，重要性仅次于《开元占经》的经典著作，自然要推唐代李淳风的《乙巳占》。

《乙巳占》之命名，据说取义于“上元乙巳之岁，十一月甲子朔，冬至夜半，日月如合璧，五星如连珠，故以为名”[1]。在归于李淳风名下的传世星占学著作中，此书可能是最可靠的一部。若论在中国星占学史上的名声和地位，李淳风应在瞿昙悉达之上。《乙巳占》的流传也代有可考，在《新唐书·艺文志》《直斋书录解题》《文献通考》《玉海》等书中皆有著录。

今本《乙巳占》全书十卷，各卷主要内容如下：

卷一：

天文数据及天文仪器概述

“天雨血”“天雨肉”等象之占（多为实际不可能发生者）

日蚀、日旁云气等日象之占

卷二：

月蚀、月晕之占

月干犯（在视方向上接近、重叠）二十八宿、中外星官之占

卷三：

分野理论

占例

纪年、纪月、纪日之占

修德

辩惑（缺）

史司（星占学家之职业道德）

---

1 “上元”是古人为历法确定的理想起算点，借用现代术语来表述，此时日月五星皆在同一黄经位置。上元之岁到历法修成之年，中间相隔的年数称为该历法的“上元积年”。由于寻找这样的理想起算点并非易事，再加以神秘主义思想的影响，“上元”常被推到非常遥远的古代，如唐代《大衍历》的上元积年达到九千万余年，而金代《重修大明历》的上元积年竟达到三亿八千万余年。

卷四：

关于五大行星的理论、数据

关于五大行星的星占理论

五大行星干犯中外星官之占

岁星（木星）占

卷五：

荧惑（火星）占

填星（土星）占

卷六：

太白（金星）占

辰星（水星）占

卷七：

流星干犯日月五星之占

流星入列宿之占

客星干犯中外星官之占

卷八：

彗星占

杂星、妖星占

气候占

云占

卷九：

望气术

卷十：

风角术

《乙巳占》前八卷的内容，就总的格局而言，与《开元占经》大同小异。也多引前人星占学著作，所引书目也颇多重合，只是《乙巳占》较简略，且稍多出自李淳风己意之处。李淳风活动的年代仅比瞿昙悉达早数十年，两人都曾担任唐代皇家天学机构的首脑，应该可以参阅同一批皇家星占学秘籍，出现上述现象自在情理之中。所不同者，主要在第九卷之“望气”、第十卷之“风角”。此两卷的内容《开元占经》虽然也有涉及，但篇幅甚小。

第九卷专言望气之术。此术在古代主要由兵家所讲，主旨在观察“气”以预卜战事之胜负、王者之兴起之类。这里的“气”究竟为何物，非常玄虚而不可捉摸。从现代科学的角度来看，其中有些可能是大气光象，但大部分是难以确认的。然而，这种玄虚而不可捉摸之“气”，却也未必全是凿空之论，从今天常用的“气氛”“氛围”等词汇中，仍可看到古代望气之术的流风余韵。[1]《乙巳占》第九卷所言望气之术有如下11种名目：

帝王气象　将军气象　军胜气象　军败气象
城胜气象　屠城气象　伏兵气象　暴兵气象
战阵气象　图谋气象　九土异气象

星占学家是要为帝王作参谋和顾问的，而“国之大事，在祀与戎”，帝王的“主营业务”就是政治和军事；因而望气之术也就成为星占学家的必修课了。

1　比如我们今天常有“会场上气氛十分紧张”之类的说法，此“气氛”虽然也是不可见、不可捉摸的，却分明可以感受到。推而论之，或为古时望气术之遗意欤？

《乙巳占》第十卷专论风角术，尤为详备。120卷的《开元占经》只用了一卷谈风角，《乙巳占》却用了约全书五分之一的篇幅来谈风角（《乙巳占》前九卷每卷万余字，第十卷却有近三万字）。共有如下42种名目：

候风法　占风远近法　推风声五音法　五音所主占　五音风占
论五音六属　五音受正朔日占　五音相动风占
五音鸣条已上卒起宫宅中占　推岁月日时干德刑杀法　论六情法
阴阳六情五音立成　六情风鸟所起加时占　八方暴风占
行道宫宅中占　十二辰风占　诸解兵风占　诸陷城风　占入兵营风
五音客主法　四方夷狄侵郡国风占　占官迁免罪法　候诏书
候赦赎书　候大赦风　候大兵将起　候大兵且解散　候火灾
候诸公贵客　候大兵攻城并胜负　候贼占　候丧疾
候四夷入中国　杂占王侯公卿二千石出入　占风图
占八风知主客胜负法　占风出军法　占旋风法　三刑法　相刑法
五墓法　德神法

观以上名目，简直就是一部完整的“风角教程”。事实上这可能正是李淳风的本意，他在《乙巳占》卷十自述云：

余昔敦慕斯道，历览寻究。自翼奉已后，风角之书将近百卷，或详或略，真伪参差，文辞诡浅，法术乖舛，辄削除烦芜，剪弃游谈，集而录之。……庶使文省事周，词约理赡。后之同好，想或观之。

看来在风角方面，李淳风很下过一番功夫。

风角是中国古代流行的占卜术之一，主要根据四方四隅之风以占吉凶。风角术在理论上有颇为独立的形式，它有一套特殊的术语和表达方式，主要是依据五行八卦，再加以排比与附会来立说。但最基本的信念与原理仍然是星占学的。这里仅稍举几例较为简明的占辞：

> 行道见会风回风从南方来，必有酒食。
>
> 回风入门至堂边，为长子作盗。
>
> 回风入井，妇人作奸，欲共他人杀夫。
>
> 诸宫日，大风从角上来，大寒迅急。此大兵围城，至日中发屋折木者，城必陷败，不出九日。

在今日视之，当然多为荒诞不经之说。

最后我们必须注意到：还有另外两种与星占学关系极为密切的重要文献，也出于李淳风之手，它们是：《晋书·天文志》《隋书·天文志》。

3.《灵台秘苑》

《开元占经》和《乙巳占》以下，较为完整的星占学著作应数《灵台秘苑》。说起这部北周时期编成的星占学著作，其“资历”应在上述两部唐代著作之上。《隋书·经籍志》子部著录称：

> 《灵台秘苑》一百一十五卷，太史令庾季才撰。

不幸的是，此书原本已不可见，现今传世的是北宋王安礼

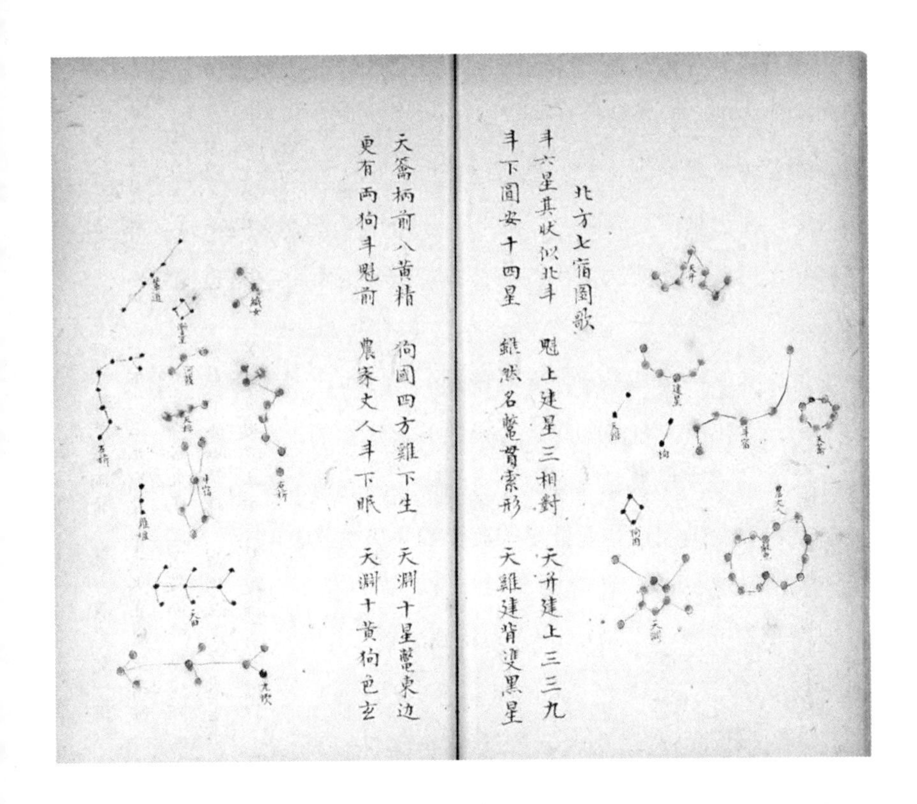

《灵台秘苑》内页所载星图
京都大学人文科学研究所藏

（王安石之弟）等人重修的版本。这应该是一种删节提要本，总共只有十五卷。此书第一卷中载有星图多幅，但其书既经宋代重修，这些星图是出于北周抑或北宋已不得而知。

三、中国传统天学留下的科学遗产

不少著作都说古代中国有四大发达学科：农、医、天、算。这话要看从什么角度来说了，如果从科学发展的角度来看，则此四者未可等量齐观。

中国古代的农、医二学，直到今天仍未丧失其生命力。古代中国人的农业理论和技术，对今天的农业生产仍有借鉴作用。中医的生命力更是有目共睹。西方的医学，至今也仍未成为一门精密科学，因此它还不得进入“科学”之列。[1]中医当然更未成为精密科学，但有些让西医束手的病症，中医却能奏效，这是明显的事实。

天、算二学在古代中国常连称为“天算”，因为两者关系极为密切。这在西方也是如此。古代西方宫廷中的王家天文学家或星占学家，正式的头衔常是“数学家”。但是到了今天，中国的数学家和天文学家，和全世界的数学家及天文学家一样，全都使用西方的体系，我们通常称为“现代数学”或“现代天文学”。今天数学系的学生，根本不去读《周髀算经》或《九章算术》；天文系的学生，当然也不去读《史记·天官书》或《汉书·律历志》。要问中国古代的数学和天学在今天还有没有生命力？似乎是没有了。

我们今天要讨论中国古代天学留下的遗产，只能在上述认识的基础上来讨论。

中国古代天学的遗产究竟是什么，并不是一个容易回答的问题。祖先留下了“丰富的遗产”“宝贵的遗产”，这些都是我们常说的话头。但那遗产究竟是什么，有什么用，该如何看待，都是颇费思量的问题，也很少见到前贤正面讨论。

中国古代的天学遗产，人们最先想到的，往往是前文中已

1　在西方通常的学科分类中，常将科学、数学、医学并列，就是意在强调后两者并不属于科学的范畴。这与国内公众所习惯的概念有很大不同。

经提到过的，收录在《中国古代天象记录总集》一书中的天象记录，共一万多条。这是天学遗产中最富科学价值的部分。古人虽是出于星占学的目的而记录了这些天象，但是它们在今天却可以为现代天文学所利用。由于现代天文学研究的对象是天体，而天体的演变在时间上通常都是大尺度的，千万年只如一瞬。因此古代的记录，即使科学性、准确性差一点，也仍然弥足珍贵。

其次是90多种历法，[1]这是天学遗产中最富科学色彩的部分。天象记录之所以有科学价值，是因为它们可以在今天被利用，但它们本是为星占学目的而记录的，故缺乏科学色彩。而历法在这一点上则相反。中国古代的历法实际上是研究天体运行规律的，其中有很大的成分是数理天文学，它们反映了当时的天文学知识。这正是它们的科学色彩所在。不过，也就是色彩而已，因为它们实质上仍是为星占学服务的。由于这些历法中的绝大部分对今天来说都已无用，[2]它们自然不能具有像天象记录那样的科学价值了。

再其次就是上文所谈的“天学秘籍”了，外加散布在中国浩如烟海的古籍中的各种零星记载。这部分数量最大，如何看待和利用也最成问题。

我们可以尝试从另一种思路来看待中国天学的遗产。办法是将这些遗产分为三类：

第一类：可以用来解决现代天文学问题的遗产。

---

1 《中国大百科全书》天文卷，第559—561页，“中国历法表”共93种，其中内容留下文献记载者69种。

2 我们今天所用的农历，是从历史上最后一部官方历法——清朝的《时宪历》延续而来的。然而这部历法的理论基础已经不是中国的传统天学，而是16、17世纪的欧洲天文学。

第二类：可以用来解决历史年代学问题的遗产。

第三类：可以用来了解古代社会的遗产。

这样的分类，基本上可以将中国天学的遗产一网打尽。在下面的各节中，我们设法通过具体案例，来揭示此三类遗产的面目——此面目因历史的和专业的隔阂而被深深遮掩。

上述三大类遗产中，第二大类我们已经在本书第四章中讨论过一些重要案例——例如武王伐纣年代日程问题和孔子诞辰问题。至于第三大类，可以说本书大部分内容都是它的例证和展示，已经很容易理解。所以下文重点讨论第一大类遗产。

1. 古新星新表

20世纪40年代初，金牛座蟹状星云被天体物理学家证认出是公元1054年超新星爆发的遗迹，而关于这次爆发，在中国古籍中有最为详细的记载。[1]随着射电望远镜——用来在可见光之外的波段进行观测的仪器，从第二次世界大战中的雷达派生而来——的出现和勃兴，1949年又发现蟹状星云是一个很强的射电源。1950年代，又在公元1572年超新星（因当时欧洲著名天文学家第谷曾对它详加观测而得名“第谷超新星”）和公元1604年超新星（又称“开普勒超新星”）爆发的遗迹中发现了射电源。天文学家于是形成如下猜想：超新星爆发后可能会形成射电源。

一颗恒星突然爆发，亮度在极短的时间内增加数万倍，这种现象被称为“新星爆发”。如果爆发的程度更加剧烈，亮度增加

1　全面讨论此事的著作有D. H. Clark and F. R. Stephenson: *The Historical Supernovae*，有中文编译本：《历史超新星》，江苏科学技术出版社，1982年。

几千万倍乃至上亿倍，则称为“超新星爆发”。这种爆发的过程中，会有极其巨大的物质和能量被喷射到宇宙空间中去。地球上的人类，因与爆发事件隔着极其遥远的距离，只是看到天空中突然出现一颗新的亮星；要是距离近一点，整个地球就将在瞬间毁灭，那也用不着再研究了。

幸好，超新星爆发是极为罕见的天象。如以我们太阳系所在的银河系为限，两千年间有历史记载的超新星仅14颗，公元1604年以来1颗也未出现。因此要验证天文学家上面的设想，除非作千百年的等待，否则只能求之于历史记载。当时苏联天文学界对此事兴趣很大，因西方史料不足，乃求助于中国。1953年，苏方致函中国科学院，请求帮助调查历史上几个超新星爆发的资料。当时的中国科学院副院长竺可桢，将此任务交给了身边一位青年天文学家——笔者的恩师、后来的席泽宗院士。

证认史籍中的超新星爆发记录，曾有一些外国学者尝试过，其中较重要的是伦德马克（K. Lundmark），他于1921年刊布了一份《疑似新星表》，直到1955年以前，全世界天文学家在应用古代新星和超新星资料时，几乎都不得不使用该表。然而这份表无论在准确性还是完备性方面都有严重不足。

从1954年起，席泽宗接连发表了《从中国历史文献的记录来讨论超新星的爆发与射电源的关系》《我国历史上的新星记录与射电源的关系》等论文，然后于1955年发表《古新星新表》，[1]充分利用中国古代天象记录完备、持续和准确的巨大优势，考订了从殷商时代到公元1700年间，共90次新星和超新星的爆发记录。

1　席泽宗：《古新星新表》,《天文学报》1955年第2期。

10年之后（1965年），席泽宗与薄树人合作，又发表了续作《中、朝、日三国古代的新星记录及其在射电天文学中的意义》。[1]此文对《古新星新表》作了进一步修订，又补充了朝鲜和日本的有关史料，制成一份更为完善的新星和超新星爆发编年记录表，总数则仍为90次。此文又提出了从彗星和其他变星记录中鉴别新星爆发的七项判据，以及从新星记录中区别超新星爆发的两项标准，并且根据历史记录讨论了超新星的爆发频率。

《古新星新表》一发表，立刻引起美、苏两国的高度重视。两国都先对该文进行了报道，随后译出全文。当时苏联如此反应，自在情理之中；但考虑到中国与西方世界的紧张关系，美国的反应就有点引人注目了——当然美国天文学家可以不去管政治的事。

在国内，《古新星新表》也得到竺可桢副院长的高度评价，他将此文与《中国地震资料年表》并列为新中国成立以来科学史研究的两项重要成果——事实上，未来天体物理学的发展使《古新星新表》的重要性远远超出他当时的想象之上。而续作发表的第二年，美国就出现了两种英译本。此后20多年中，世界各国天文学家在讨论超新星、射电源、脉冲星、中子星、X射线源、γ射线源等最新的天文学进展时，引用这项工作达1 000次以上。在国际天文学界最著名的杂志之一《天空与望远镜》上出现的评论说：

对西方科学家而言，可能所有发表在《天文学报》上的

1 席泽宗等：《中、朝、日三国古代的新星记录及其在射电天文学中的意义》，《天文学报》1965年第1期。

论文中最著名的两篇，就是席泽宗在1955年和1965年关于中国超新星记录的文章。[1]

而美国天文学家斯特鲁维（O. Struve）等人那本经常被引用的《二十世纪天文学》中只提到一项中国天文学家的工作——就是《古新星新表》。[2]一项工作达到如此高的被引用率，受到如此高度的重视，而且与此后如此众多的新进展联系在一起，这在当代堪称盛况。此盛况之所以出现，必须从当代天文学的发展脉络中寻求答案。

按照现代恒星演化理论，恒星在其演化末期，将因质量的不同而形成白矮星、中子星或黑洞。有多少恒星在演化为白矮星之前，会经历新星或超新星爆发阶段？讨论这个问题的途径之一，就是在历史记录的基础上来计算超新星的爆发频率。恒星演化理论又预言了由超密态物质构成的中子星的存在。1967年英国物理学家休伊什（A. Hewish）发现了脉冲星，这种天体不久就被证认出正是中子星，从而证实了恒星演化理论的预言。而许多天文学家认为中子星是超新星爆发的遗迹。至于黑洞，虽然无法直接观测到，但可以通过间接方法来证认。天鹅座X-1是一个X射线源，被认为是最有可能为黑洞的天体之一；而有的天文学家提出该天体可以与历史上的超新星爆发记录相对应。

后来天文学家们又发现，超新星爆发后还会形成X射线源和γ射线源。上述这些天体物理学和高能物理学方面的新进展，无不与超新星爆发及其遗迹有关，因而也就离不开超新星爆发的历

---

1 Sky and Telescope, Vol.10, 1997.

2 O. Struve and V. Zebergs, *Astronomy of the 20th Century*, Crowell, Collier and Macmillan, New York (1962).

史资料。这就是《古新星新表》及其续作为何长期受到各国天文学家高度重视的深层原因。

笔者当然没有忘记我们是在谈遗产，上面只是展示了中国古代天象记录中超新星爆发记录的现代科学价值，但这些记录的原始形态——或者说遗产的原始面目——到底是什么样子，也应该让读者看一眼，我们就来看几则1054年超新星爆发在中国古籍中的记录：

1. 至和元年五月己丑（公元1054年7月4日），（客星）出天关东南，可数寸，岁余稍没。（《宋史·天文志》）

2.（嘉祐元年三月）辛未，司天监言："自至和元年五月，客星晨出东方守天关，至是没。"（《宋史·仁宗本纪》）

3.（至和元年五月）己丑，客星晨出天关之东南可数寸（嘉祐元年三月乃没）。（《续资治通鉴长编》卷一七六）

4. 至和元年七月二十二日，守将作监致仕杨维德言：伏睹客星出现，其星上微有光彩，黄色。谨案《皇帝掌握占》云："客星不犯毕，明盛者，主国有大贤。"乞付史馆，容百官称贺。诏送史馆。（《宋会要》卷五十二）

5. 嘉祐元年三月，司天监言：客星没，客去之兆也。初，至和元年五月，晨出东方，守天关，昼见如太白，芒角四出，色赤白，凡见二十三日。（《宋会要》卷五十二）

这就是有着极高科学价值的史料的本来面目。其中第4条特别有意思：一位"退休老干部"杨维德（他曾长期在皇家天学机构中担任要职）上书，认为根据星占学理论，此次超新星爆发兆示"国有大贤"，因此请求将有关记录交付史馆，并让百官称贺（贺"国有大贤”），皇帝还真批准了他的请求。科学的史料，就这样隐藏在星占学文献之中。

2. 天狼星的颜色问题

能为现代天文学所用的遗产并非只存在于前述已被整理的一万多条天象记录中，事实上它们也存在于别的文献中。若肯做披沙拣金之功，这样的遗产偶尔也能发现。

天狼星，西名Sirius，即大犬座α星，它是全天球最亮的恒星，呈现出耀眼的白色。它还是目视双星（按照天文学界的习惯，主星称为A星，伴星称为B星），而且它的伴星又是最早被确认的白矮星。但是这样一颗著名的恒星，却因为古代对它颜色的某些记载而困扰着现行的恒星演化理论。

在古代西方文献中，天狼星常被描述为红色。学者们在古代巴比伦楔形文泥板文书中，在古代希腊-罗马时代托勒密（Ptolemy）、塞涅卡（L. A. Seneca）、西塞罗（M. T. Cicero）、贺拉斯（Q. H. Flaccus）等著名人物的著作中，都曾找到类似的描述。1985年，施洛塞尔（W. Schlosser）和贝格曼（W. Bergmann）两人又旧话重提，宣布他们在一部中世纪早期的手稿中，发现了图尔（Tours，在今法国）的主教格里高利（Gregory）写于公元6世纪的作品，其中提到的一颗红色星可以确认为天狼星，因而断定天狼星直到公元六世纪末仍呈现为红色，此后才变成白色。他们的文章在著名科学杂志*Nature*上发表之后，[1]引发了对天狼星颜色问题新一轮的争论和关注。截至1990年，*Nature*上至少又发表了6篇商榷和答辩的

1 Schlosser, W. and Bergmann, W., *Nature*, 318 (1985), p.45.

文章。

按照现行的恒星演化理论及今天对天狼星双星的了解，其A星根本不可能在一两千年的时间尺度上改变颜色。若天狼星果真在公元六世纪时还呈红色，那理论上唯一可能的出路就在其B星了：B星是一颗白矮星，而恒星在演化为白矮星之前，会经历红巨星阶段，这样似乎就有希望解释关于天狼星呈红色的记载——认为那时B星盛大的红光掩盖了A星。然而按照现行恒星演化理论，从红巨星演化到白矮星，即使考虑极端情况，所需时间也必远远大于一千五百年。故古代西方关于天狼星为红色的记载始终无法得到合理解释。

于是天文学家面临如下选择：要么对现行恒星演化理论提出怀疑，要么否定古代天狼星为红色记载的真实性。

确实，西方古代关于天狼星为红色的记载，其真实性并非无懈可击。塞涅卡是哲学家，西塞罗是政论家，贺拉斯是诗人，他们的天文学造诣很难获得证实。托勒密固然是大天文学家、星占学家，但其说在许多细节上仍有提出疑问的余地。至于格里高利主教所记述的红色星，不少人认为其实并非天狼星，而是大角星（西名Arcturus，牧夫座α星），[1]该星正是一颗明亮的红巨星。

西方古代的记载既然扑朔迷离，令人困惑，那么以中国古代天学史料之丰富，能不能提出有力的证据，来断此一桩公案呢？笔者存此心久矣，但史料浩如烟海，茫无头绪，殆亦近于可遇不可求之事。

1　例如：Mc Cluskey, S. C., *Nature*, 325 (1987), p.87; van Gent, R. H., *Nature,* 325 (1987), p.87，皆认为格里高利所记述者为大角。

古代并无天体物理学，古人也不会用今人的眼光去注意天体颜色。中国古籍中提到恒星和行星的颜色，几乎毫无例外都是着眼于这些颜色的星占学意义。在绝大部分情况下，这些记载对于我们要解决的天狼星颜色问题而言没有任何科学意义。这些记载通常以同一格式出现，姑举两例如下：

> 其东有大星曰狼。狼角变色，多盗贼。（《史记·天官书》）
>
> 狼星……芒、角、动摇、变色，兵起；光明盛大，兵器贵。……其色黄润，有喜；色黑，有忧。（《灵台秘苑》卷十四）

上面引文中的"狼""狼星"皆指天狼星。显而易见，天狼星随时变色，忽黄忽黑（这类占辞中也有提到红色者），甚至"动摇"，从现代天文学常识出发，就知道是绝对不可能的（只能解释为大气光象）。但是在中国古代星占学文献中，却对许多恒星都有类似的占辞，只是所兆示之事各有出入而已。要想解决天狼星在古时的颜色问题，求之于这类记载是没有意义的，甚至会误入歧途。

比如Gry和Bonnet-Bidaud两人在*Nature*上发表的文章就犯了这样的错误，[1]他们正是依据上引《史记·天官书》中"狼角变色，多盗贼"一句话立论，断言天狼星当时正在改变颜色。他们本想通过这条史料，来消除现行恒星演化理论中天狼星这一反例；却不知由于许多别的恒星也有"变色"的占辞，若据此推断它们当时都在变色，就反而产生出几十上百个新的反例，那现行的恒星演化理论就要彻底完蛋了。

1　Gry, C. and Bonnet-Bidaud, J. M., *Nature*, 347 (1990), p.625.

总算皇天不负苦心人，经过了四五年的留心寻访，笔者终于发现，中国古代星占学文献中还留下了另一类关于天狼星颜色的记载——这类记载数量虽少但却极为可靠，这实在是值得庆幸之事。

原来中国古代的星占学家，不仅相信恒星的颜色会经常变化，从而兆示不同的星占学意义，而且相信对于行星也有同样的占法。而他们为了确定行星的不同颜色，就为颜色制定了标准——具体的做法，是确定若干颗著名恒星作为不同颜色的标准星。解决天狼星颜色问题的契机，居然就隐藏在这里。

司马迁在《史记·天官书》中谈到金星的颜色时，给出了五色标准星如下：

> 白，比狼；赤，比心；黄，比参左肩；苍，比参右肩；黑，比奎大星。

上面五颗恒星依次为：天狼星、心宿二（天蝎座α）、参宿四（猎户座α）、参宿五（猎户座γ）、奎宿九（仙女座β）。此五星中，除天狼星的颜色因本身尚待考察，先置不论，其余四星的颜色记载都属可信：

红色标准星心宿二，现今确为红色。

青色标准星参宿五，现今确呈青色。

黄色标准星参宿四，今为红色超巨星，但学者们已经证明，它在两千年前呈黄色，按照现行恒星演化理论是完全可能的。[1]

1　薄树人等：《论参宿四两千年来的颜色变化》，《科技史文集》第1辑，上海科学技术出版社，1978年。

黑色标准星奎宿九，今为暗红色，古人将它定义为黑，自有其道理。中国古代五行思想源远流长，深入各个方面，星分五色，正是五行思想与星占学结合的必然表现，而与五行相配的五色有固定的模式，必定是：

> 白（金，西方）、红（火，南方）、黄（土，中央）、青（木，东方）、黑（水，北方）。

故其中必须有黑。但此五色标准星是夜间观天时作比照之用的，若真正为“黑”，那就会看不见而无从比照，因此必须变通，以暗红代之。

由对此四星颜色的考察可见，司马迁在给出五色标准星时对各星颜色的记述是可信的，故“白比狼”亦在可信之列。

还有一个可以庆幸之处：古人既以五行五色为固定模式，必然会对上述五色之外的中间色进行近似或变通，使之硬归入五色系统中去，则他们谈论星的颜色时就难免不准确；然而对于天狼星颜色问题而言，恰好是红、白之争，两者都在上述五色模式之中，就可不必担心近似或变通问题。这也进一步保证了利用中国古代文献解决天狼星颜色问题时的可靠性。

现在我们已经知道，只有古人对五色标准星的颜色记载方属可信。不过，司马迁的五色标准星还只是一个孤证，能不能找到更多的证据呢？经过对公元7世纪之前中国专业星占学文献的地毯式搜索（因7世纪之后西方文献中不再出现天狼星为红色之说），笔者一共找到4条记载，列表如下：

序号	原　文	出　处	作　者	年　代
1	白，比狼	《史记·天官书》	司马迁	公元前100年
2	白，比狼	《汉书·天文志》	班固等	公元100年
3	白，比狼星、织女星	《荆州占》引《开元占经》	刘　表	公元200年
4	白，比狼星	《晋书·天文志》	李淳风	公元646年

关于表中作者、年代两栏中内容的考订，比较乏味，这里就从略了。[1]不过对于第3项，即《荆州占》中的“白，比狼星、织女星”，值得注意。织女星，即织女一（天琴座α），与天狼星是同一类型的白色亮星，这就进一步证实了上表中对天狼星当时颜色记载的可靠性。

这样我们就可以得出结论：天狼星至少从两千多年前开始，就一直被中国星占学家作为白色的标准星。因而在中国古籍可信的记载中，天狼星始终是白色的，而且从无红色之说。所以现行恒星演化理论将不会在天狼星颜色问题上再受到任何威胁了。

拙文《中国古籍中天狼星颜色之记载》1992年在《天文学报》发表，次年在英国杂志上出现了英译全文。以研究天狼星颜色问题著称的策拉吉奥利（R. C. Ceragioli）在权威的《天文学史杂志》上发表述评说：

> 迄今为止，以英语发表的对中国文献最好的分析由江晓原在1993年作出。在广泛研究了所有有关的文献之后，江

1　江晓原：《中国古籍中天狼星颜色之记载》，《天文学报》1992年第4期。

断定，在早期中国文献中，对于天狼星颜色问题有用的星占学史料只有四条，而此四条史料所陈述的天狼星颜色全是白色。[1]

这也可算是古为今用的一个成果了。当然从天文学发展的角度来看，其重要性根本无法望《古新星新表》之项背。

这里还要提到，与上述两个带有可遇不可求色彩的古为今用的案例相比，还有一个利用古代天象记录为现代天文学服务的方向，即利用古代交食、月掩星之类的记录，来研究地球自转的变化问题。这个方向的工作没有那种可遇不可求的色彩，但是尽管已有不少研究者尝试过，至今尚未出现过像《古新星新表》那样精彩的成果。

3. 如何看待传统天学遗产

在中国传统文化中，致用性一直是备受推崇的，古代中国人总体来说更重视解决实际问题，而不是空谈义理——比如天体在宇宙中运行的轨道有没有实体这样的问题，古代中国人可以将它搁置起来，这并不妨碍古人在足够高的精度上用会合周期叠加方法解决古代世界的“天文学基本问题”。所谓的“无事袖手谈心性，临危一死报君王”，并不是被古代中国人推崇的境界，相反只是“百无一用是书生”的注脚而已。

至于“无用之用，方为大用”之类的说法，笔者年轻时也曾

1 R. C. Ceragioli, The Debate Concerning ‘Red’ Sirius, *Journal for the History of Astronomy*, Vol.26, Part 3, 1995.

欣赏过，但是我们知道古人并不欣赏，今天也越来越找不到欣赏的理由了。所以这里还得来谈谈用处。上文谈到的对解决当代科学问题的用处，应该是古人的“不虞之誉”，并非他们留下这些遗产的本意。古人留下这些遗产的本意，今天当然也基本上没有贯彻的必要了。

倘若有耐心的读者已将本书从头读到此处，应该早已知道中国古代没有今天意义上的天文学，有的只是“天学”。这天学不是一种自然科学，而是深深融入古代中国人的精神生活。一次日食、一次彗星出现、一次金星或木星的特殊位置……这些天象在古代中国人看来都不是科学问题（他们也没听说过这个字眼），而是一个哲学问题，一个神学问题，或是一个政治问题——“政治”这个字眼他们是听说过的。

由于天学在中国古代有如此特殊的地位（这一地位是其他学科，比如数学、物理、炼丹、纺织、医学、农学之类根本无法相比的），因此它就成为了解古代中国人政治生活、精神生活和社会生活的无可替代的重要途径。中国天学这方面遗产的利用，将随着历史研究的深入而展开更为广阔的前景。

综合索引

（包括书中涉及的中外人名、中外著作、术语概念）

中外人名

J

K

L

M

N

P

Q

R

X

Y

Z

中外著作

A

B

C

D

E

F

G

H

J

K

L

M

Q

S

T

W

X

Y

Z

术语概念

A

B

C

D

E

F

G

H

R

S

T

W

X

Y

Z